U0384277

高等教育理工类“十四五”系列规划教材

生物制药专业实验指导

主　编　陈咏梅（四川轻化工大学）　刘忠渊（四川轻化工大学）

参编人员（按姓氏拼音排序）

陈欲云（四川轻化工大学）　胡丛武（四川轻化工大学）

胡　楠（四川轻化工大学）　刘　义（四川轻化工大学）

马捷琼（四川轻化工大学）　毛新芳（四川轻化工大学）

潘玉竹（四川轻化工大学）　仇伍霞（四川轻化工大学）

王　磊（四川轻化工大学）　谢万如（四川轻化工大学）

杨玲麟（四川轻化工大学）

杨诗明（四川泸州步长生物制药有限公司）

余　斌（成都英德生物医药设备有限公司）

余婷婷（四川轻化工大学）　袁晓琴（四川轻化工大学）

郑　宁（四川轻化工大学）

四川大学出版社

SICHUAN UNIVERSITY PRESS

图书在版编目（CIP）数据

生物制药专业实验指导 / 陈咏梅，刘忠渊主编．—成都：四川大学出版社，2023.6

ISBN 978-7-5690-6205-2

Ⅰ．①生… Ⅱ．①陈… ②刘… Ⅲ．①生物制品－药物－制造－实验－高等学校－教材 Ⅳ．①TQ464-33

中国国家版本馆 CIP 数据核字（2023）第 121769 号

书　　名：生物制药专业实验指导
　　　　　Shengwu Zhiyao Zhuanye Shiyan Zhidao
主　　编：陈咏梅　刘忠渊
丛 书 名：高等教育理工类“十四五”系列规划教材

丛书策划：庞国伟　蒋　玙
选题策划：胡晓燕
责任编辑：胡晓燕
责任校对：王　睿
装帧设计：墨创文化
责任印制：王　炜

出版发行：四川大学出版社有限责任公司
　　　　　地址：成都市一环路南一段 24 号（610065）
　　　　　电话：（028）85408311（发行部）、85400276（总编室）
　　　　　电子邮箱：scupress@vip.163.com
　　　　　网址：https://press.scu.edu.cn
印前制作：四川胜翔数码印务设计有限公司
印刷装订：四川盛图彩色印刷有限公司

成品尺寸：185mm×260mm
印　　张：13.75
字　　数：331 千字

版　　次：2023 年 8 月 第 1 版
印　　次：2023 年 8 月 第 1 次印刷
定　　价：46.00 元

本社图书如有印装质量问题，请联系发行部调换

扫码获取数字资源

四川大学出版社
微信公众号

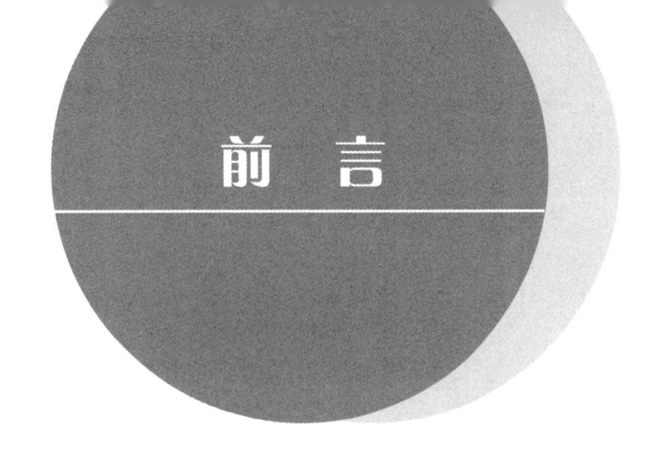

前言

生物药物是以生物体、生物组织、细胞等为载体，综合利用微生物学、化学、生物化学、生物技术、药学等学科原理和方法制造的一类用于预防、治疗和诊断的药物制品。医药产业是国民经济的重要组成部分，与人民群众的生命健康和生活质量密切相关，我国已成为全球最大的药物制剂生产国。生物制药作为药物研究开发和应用中最活跃、进展最快的领域，被公认为21世纪最有前途的产业之一。目前，生物医药已被我国列入国家战略性新兴产业，未来生物制药行业将呈现高速发展态势，人才需求倍增。本书旨在通过训练使学生掌握生物制药的基本实验方法和操作技能，巩固理解生物制药的基础知识和相关理论，培养学生综合运用知识和解决实际问题的能力，提高学生的实践动手能力和综合分析能力。

本书共分三篇，分别是专业基础篇、专业核心篇、创新拓展篇。

专业基础篇包括生物化学实验和微生物学实验。生物化学实验从生物体的组成成分如蛋白质、核酸、酶等生物大分子的基本性质等入手，让学生掌握生物化学的基本实验方法和技能（包括层析、比色、电泳、生化物质的分离、制备、分析和鉴定等)、操作技术和一些基本仪器的原理和使用，帮助学生掌握基本实验技能。微生物学实验主要包括各类微生物的形态观察、微生物的培养、微生物的分离等内容。通过实验课教学，不仅可以让学生加深对微生物学基本知识和基本理论的理解，而且可以让学生掌握微生物学实验的基本操作技能，培养学生观察、分析和解决问题的能力。

专业核心篇包括基因工程实验、免疫学实验、发酵制药学实验、生物制药工艺学实验、生物药物分析实验、药剂学实验以及专业综合实验。基因工程实验能使学生掌握基因工程的基本操作技术，包括DNA的提取、核酸电泳、PCR扩增、感受态细胞的制备、重组质粒的转化等技术，培养学生利用最基本的基因工程手段进行分析研究的能力。免疫学实验系统地介绍了免疫印迹技术、双向免疫扩散试验和酶联免疫吸附试验，培养学生将免疫学试验技术手段应用于人畜疫病临床诊断分析、生物医药开发的能力。发酵制药学实验能帮助学生将理论与实践结合，熟悉生物药物的发酵生产工艺过程（内容包括菌种的筛选、二级发酵菌种的制备、发酵过程和发酵产品的鉴定），通过实验训练，促进对发酵工程原理的掌握，提升对发酵过程的控制能力。生物制药工艺学实验包括生物材料预处理、萃取、沉淀、固液分离、物料过滤与离心、层析、吸附等生物药物生产工艺过程，使学生能合理地选择分离纯化工艺，熟练运用生物制药工艺分离纯化生物药物，培养基本的生物分离工程技术能力。生物药物分析实验包括生物药物的杂质检查、维生素C药剂的质量分析、白色念珠菌的限度检查等，旨在帮助学生了解药物分析过程涉及的基本理论、基本知识和基本技能，并能综合应用生物药物分析的实验原理和操作方法，提升其操作技能和分析解决问题的能力。药剂学实验内容涉及片剂、栓剂、注射剂、丸剂、微囊等主要剂型的相关实验，能够培养学生的药剂学专业技能和综合实践素质，掌握和熟悉各类剂型的特点、制备原理和操作技术，掌握药剂学的基本内容与方法，培养严谨的科学作风。专业综合实验是一个能够体现生物制药专业特色的代表性实验，其内容包括引物设计及目的基因的克隆、重组表达载体的构建、目的基因的表达、重组蛋白药物的纯化及功能检测等，体现了生物药物从核酸水平转变为功能性蛋白药物的完整过程，其过程涉及生物化学、基因工程、微生物学、免疫学、发酵制药学等实验技术，能够使学生的专业素质及综合实践能力得到极大提升。

创新拓展篇包括中药发酵菌种筛选、黑曲霉固体发酵生产纤维素酶、EMSA检测技术、同源重组杆粒的构建、氨基酸的分离纯化、面包酵母催化还原反应、酵母双杂交实验，以及生物信息学实验等。创新拓展篇实验是学生选做部分，是学生参加创新创业大赛等的技术训练和综合运用的实验基础，通过创新拓展实验的训练，能培养学生基于生物制药专业理论知识独立设计实验方案、综合运用基础知识分析和解决工程实践过程中的复杂问题的能力。

本书每个实验后都附有相关注意事项和思考题，可强化学生对实验的理解；书后设附录，可供读者查阅。

限于编者水平，书中疏漏和不当之处在所难免，敬请读者批评指正。

编　者

2023年6月

专业基础篇

专业核心篇

创新拓展篇

专业基础篇

第1章 生物化学实验

生物化学利用化学的理论、方法和技术，从分子水平研究生命组成物质的性质、结构和功能，机体新陈代谢的网络构建以及物质、能量的动态平衡等，揭示生命的本质。生物化学是生物制药专业的一门重要基础课程，其实验技术和方法不仅为本学科的发展创立了条件，同时也为生物制药的研究奠定了基础。

生物化学实验是生物化学课程的重要组成部分，包括一系列基础性实验和综合性实验，涵盖蛋白质、糖类、脂肪等生物大分子的分离制备、分析检测和功能特性研究等方法与技术。生物化学实验课程验证并深化基础理论知识，让学生掌握常用的生物化学实验原理、方法和技术，熟悉生物化学的常用仪器，训练实验动手能力、综合分析能力和创新能力，培养学生提出问题、解决问题的能力和严谨求实的科学态度。

生物化学实验一　酪蛋白的制备

酪蛋白（Casein）是乳品中重要的蛋白质组分，在牛乳中，酪蛋白的含量约为35 g/L，占牛乳总蛋白质含量的80%。酪蛋白具有多种功能，可以促进机体对钙、磷离子的吸收，调节机体免疫功能，目前主要作为食品原料或微生物培养基组分使用。

当溶液的pH为蛋白质等电点时，蛋白质溶解度最低，因此等电点沉淀法可以用于提取、制备蛋白质。本实验将介绍利用等电点沉淀法对牛乳中的酪蛋白进行提取的原理和方法。

一、实验目的

通过分离、提纯牛乳中的酪蛋白，进一步认识蛋白质的性质，掌握等电点在蛋白质分离、纯化和鉴定中的应用。

能力目标

（1）能掌握分离纯化蛋白质的方法和原理。

（2）能根据蛋白质、脂肪、糖类等物质的物理化学性质，设计各类物质的提取、提纯方案。

二、实验原理

牛奶的主要蛋白成分是酪蛋白和乳清蛋白。酪蛋白不是单一的蛋白质，而是一些含磷蛋白质的混合物，其等电点为4.7，当蛋白质处于等电点时，兼性离子/粒子在溶液中的溶解度将降低从而析出。乳清蛋白不同于酪蛋白，其粒子的水合能力强、分散性高，在牛奶中呈高分子状态，不易沉淀。因此，将牛奶的pH调到4.7，就可获得酪蛋白沉淀。另外，由于酪蛋白不溶于乙醇和乙醚，可以用乙醇、乙醇-乙醚混合物、乙醚洗涤沉淀物，去除其中的醇溶性和脂溶性杂质，从而得到较纯的酪蛋白。

三、实验材料、试剂与仪器、设备

1. 材料与试剂

牛奶、冰醋酸、醋酸钠、95%乙醇、无水乙醚。

2. 仪器与设备

恒温水浴锅、高速离心机、循环水泵、抽滤装置、电子天平、pH试纸或pH计等。

3. 所需试剂配制

（1）0.2 mol/L pH 4.7醋酸-醋酸钠缓冲液。

配制A液：称取醋酸钠（$NaAc \cdot 3H_2O$）27.22 g，用蒸馏水定容至1 000 mL。

配制B液：称取冰醋酸12 g，用蒸馏水定容至1 000 mL。

使用前取A液590 mL、B液410 mL，混合后即得1 000 mL醋酸-醋酸钠缓冲液。

（2）乙醇-乙醚混合液：分别量取95%乙醇和无水乙醚，按照体积比1∶1混合后备用。

四、操作步骤

（1）预热：将牛奶（100 mL）在搅拌下加热至40℃，同时将醋酸-醋酸钠缓冲液预热至40℃。

（2）调节pH：用预热后的醋酸-醋酸钠缓冲液将牛奶的pH调节至4.7。

（3）离心：将获得的牛奶悬浊液冷却至室温后，于3 000 rpm离心15 min，弃上清液，获得酪蛋白沉淀。

（4）蒸馏水洗涤：向酪蛋白沉淀中加入50 mL蒸馏水，混匀后得到悬浊液，于3 000 rpm离心10 min，弃上清液。重复洗涤2次。

（5）乙醇洗涤：向蒸馏水洗涤后的酪蛋白沉淀中加入50 mL 95%乙醇，混匀后将得到的悬浊液转移至布氏漏斗中进行抽滤。

（6）乙醇-乙醚洗涤：向酪蛋白滤饼中加入乙醇-乙醚混合液，充分搅拌后抽滤。重复洗涤2次。

（7）乙醚洗涤：向酪蛋白滤饼中加入无水乙醚，搅拌后抽滤，直至抽干。

（8）最后将酪蛋白收集至表面皿中，干燥后称重。

五、注意事项

（1）实验的关键是酪蛋白等电点的调节。若使用pH试纸，牛奶悬浊液可能会影响试纸的显色，可将溶液调至等电点附近，离心后再检测上清液的pH。

（2）不能用大量水洗涤酪蛋白沉淀，因为酪蛋白在常温下可微溶于水（0.8%～1.2%），洗涤时加水过多会造成酪蛋白的损耗。

六、结果观察及记录

（1）记录实验步骤中观察到的现象。

（2）准确称量和记录从牛奶中分离出的酪蛋白的质量，计算酪蛋白的质量浓度，以1 L牛奶中酪蛋白的质量表示，与理论值（35 g/L）进行比较。

（3）计算酪蛋白得率：

$$酪蛋白得率=\frac{酪蛋白实际质量浓度}{酪蛋白理论质量浓度}\times100\%$$

式中，牛奶中酪蛋白的理论质量浓度为35 g/L。

七、思考题

（1）导致蛋白质发生沉淀的因素有哪些？

（2）在蛋白质分离、纯化过程中常用的沉淀方法是什么？

（3）等电点沉淀法制备酪蛋白时需注意哪些影响因素？

（4）尝试设计分离提取牛奶中乳糖和脂类物质的方法。

生物化学实验二　蛋白质浓度测定

蛋白质浓度测定是生物化学研究中应用范围极广的重要实验项目，常用的测定方法有凯氏定氮法、双缩脲法（Biuret法）、Folin-酚试剂法（Lowry法）、考马斯亮蓝法（Bradford法）和紫外吸收法。这些方法各有优缺点，某一种方法并不能在任何条件下适用于任何形式的蛋白质浓度测定，同一蛋白质溶液用不同方法测定其浓度，有可能得出不同的结果。在选择方法时，除了要考虑实验所需的灵敏度和精确度外，还应考虑蛋白质的性质、溶液中存在的干扰物质以及测定所需的时间等。紫外吸收法是利用物质对不同波长紫外光吸收程度不同的性质快速检测样品蛋白质浓度的方法；当需要测定多个样品，或样品体积和浓度有限时，可以使用考马斯亮蓝法。紫外吸收法和考马斯亮蓝法在生物制药相关研究中的应用较广泛，本书将详细介绍这两种方法。

第一部分　紫外吸收法

一、实验目的

学会正确操作紫外分光光度计测定蛋白质浓度，深入理解蛋白质的氨基酸组成及其光学性质。

能力目标

能掌握紫外吸收法测定蛋白质浓度的基本原理和操作。

二、实验原理

蛋白分子中酪氨酸、色氨酸和苯丙氨酸残基的苯环结构中含有共轭双键，因此蛋白质具有吸收紫外线的性质，吸收峰最大值在 280 nm 波长处。在此波长范围内，蛋白质溶液的吸光度值（A_{280}）与其蛋白质含量成正比，因此紫外吸收法可以用作定量测定蛋白质浓度的方法。

由于核酸在 280 nm 波长处有光吸收，对蛋白质的测定有干扰，而核酸的最大吸收峰在 260 nm 处，因此当溶液中存在核酸时，同时测定 280 nm 及 260 nm 的光吸收，通过计算消除核酸对蛋白质测定的影响。然而，由于不同蛋白质和核酸对紫外线的吸收不同，即使经过校正，测定结果也还是会存在一定误差。不过，仍可作为初步定量的依据。

三、实验材料、试剂与仪器、设备

1. 材料与试剂

标准蛋白质、待测蛋白质、蒸馏水。

2. 仪器与设备

试管及试管架、容量瓶、移液管/移液器、紫外分光光度计等。

3. 所需试剂配制

（1）标准蛋白溶液：准确称取 100 mg 经微量凯氏定氮法校正过的标准蛋白质，加蒸馏水定容至 100 mL，得到浓度为 1 mg/mL 的标准蛋白溶液。

（2）待测蛋白溶液：称取适量待测蛋白质，加蒸馏水配制成浓度约为 1 mg/mL 的待测蛋白溶液。

四、操作步骤

1. 标准曲线的绘制

（1）按表1－1分别向试管中加入标准蛋白溶液和蒸馏水，摇匀。

表1－1 标准曲线配制体系

试管编号	1	2	3	4	5	6	7	8
标准蛋白溶液（mL）	0.0	0.5	1.0	1.5	2.0	2.5	3.0	4.0
蒸馏水（mL）	4.0	3.5	3.0	2.5	2.0	1.5	1.0	0.0
蛋白质浓度（mg/mL）	0.000	0.125	0.250	0.375	0.500	0.625	0.750	1.000
A_{280}								

（2）选用光程为1 cm的石英比色杯，以1号管为空白对照，分别测定其他各管溶液在280 nm波长处的吸光度值A_{280}。

（3）以吸光度值A_{280}为纵坐标，蛋白质浓度为横坐标，绘制标准曲线。

2. 样品测定

（1）量取待测蛋白溶液和蒸馏水各2 mL，混匀。

（2）按上述方法测定溶液在280 nm波长处的吸光度值，通过标准曲线计算经稀释的待测蛋白溶液的蛋白质浓度。

3. 含核酸的样品测定

（1）将待测蛋白溶液与蒸馏水按体积比1∶1进行稀释后，分别检测其在260 nm和280 nm波长处的吸光度值。

（2）根据280 nm及260 nm波长处的吸光度值求得蛋白质浓度，计算方法如下：

$$\text{蛋白质浓度（mg/mL）} = (1.45A_{280} - 0.74A_{260}) \times \text{稀释倍数}$$

式中，A_{280}和A_{260}分别是该溶液在280 nm和260 nm波长处测得的吸光度值。

注：一般纯蛋白质的A_{280}/A_{260}约为1.8，而纯核酸的A_{280}/A_{260}约为0.5。

五、注意事项

（1）由于蛋白质的紫外光吸收峰会随pH的改变而改变，故使用紫外吸收法时，待测蛋白溶液的pH最好与标准蛋白溶液的pH一致。

（2）利用紫外吸收法测定蛋白质浓度的优点是迅速、简便、不破坏样品，低浓度盐类不干扰测定，在蛋白质和酶的生化制备中应用广泛。其缺点是：①当待测蛋白质与标准蛋白质中的酪氨酸和色氨酸含量差异较大时，此方法存在一定的误差；②若样品中含有嘌呤、嘧啶等吸收紫外线的物质，对结果干扰较大。

（3）紫外吸收法测定蛋白质样品时应选用石英比色杯，检测制作标准曲线时，应对蛋白质标准品从低浓度到高浓度进行测定，以减小误差。

六、结果观察及记录

（1）记录标准蛋白溶液和待测蛋白溶液的吸光度值，通过制作标准曲线，计算得到待测蛋白溶液的蛋白质浓度。

（2）制备未知浓度的样品时，若不能确定其浓度在标准曲线浓度范围时，可设置多个稀释梯度，或设置一个预实验来确定稀释倍数。

第二部分　考马斯亮蓝法

一、实验目的

考马斯亮蓝法是一种比色法与色素法相结合的复合方法，应用于微量蛋白质浓度的定量测定，具有简便快捷、灵敏度高、稳定性好的特点。本实验通过考马斯亮蓝法测定蛋白质浓度，使学生能更好地学习考马斯亮蓝法的原理，并进一步了解分光光度计的原理和在比色法中的应用。

能力目标

能掌握用考马斯亮蓝法测定蛋白质浓度的基本原理和操作。

二、实验原理

考马斯亮蓝（G-250）可以通过范德华力与蛋白质中的碱性氨基酸（特别是精氨酸）和芳香族氨基酸残基相结合，在一定蛋白质浓度范围内，蛋白质和染料的结合符合比尔定律。考马斯亮蓝有红色和蓝色两种颜色，在酸性游离状态下呈棕红色，最大光吸收波长为 465 nm，当通过范德华力与蛋白质结合后变为蓝色，最大光吸收波长由 465 nm变为 595 nm。在一定的蛋白质浓度范围内，蛋白质-染料复合物在波长为595 nm 处的吸光度值与蛋白质浓度成正比，通过测定 595 nm 处光吸收的增加量，可得到与其结合的蛋白质的量。由于蛋白质-染料复合物具有很高的消光系数，因此考马斯亮蓝法灵敏度高，可达 Lowry 法的 4 倍、紫外吸收法的 10～20 倍、Biuret 法的 100 倍以上，可测量微克级的蛋白质含量。

三、实验材料、试剂与仪器、设备

1. 材料与试剂

未知浓度的蛋白质样品、0.9% NaCl 溶液、结晶牛血清蛋白、考马斯亮蓝（G-250）、95%乙醇、85%磷酸、蒸馏水。

2. 仪器与设备

旋涡混合仪、紫外可见分光光度计、移液器等。

3. 所需试剂配制

(1) 0.1 mg/mL 标准蛋白溶液：预先用凯氏定氮法测定结晶牛血清蛋白的氮含量，根据其纯度用 0.9% NaCl 溶液配制成 0.1 mg/mL 的蛋白溶液。

(2) 0.01%考马斯亮蓝试剂：称取 100 mg 考马斯亮蓝（G-250）溶于 50 mL 95%乙醇中，加入 100 mL 85%磷酸，用蒸馏水定容至 1 000 mL，滤纸过滤。最终试剂中含 0.01%（*W*/*V*）考马斯亮蓝（G-250）、4.7%乙醇和 8.5%磷酸。

四、操作步骤

(1) 按表 1-2 分别配制不同浓度的标准蛋白溶液（试管编号为 0~5）反应体系，混匀并静置 5 min，使考马斯亮蓝与蛋白质充分结合。

表 1-2 标准曲线及待测样品配制体系

试管编号	0	1	2	3	4	5	样 1	样 2	样 3
蛋白质浓度（mg/mL）	0.00	0.02	0.04	0.06	0.08	0.10	—	—	—
标准蛋白溶液（mL）	0.0	0.2	0.4	0.6	0.8	1.0	—	—	—
0.9% NaCl 溶液（mL）	1.0	0.8	0.6	0.4	0.2	0.0	—	—	—
待测蛋白溶液（mL）	—	—	—	—	—	—	1.0	1.0	1.0
考马斯亮蓝（G-250）(mL)	5.0	5.0	5.0	5.0	5.0	5.0	5.0	5.0	5.0
A_{595}									

(2) 测定标准蛋白溶液的吸光度值 A_{595}：以 0 号试管为空白对照，测定每个反应体系在 595 nm 波长处的吸光度值 A_{595}。

(3) 绘制标准曲线：以测得的吸光度值 A_{595} 为纵坐标，标准蛋白溶液的浓度为横坐标，绘制标准曲线。

(4) 按表 1-2 配制待测蛋白溶液（试管编号样 1~样 3）反应体系，混匀并静置 5 min。

(5) 测定待测蛋白溶液的吸光度值 A_{595}。注意取合适体积的未知样品，使其测定值在标准蛋白溶液的浓度范围内。根据所测定的 A_{595} 和标准曲线，计算待测蛋白溶液的蛋白质浓度。

五、注意事项

(1) 以考马斯亮蓝法测定待测液的蛋白质浓度时，应注意其线性范围，当待测液的蛋白质浓度超出标准曲线的线性范围上限时，应适当稀释。样品测定应设置重复。

(2) 蛋白质和考马斯亮蓝（G-250）的结合十分迅速，约 2 min 即可达到平衡，其结合物可在室温下 60 min 内保持稳定。如果放置时间过长，考马斯亮蓝（G-250）与蛋白质的复合物易凝集沉淀，因此要尽快完成比色测定。建议在试剂加入后 5~20 min 内测定吸光度值，这样得到的结果相对稳定。

(3) 测定中，蛋白质-染料复合物会有少部分吸附于比色杯壁上，为使结果准确，可在每次测定后用乙醇将比色杯冲洗干净。

六、结果观察及记录

(1) 使用考马斯亮蓝法测定溶液的蛋白质浓度时，应注意观察试管中的考马斯亮蓝-蛋白质复合物溶液颜色的深浅，并判断其是否与蛋白质浓度呈线性关系。

(2) 记录标准蛋白溶液和待测蛋白溶液的吸光度值，通过制备标准曲线，计算待测蛋白溶液的蛋白质浓度。

七、思考题

(1) 查阅资料，了解用紫外吸收法测定脂肪、糖类或核酸（DNA 和 RNA）浓度的可行性和方法。

(2) 比较考马斯亮蓝法和紫外吸收法的特点及应用范围。

(3) 比较采用考马斯亮蓝法和紫外吸收法这两种方法测定的蛋白质浓度是否存在差异，试分析原因。

生物化学实验三　酵母蔗糖酶的提取及活力测定

生物体内发生的一切化学反应，几乎都是在酶的催化下进行的，研究酶对于了解生命活动的规律具有重要意义。由于酶主要属于蛋白质类，因此分离提纯酶的方法与提纯蛋白质的方法相似。

蔗糖酶可以作用于蔗糖，将其水解为单糖。酵母细胞中存在两种蔗糖酶：一种在细胞壁中，活力较高，分子量约为 270 kDa；另一种在细胞质内，活力较低，分子量约为 135 kDa。两种酶的底物专一性和动力学性质十分相似。本实验将介绍酵母蔗糖酶的提取及其活力测定方法。

一、实验目的

通过提取和检测酵母蔗糖酶，学习蔗糖酶粗制品的提取原理，掌握细胞破碎及抽提技术，以及蔗糖酶活力测定方法。

能力目标

(1) 能掌握从生物来源的材料中分离提纯酶的方法。

(2) 能设计实验，测定不同酶的活性。

二、实验原理

蔗糖酶分子量较大，一般采用研磨法充分破碎酵母细胞使其释放出来，经离心后取上清液，即为粗酶液。此外，还可以采用自溶法，即在适当的酸度和温度下利用酵母菌自身的酶系破坏细胞壁得到粗酶液。大部分酶能溶于水、稀盐、稀碱或稀酸，因此，将粗酶液置于一定的条件及溶剂中，可使被提取物释放出来。

蔗糖酶作用于蔗糖的β-1,2糖苷键，能将其水解为一分子D-葡萄糖和一分子D-果糖。蔗糖酶的活力通过其水解生成的还原糖量来反映。葡萄糖和果糖均具有还原性，在偏碱性条件下，可与3,5-二硝基水杨酸（DNS）共热生成棕红色物质，在一定浓度范围内，还原糖的量和反应液的颜色深度成正比关系。所以，可用DNS比色法测定还原糖的含量。该方法属于半微量定糖法，操作简单、快捷，杂质干扰少。本实验规定：在35℃条件下，将每3 min能使5%蔗糖溶液水解释放1 mg还原糖的酶量定为一个活力单位。

三、实验材料、试剂与仪器、设备

1. 材料与试剂

PBS磷酸缓冲液（pH 7.2）、冰醋酸、醋酸钠、1 mol/L氢氧化钠溶液、5%蔗糖液、3,5-二硝基水杨酸（DNS）、0.1%葡萄糖标准液。

2. 仪器与设备

研钵、烧杯、搅拌棒、三角瓶、滴管、量筒、移液器、试管、天平、离心机、分光光度计等。

3. 所需试剂配制

0.2 mol/L醋酸钠缓冲液（pH 4.6）：准确称取5.4 g醋酸钠，加入50 mL蒸馏水，溶解后用冰醋酸调节pH至4.6，再以蒸馏水定容至100 mL。

四、操作步骤

1. 细胞破碎

本实验采用研磨法对细胞进行破碎：在10 g酵母中加入2～3 g硼砂进行研磨，在研磨过程中逐步加入PBS磷酸缓冲液（pH 7.2）（30～50 mL）。充分研磨30～40 min后，以4 000 rpm离心15～20 min，取上清液并记录总体积，此即为提取的蔗糖酶粗制品。

2. 葡萄糖标准曲线绘制和蔗糖酶活力测定

1）葡萄糖标准曲线绘制

（1）取试管编号（设置2～3个平行），按表1-3依次加入0.1%葡萄糖溶液、水及3,5-二硝基水杨酸（DNS），配制标准溶液。

表 1—3　标准溶液体系

试管编号	葡萄糖含量（mg）	0.1%葡萄糖溶液（mL）	水（mL）	DNS（mL）	OD_{540}
1	0.0	0.0	2.0	1.5	
2	0.2	0.2	1.8	1.5	
3	0.4	0.4	1.6	1.5	
4	0.6	0.6	1.4	1.5	
5	0.8	0.8	1.2	1.5	
6	1.0	1.0	1.0	1.5	
7	1.2	1.2	0.8	1.5	
8	1.4	1.4	0.6	1.5	
9	1.6	1.6	0.4	1.5	

（2）将所有试管同时在沸水浴中加热 5 min，随后立即用自来水冲洗试管外壁，使之冷却，然后用蒸馏水定容至 25 mL，摇匀。

（3）于 540 nm 处检测光密度，以葡萄糖含量（mg）为横坐标，光密度值 OD_{540} 为纵坐标，绘制标准曲线。

2）蔗糖酶活力测定

（1）对照液：在试管中加入 2 mL 稀释的酶液，随后加入 0.5 mL 1 mol/L 氢氧化钠溶液，摇匀，使酶液失活。

（2）样液：取 2 mL 稀释的酶液，即有活性的粗酶液，作为样液。

（3）将对照液和样液置于 35℃恒温水浴预热。

（4）向对照液和样液中加入 2 mL 预热的 5%蔗糖液，同时置于 35℃恒温水浴 3 min，催化蔗糖水解。向样液试管中加入 0.5 mL 1 mol/L 氢氧化钠溶液，摇匀以终止反应。

（5）DNS 比色反应：按照表 1—4 另取试管编号（设置 3 个平行），取对照液试管和样液试管的反应上清液各 0.5 mL，分别加入 1.5 mL 蒸馏水、1.5 mL DNS 试剂，混匀后同时煮沸 5 min，随后立即用自来水冲洗试管外壁，使之冷却以终止反应。然后用蒸馏水分别定容至 25 mL，混匀后测定光密度值 OD_{540}。

表 1—4　样品溶液反应体系

试管编号	样品（mL）	水（mL）	DNS（mL）	OD_{540}
10（对照）	0.5	1.5	1.5	
11（样液）	0.5	1.5	1.5	

（6）蔗糖酶活力的计算：根据绘制的标准曲线和测得的样品 OD_{540} 值，计算所测酶液在 35℃下，以 5%蔗糖液为底物时，3 min 能释放出的还原糖的总毫克数，此数值即

为总活力单位。

五、注意事项

（1）研磨酵母细胞时要尽量充分，加入PBS缓冲液时应注意缓缓加入；离心后需记录得到的上清液总体积；提取过程中应尽量使样品保持低温，且尽量缩短处理时间，以免酶失活。

（2）酶活力测定中需设置对照管和重复，酶促反应时间需准确；为避免酶活力测定时光密度值超出标准曲线范围，需将提取的粗酶液进行适当稀释。

（3）沸水浴时，需将试管固定。

（4）计算酶活力时，需考虑酶活力测定所使用酶液的稀释倍数，以及提取时粗酶液的总体积。

六、结果观察及记录

（1）观察和记录实验现象，注意葡萄糖标准曲线制备时相邻试管中标准溶液的颜色变化。

（2）观察对照管与样液管在测定酶活力过程中的颜色变化，并对其进行简要分析。

（3）计算蔗糖酶的活力。

七、思考题

（1）从理论上分析，如果要对蔗糖酶粗酶液做进一步纯化，可采用哪些方法？每一个纯化步骤的操作是什么？

（2）查阅资料，试分析除蔗糖酶外酵母细胞中还有哪些酶。如何测定其活力？

生物化学实验四　氨基酸的纸层析分离

层析法又称色谱法。1903年，俄国化学家茨维特发现用挥发油冲洗菊粉柱时，可将叶子的色素分成不同颜色的层圈。此后，这种利用有色物质在吸附剂上因吸附能力不同而得以分离的方法被称为色谱法。虽然后来将色谱法应用于无色物质分离，但是这个名字沿用下来了。本实验将介绍利用纸层析法分离氨基酸的方法。

一、实验目的

学习纸层析法的基本原理及操作方法，进一步认识氨基酸的理化性质。

能力目标

（1）能掌握纸层析法分离混合物组分的原理。

（2）能设计实验，利用纸层析法分离不同的混合物。

二、实验原理

层析法是一种分离混合物的物理方法。无论何种层析，都是由互不相容的两个相组成：固定相——固体或吸附在固体上的液体；流动相——从固定相上流动的液体或气体。层析法利用混合物中各组分理化性质（如吸附力、分子形状和大小、分子极性、分子亲和力、溶解度等）的差异，使各组分不同程度地分布在两相中，随着流动相从固定相上流过，不同组分以不同速度移动而最终被分离。

层析法包括吸附层析、离子交换层析和分配层析。一般认为纸层析是分配层析中的一种，但也并存着吸附和离子交换作用。分配层析是利用不同物质在两个互不相溶的溶剂中的分配系数不同而使其分离的。通常用α表示分配系数：

$$\alpha=\frac{\text{溶质在固定相的浓度（}C_S\text{）}}{\text{溶质在流动相的浓度（}C_L\text{）}}$$

一个物质在某溶剂系统中的分配系数，在温度一定时是一个常数。

纸层析是以滤纸作为惰性支持物的分配层析，滤纸纤维上的羟基具有亲水性，能吸附一层水作为固定相，而通常把有机溶剂作为流动相。当流动相沿滤纸经过样品点时，样品点中的溶质因在水相和有机相中溶解度不同而不均匀地分配在两相中，各种组分按其各自的分配系数进行不断分配，产生不同的相对迁移率，从而得到分离和纯化。

物质分离后，层析点在图谱上的位置，即在纸上的移动速率，用R_f表示，其计算式为

$$R_f=\frac{\text{原点到层析点中心的距离}}{\text{原点到溶剂前沿的距离}}$$

每一物质的R_f值决定于该物质在两相间的分配系数（α）和两相体积比（V_S/V_L）。这两相即是水（固定相）和有机溶剂（流动相）。两相体积比在同一实验情况下是不变的，所以R_f值的主要决定因素是分配系数（α）。对于某一物质，在一定条件下的α值是固定的。因此R_f值为其特征常数。

三、实验材料、试剂与仪器、设备

1. 材料与试剂

氨基酸溶液（4种氨基酸的水溶液以及它们的混合液：脯氨酸、亮氨酸、天冬氨酸、酪氨酸）、正丁醇、甲酸、蒸馏水、茚三酮。

2. 仪器与设备

层析滤纸、层析缸、毛细管、喷壶、电吹风机、铅笔、烧杯、量筒、尺子、镊子、棉线、针、一次性手套等。

3. 所需试剂配制

（1）扩展剂：按照体积比正丁醇∶80%甲酸∶水＝15∶3∶2量取正丁醇、80%甲酸和蒸馏水，将其混合并充分振荡，倒入漏斗中静置分层；放出下面的水层，收集上层

的扩展剂。

（2）显色剂（0.1%茚三酮溶液）：准确称取 0.1 g 茚三酮，将其溶于 100 mL 正丁醇。

四、操作步骤

（1）将盛有 5 mL 扩展剂（平衡剂）的小烧杯置于密闭的层析缸中。

（2）标记：取层析滤纸（长 18～20 cm，宽 14 cm）一张，在滤纸长边一侧距边缘 1.5 cm 处用铅笔轻轻画一条直线，标记间距为 2.5 cm 的 5 个点，作为点样位置，并用铅笔在点样点下端标记样品名称（包括脯氨酸、亮氨酸、天冬氨酸、酪氨酸和混合氨基酸），两侧的两个点距滤纸长边边缘约 2.5 cm。

（3）点样：用毛细管吸取样品置于点样点处，通过滤纸将样品吸出，重复 2～3 次，每点样一次都要用电吹风机的冷风吹干（或自然晾干），再进行下一次点样。操作时注意控制点样量，使样品在滤纸上扩散的直径不超过 3 mm。

（4）展层：将滤纸卷起来，用针线固定成圆筒形（使其能在培养皿里竖立放置，且竖立时点样的位置在下方）。将盛有约 20 mL 扩展剂的培养皿迅速置于密闭的层析缸中（盛有平衡剂的小烧杯旁边），并将滤纸置于层析缸内（点样处不能浸没入溶剂）。当溶剂前沿到达距滤纸上沿约 0.5 cm 处时取出滤纸，用铅笔将溶剂前沿位置标记出来，再用电吹风机吹干。

（5）显色：用喷壶在滤纸上均匀地喷洒茚三酮显色液，然后用电吹风机的热风将滤纸吹干，最后将滤纸上显色的斑点用铅笔圈出。

（6）计算 R_f 值：测出原点（点样处）到每个斑点中心和到溶剂前沿的距离，计算各氨基酸的 R_f 值，并根据 R_f 值鉴定出混合氨基酸中的组分，在层析图谱上标出各氨基酸的名称。

五、注意事项

（1）操作时尽量减少手接触滤纸的次数和时间，标记时注意滤纸清洁；点样点位置需高于扩展剂，不能浸没入扩展剂；标记好点样起点和氨基酸的种类。

（2）毛细管点样需集中于一点，待用电吹风机吹干后再重复点样。

（3）展层结束后要及时用铅笔标记扩展前沿。

（4）影响 R_f 值的因素：①被分离物质的极性、流动相与固定相的极性。②pH：展层剂的 pH 会影响被分离物质极性基团的解离形式。酸性氨基酸在酸性条件下所带的净电荷比碱性条件下时少，而碱性氨基酸则与此相反。借此性质，用酸性和碱性溶剂进行双向层析，可使酸碱性不同的氨基酸得到分离。③滤纸的质量。若滤纸中含 Ca^{2+}、Mg^{2+}、Cu^{2+} 等杂质，会影响层析结果。④温度。较高的温度可加快物质的迁移速率。

六、结果观察及记录

（1）记录标准氨基酸点样顺序。

（2）比较不同氨基酸的 R_f 值，并做简要分析。

七、思考题

（1）在纸层析分离氨基酸的过程中，亲水氨基酸和疏水氨基酸的迁移速率有何不同？

（2）简要分析在纸层析分离过程中，为什么不同氨基酸的移动速率不同？

（3）查阅资料，试分析纸层析法分离混合氨基酸样品时，如果不同氨基酸的迁移速率一样，应当如何鉴别？

生物化学实验五　酵母 RNA 的提取及定性检测

微生物是工业上大量生产核酸的原料，其中 RNA 的提取制备原料以酵母最为理想。酵母菌是基因克隆实验等常用的真核生物受体细胞，其培养较为简单方便。酵母中 RNA 的含量较高，为 2.670%～10.000%（DNA 含量仅为 0.030%～0.516%）。酵母 RNA 及其制品主要应用于医药、保健食品以及婴幼儿食品等方面。本实验将对酵母 RNA 的提取和定性方法进行介绍。

一、实验目的

通过提取和鉴定酵母 RNA，掌握稀碱法提取 RNA 的原理和方法，进一步了解核酸的组分和理化性质，并掌握 RNA 定性检测的原理和方法。

能力目标

（1）能掌握 RNA 提取的方法和原理。

（2）能对样品进行 RNA 定性检测。

二、实验原理

在酵母细胞中，除核酸外，还有蛋白质、多糖及其他多种化合物。RNA 可溶于碱性溶液，并且在碱性提取液中加入酸性乙醇溶液可以使 RNA 析出。稀碱法提取 RNA 是先使用稀碱（0.04 mol/L NaOH）裂解酵母，用酸中和后，RNA 析出，离心弃去含蛋白质等杂质的上清液，然后用乙醇、乙醚等洗涤 RNA 沉淀，除去残留的蛋白质和其他杂质；浓盐法提取 RNA 则是用 10% NaCl 使 RNA 核蛋白中的 RNA 解聚，并溶于盐溶液中，离心除去菌体残渣及变性蛋白质后，调节溶液的 pH 至 2.5（RNA 的等电点），再利用等电点法即可析出 RNA。

RNA 可被酸水解成磷酸、有机碱（嘌呤碱和嘧啶碱）和核糖。磷酸能与钼酸作用生成磷钼酸，磷钼酸可被还原成蓝色的磷钼蓝，常用的还原剂有氨基萘酚磺酸钠、氧化亚锡或维生素 C 等；嘌呤碱能与苦味酸作用形成针状结晶，也可与硝酸银作用产生白色的嘌呤银化物沉淀；核糖与强酸共热生成糖醛，后者与苔黑酚（3,5-二羟基甲苯，orcinol）反应，缩合成绿色化合物。因此，可以将得到的酵母RNA水解后分别用以上方法进行定性检测。

三、实验材料、试剂与仪器、设备

1. 材料与试剂

市售酵母粉、0.2% NaOH溶液、冰乙酸、95%乙醇、无水乙醚、10%盐酸、钼酸铵、苔黑酚试剂、5%硝酸银、浓盐酸。

2. 仪器与设备

研钵、移液器、电子天平、恒温水浴锅、离心机等。

3. 所需试剂配制

95%酸性乙醇：在100 mL 95%乙醇中缓缓加入1 mL浓盐酸，混匀后倒入玻璃瓶中密闭储存，备用。

四、操作步骤

（1）细胞破碎：称取5 g干酵母倒入30 mL 0.2% NaOH溶液中，在沸水浴中加热搅拌30 min后取出冷却至4℃，以4 000 rpm离心10 min。

（2）RNA沉淀：取离心后的上清液，加入10 mL酸性乙醇，边加边搅拌。待完全沉淀后，于4℃、3 000 rpm离心3 min，弃上清液，取沉淀。

（3）RNA乙醇洗涤：在沉淀中加入95%乙醇10 mL，轻轻混匀。接着于4℃、3 000 rpm离心3 min，弃上清液，取沉淀。此操作重复2次。

（4）RNA无水乙醚洗涤：在沉淀中加入无水乙醚10 mL，轻轻混匀，于4℃、3 000 rpm离心3 min，弃上清液，取沉淀。将沉淀置于室温干燥，即得到RNA粗品。

（5）RNA定性检测：称取0.1 g提取的RNA粗品，加入5 mL 10%盐酸，煮沸10 min，得到RNA水解液。RNA是由核糖、嘌呤/嘧啶碱和磷酸组成的，水解后可对它们分别进行定性检测。

① 磷酸与钼酸铵试剂作用产生蓝色物质：

1 mL水解液 + 2 mL定磷试剂→水浴加热

$(NH_4)_2MoO_4 + H_3PO_4 \longrightarrow (NH_4)_3PO_4 \cdot 12MoO_3$（黄色）

$(NH_4)_3PO_4 \cdot 12MoO_3$ + 维生素C + $H^+ \longrightarrow (MoO_2 \cdot 4MoO_2)_2H_3PO_4$（蓝色）

② 核糖与苔黑酚反应呈鲜绿色：

0.5 mL水解液 + 1 mL苔黑酚-$FeCl_3$试剂 → 水浴加热5~6 min

③ 嘌呤碱与硝酸银作用产生白色的嘌呤银化合物：

1 mL 5% $AgNO_3$ + 过量氨水（2 mL）+2 mL水解液 → 嘌呤银化物

五、注意事项

（1）用0.2%的NaOH溶液破碎酵母细胞时需沸水浴，要确保酵母细胞壁变性、裂解完全。

（2）洗涤 RNA 粗品时，注意不能有水溅入，否则产品会变黏且不易收集。

（3）苔黑酚试剂是由浓盐酸配制而成的，使用时应在通风橱中操作并注意安全。

六、结果观察及记录

观察并记录实验中的现象。

七、思考题

（1）已知核糖在浓酸中脱水环化生成糠醛，它与苔黑酚作用呈蓝绿色，在670 nm处有最大吸光度值。回忆考马斯亮蓝法检测蛋白质浓度的方法和原理，并查阅资料学习以苔黑酚法测定 RNA 含量的方法。

（2）回忆紫外吸收法检测蛋白质浓度的方法和原理，试设计实验方案检测样品的 RNA 浓度。

生物化学实验六　脂肪的碘值测定

在一定条件下，每 100 g 脂肪所吸收碘的克数称为该脂肪的碘值。碘值越高，表明样品的不饱和脂肪酸含量越高，它是鉴定和鉴别油脂的一个重要常数，可用于推算油脂的定量组成。油脂及其制品在保存过程中会被缓慢氧化，碘值逐渐升高，通过碘值可以确定其新鲜程度。另外，碘值还可用于鉴别油脂产品的纯度。例如对于一个油脂产品，其碘值应处于一定范围，但如果产品中掺有其他脂肪酸杂质，其碘值就会发生改变。本实验将介绍脂肪碘值的测定方法和原理。

一、实验目的

加深对不饱和脂肪酸的还原性的认识，同时掌握碘滴定不饱和键的原理和方法。

能力目标

（1）能掌握脂肪碘值的测定方法。

（2）能通过脂肪碘值对油脂样品进行初步鉴别。

二、实验原理

脂肪中的不饱和脂肪酸碳链上有不饱和键可以吸收卤素（Cl_2、Br_2或 I_2）。不饱和键数目越多，能吸收的卤素量也越多。碘乙醇溶液和水作用生成次碘酸，次碘酸和乙醇反应生成新生态碘，再和油脂分子中的不饱和脂肪酸起加成反应，剩余的碘以硫代硫酸钠标准溶液滴定。其反应式如下：

$$I_2+H_2O \longrightarrow HIO+HI$$

$$2HIO+C_2H_5OH \longrightarrow I_2+CH_3CHO+2H_2O$$

$$R_1CH=CHR_2+2HIO+C_2H_5OH \longrightarrow R_1CHI—CHIR_2+CH_3CHO+2H_2O$$

$$I_2+2Na_2S_2O_3 \longrightarrow 2NaI+Na_2S_4O_6$$

碘乙醇溶液与水作用生成次碘酸和氢碘酸的过程为可逆反应，因此水和碘的反应非常缓慢，但该反应所生成的次碘酸与不饱和脂肪酸双键起加成反应后，次碘酸不断被消耗，促使反应向生成次碘酸的方向进行，直至不饱和脂肪酸消耗完毕。

由于反应完成后氢碘酸留在溶液中，可在测定碘值后再测定溶液的氢碘酸含量，便可核对结果。其方法是：于测定碘值后的溶液中加入碘酸钾溶液，待析出与氢碘酸等物质的量的碘，再按碘量法用硫代硫酸钠标准溶液滴定。

$$6HI+KIO_3 \longrightarrow 3I_2+KI+3H_2O$$

如果滴定氢碘酸耗用的硫代硫酸钠标准溶液的体积，恰好是空白试验与测定样品时耗用的硫代硫酸钠（浓度相同）体积之差的一半，则结果无误。

三、实验材料、试剂与仪器、设备

1. 材料与试剂

油脂样品、无水乙醇（化学纯以上）、碘片（分析纯）、1 mol/L 硫代硫酸钠标准溶液、淀粉指示剂。

2. 仪器与设备

碘量瓶（250 mL）、移液管（25 mL）、滴定管（25 mL）、试管及试管架、玻璃漏斗、恒温水浴锅等。

3. 所需试剂配制

0.2 mol/L 碘乙醇溶液：称取 25 g 碘片溶解于 1 L 无水乙醇中，放置 10 d 后使用。

四、操作步骤

(1) 按表 1−5 中的剂量准确称取油脂样品，置于定碘瓶中。设计 2 组平行试验。

表 1−5 不同碘值宜称取油脂样品的质量

碘值	油脂样品质量(g)
<20	1.200 0～1.220 0
20～40	0.700 0～0.720 0
40～60	0.470 0～0.490 0
60～80	0.350 0～0.370 0
80～100	0.250 0～0.300 0
100～120	0.230 0～0.250 0
120～140	0.190 0～0.210 0

续表

碘值	油脂样品质量(g)
140～160	0.170 0～0.190 0
160～180	0.150 0～0.170 0
180～200	0.140 0～0.150 0
>200	0.100 0～0.140 0

（2）向油脂样品中加入无水乙醇 10～15 mL，使其完全溶解。如果不易溶解可置于恒温水浴锅中加热到 50℃～60℃，至完全溶解后取出冷却。

（3）精确移取 25 mL 0.2 mol/L 碘乙醇溶液，注入已完全溶解并彻底冷却的样品液中，加蒸馏水 200 mL，塞紧瓶塞，充分摇荡，使混合液成乳浊状，放于阴凉处静置 5 min。

（4）以硫代硫酸钠标准溶液滴定混合液至浅黄色，加淀粉指示剂约 1 mL，继续滴定至蓝色消失，即为终点，记录消耗硫代硫酸钠标准溶液的体积（V_1）。同时做空白试验，并记录消耗硫代硫酸钠标准溶液的体积（V_0）。

（5）根据下列公式计算样品的碘值：

$$I = \frac{(V_0 - V_1) \times c \times M}{m \times 1000} \times 100$$

式中，I 为样品的碘值，用每 100 g 样品吸取碘的克数表示（g/100g）；c 为硫代硫酸钠标准溶液的实际浓度，mol/L；V_0 为空白试验消耗硫代硫酸钠标准溶液的体积，mL；V_1 为样品消耗硫代硫酸钠标准溶液的体积，mL；M 为碘的摩尔质量，g/mol；m 为样品质量，g。

五、注意事项

（1）称取样品的质量应控制在样品消耗硫代硫酸钠标准溶液的体积是空白试验消耗硫代硫酸钠标准溶液的体积的一半或略大于一半，否则结果会偏低。

（2）静置时间应严格控制在 5 min 左右，时间过短加成反应可能不完全，时间过长可能发生取代反应。实践证明，静置 5 min 时，取代反应尚未开始。

（3）两次平行测定结果允许误差不大于 1%。

六、结果观察及记录

观察记录实验中的现象，计算样品的碘值。

七、思考题

（1）为什么碘乙醇溶液配制好后需放置一段时间才可使用?

（2）尝试设计实验计算食用油的氧化速率。

参考文献

[1] Noble J E, Bailey M J. Quantitation of protein [J]. Methods Enzymol, 2009, 463: 73-95.

[2] Noble J E. Quantification of protein concentration using UV absorbance and Coomassie dyes [J]. Methods Enzymol, 2014, 536: 17-26.

[3] 朱晓莹，覃靖娟，朱日生，等. 等电沉淀法提取酪蛋白的实验方法改进 [J]. 卫生职业教育，2013，31 (9)：93-94.

[4] 李楠，庄苏星，丁益. 酵母蔗糖酶的提取方法 [J]. 食品与生物技术学报，2007，26 (4)：83-87.

[5] 杨丽，尤丽，叶金秀，等. 纸层析分离鉴定氨基酸实验的改进 [J]. 云南民族大学学报（自然科学版），2011，20 (3)：229-231.

[6] Andr G，李建国. 酵母 RNA 的简易提取方法 [J]. 应用微生物，1989 (6)：14-16.

[7] 董丙坤，董菊芬. 食用油脂碘值测定 [J]. 河南农业，2010 (1)：54，56.

第2章 微生物学实验

微生物学是一门在分子、细胞和群体水平上研究微生物的形态构造、生理代谢、遗传变异、生态分布和分类进化等生命活动的基本规律，并将其应用于医药卫生、工业发酵、生物工程和环境保护等实践领域的学科。微生物学实验是微生物学教学的重要组成部分，是生物制药专业课程设置中的必修课程。微生物学实验内容包括微生物培养基的配制、微生物无菌操作技术、细菌染色与光学显微镜形态观察以及土壤微生物的分离培养等。

微生物学实验针对生物制药及相关专业学生进行微生物分离、培养、形态观察等实验的系统训练，使学生牢固建立无菌操作概念，掌握微生物无菌操作技术，以及一套完整的微生物实验基本操作技术；在实验中进一步加深对基础理论知识的理解，在生物学实验操作中培养严谨的科学态度以及分析解决微生物实验操作过程中常见问题的能力，由此提高创新意识及科研工作能力。

微生物学实验一　培养基的制备

培养基是人工配制的、含六大营养要素、适合微生物生长繁殖或累积代谢产物的营养基质，可用于培养、分离、鉴定和保存各种微生物。除满足微生物所需的营养物质外，培养基还要求有适宜的酸碱度和渗透压。不同营养类型的微生物利用各种营养物质的能力有差异，必须根据微生物的特点及实验目的选择合适的培养基。按物理状态，培养基可分为液体、半固体和固体三类；按应用功能，培养基可分为通用、选择性、鉴别性和生物测定四类。配制的培养基必须经过灭菌才可使用。

一、实验目的

（1）通过制备不同的微生物培养基，了解配制微生物培养基的基本原理和培养基的种类。

（2）学习固体培养基、液体培养基的配制、分装以及灭菌方法，掌握配制培养基的一般方法和步骤。

能掌握细菌通用培养基，以及放线菌、霉菌的常用培养基的配制原理和方法。

二、实验原理

牛肉膏蛋白胨培养基一般用于培养细菌，其中牛肉膏为微生物提供碳源、磷酸盐和维生素，蛋白胨主要提供氮源和维生素，NaCl 作为无机盐。高氏 1 号培养基一般用于放线菌的培养和形态特征观察，若加入适量的抗菌药物则可用来分离各种放线菌。其特点是含有多种化学成分已知的无机盐，在混合培养基成分时，要按照配方顺序依次溶解各成分，以避免无机盐之间因相互作用产生沉淀，因此有时还需将两种或多种成分分别灭菌，使用时再按比例混合。马丁氏培养基是一种用来分离真菌的选择性培养基，特点是加入的孟加拉红和链霉素能有效抑制细菌和放线菌的生长，而对真菌无抑制作用。通用培养基的配制流程大致相同，即先按配方准确称取药品，用少于总量的水溶解各组分，待完全溶解后补足水至所需量，再调节 pH。然后将培养基分装于合适的容器中，灭菌后备用。配制好的培养基应根据其成分的耐热程度选择不同的灭菌方法，最常用的是加压蒸汽灭菌法。

三、实验材料、试剂与仪器、设备

1. 材料与试剂

牛肉膏、蛋白胨、琼脂粉、可溶性淀粉、葡萄糖、0.1%孟加拉红溶液、链霉素溶液（10 000 U/mL）、蒸馏水、1 mol/L NaOH、1 mol/L HCl、KNO_3、NaCl、$K_2HPO_4 \cdot 3H_2O$、KH_2PO_4、$MgSO_4 \cdot 7H_2O$、$FeSO_4 \cdot 7H_2O$、2%脱氧胆酸钠溶液。

2. 仪器与设备

高压蒸汽灭菌锅、试管、三角瓶、烧杯、量筒、玻璃棒、天平、牛角匙、精密 pH 试纸（测试范围为 5.4～9.0）、棉花（非脱脂棉）、牛皮纸、记号笔、线绳、纱布、漏斗、漏斗架、胶管、止水夹等。

四、操作步骤

1. 制备牛肉膏蛋白胨培养基

（1）配方：牛肉膏 3.0 g、蛋白胨 10.0 g、NaCl 5.0 g、蒸馏水 1 000 mL，pH 为 7.2～7.4。每个实验组按要求配制的培养基体积计算配方各组分的量。

（2）药品称量溶解：按照培养基的配方准确称取牛肉膏、蛋白胨、NaCl 放入烧杯。牛肉膏可用玻璃棒挑取，放在小烧杯或表面皿中称量，用热水融化后倒入烧杯。也可放在称量纸上，称量后直接放入水中；这时如稍微加热，牛肉膏便会与称量纸分离，再立即取出纸片。

（3）融化：在烧杯中先加入少于所需量的水，用玻璃棒搅匀，放在石棉网上文火加热使药品溶解，或在磁力搅拌器上加热溶解。待药品完全溶解后，补充蒸馏水至所需总体积。若是固体培养基，则应将称好的琼脂粉放入已溶的药品中，再加热融化，最后补足损失的水分；也可将一定量的液体培养基分装于三角瓶中，然后按照 1.5%～2.0% 的量将琼脂粉直接加入各三角瓶，灭菌和加热融化同时进行。

（4）调节 pH：先用精密 pH 试纸测量培养基的原始 pH，若偏酸则向培养基中逐滴加入 1 mol/L 的 NaOH，边搅拌边滴加，并随时用精密 pH 试纸测其 pH，直至 pH 达到 7.2～7.4。应尽量避免因 NaOH 加过量后用 HCl 回调而引入过多氯离子。

（5）分装：将配制好的培养基分装在相应的玻璃器皿内，待灭菌。分装要点如下：

①液体培养基分装：分装高度以试管高度的 1/4 左右为宜。分装三角瓶的量根据需要而定，一般不超过其容积的 1/2；若用于振荡培养，则可根据通气量的要求酌情减少。有的液体培养基在灭菌后需要补加一定量的其他无菌成分（如抗生素），分装体积一定要精准。

②固体培养基分装：分装高度以试管高度的 1/5 左右为宜，灭菌后制成斜面。分装三角瓶，取上述牛肉膏蛋白胨液体培养基 150 mL 分装于 250 mL 三角瓶中（每瓶中提前加入琼脂粉 2.2～2.3 g，按 1.5%计），可使融化琼脂和灭菌同步进行。三角瓶内培养基的装量以不超过其容积的 60%为宜。

③半固体培养基分装：分装高度以试管高度的 1/3 左右为宜，灭菌后垂直待凝固。

（6）加棉塞：培养基分装完毕后，在试管口或三角瓶口塞上棉塞（注意不能用脱脂棉），以防止外界微生物进入培养基内造成污染。

（7）包扎（标记）：加棉塞后，将全部试管用皮筋捆好，再在棉塞外包一层牛皮纸，最后用棉绳捆扎好，以防灭菌时冷凝水润湿棉塞。捆扎好后用记号笔标注培养基名称、组别及配制日期。

（8）灭菌：将待灭菌的培养基放入高压蒸汽灭菌锅内，于 0.1 MPa、121℃灭菌 20 min。

（9）搁置斜面：待灭菌后的试管培养基冷却至 50℃左右时，将试管口端搁在玻璃棒或木架上，使管中培养基液面形成斜面，斜面长度以不超过试管总长的一半为宜。

（10）无菌检查：将灭菌培养基放入培养箱中，于 37℃培养 24～48 h，以检查灭菌是否彻底。

2. 制备 LB 培养基

（1）配方：胰蛋白胨 10 g、酵母提取物 5 g、NaCl 10 g、琼脂粉 15 g、蒸馏水 1 000 mL，pH 为 7.2。

（2）药品称量溶解、融化、调节 pH、分装、加棉塞、包扎（标记）、灭菌及无菌检查等操作同牛肉膏蛋白胨培养基的制备。

3. 制备高氏 1 号培养基

（1）配方：胰蛋白胨 10 g、酵母提取物 5 g、NaCl 10 g、琼脂粉 15～20 g、蒸馏水

1 000 mL，pH 为 7.2。每个实验组按要求配制的培养基体积计算配方各组分的量。

（2）药品称量和溶解：先计算后称量。按用量先称取可溶性淀粉放入烧杯中，并用少量冷水将其调成糊状，文火加热，边加热边搅拌至溶解，再加少于所需水量的水，接着加入其他成分，待溶解后再补足水至所需总体积。微量成分 $FeSO_4 \cdot 7H_2O$ 可先配成高浓度（0.01 g/mL）的贮备液，方法是先在 100 mL 蒸馏水中加入 1 g 的 $FeSO_4 \cdot 7H_2O$，充分溶解后，再在 1 000 mL 培养基中加入以上贮备液 1 mL 即可。如要配制固体培养基，琼脂的溶解过程同牛肉膏蛋白胨培养基的制备。

（3）调节 pH、分装、加棉塞、包扎（标记）、灭菌及无菌检查等操作同牛肉膏蛋白胨培养基的制备。

4. 制备马丁氏培养基

（1）配方：KH_2PO_4 1 g、$MgSO_4 \cdot 7H_2O$ 0.5 g、蛋白胨 5 g、葡萄糖 10 g、0.1%孟加拉红溶液 3.3 mL、琼脂 15～20 g、蒸馏水 1 000 mL、2%脱氧胆酸钠溶液 20 mL（分别灭菌，使用前加入）、10 000 U/mL 链霉素溶液 3.3 mL（无菌水配制，使用前加入），自然 pH。每个实验组按要求配制的培养基体积计算配方各组分的量。

（2）药品称量和溶化：按照计算出的配方各组分的量，准确称取各药品；往烧杯中加入约 2/3 体积的所需水量，逐一加入各组分，待搅拌溶解后，将 0.1%孟加拉红溶液按每 1 000 mL 培养基中加入 3.3 mL 的比例加入，混匀后，补充水分至所需总体积。按 1.5%～2.0%的比例加入所需琼脂，加热融化。

（3）分装、加棉塞、包扎（标记）、灭菌及无菌检查等操作同牛肉膏蛋白胨培养基的制备。

（4）链霉素和脱氧胆酸钠的加入：链霉素受热容易分解，所以临用时，将培养基加热融化待温度降至 55℃左右，无菌操作条件下，按每 1 000 mL 培养基加入 3.3 mL 链霉素溶液（10 000 U/mL）和 2%脱氧胆酸钠溶液 20 mL，快速混匀后立即倒平板。

五、注意事项

（1）称量药品用的药匙不要混用；称完药品应及时盖紧瓶盖，尤其是易吸潮的蛋白胨应及时盖紧瓶塞，旋紧瓶盖。

（2）调节 pH 时要小心操作，尽量避免因 NaOH 加过量后用 HCl 回调而引入过多氯离子。

（3）配制半固体或固体培养基时，琼脂用量应根据市售琼脂品牌、批次而定。

六、结果观察及记录

（1）记录实验配制的培养基名称、配方、数量及其他灭菌物品的名称和数量。

（2）制备的斜面培养基是否符合要求？试分析原因。

（3）制备的固体培养基是否符合要求？试分析原因。

七、思考题

（1）培养基配好后，为什么必须立即灭菌？如何检查灭菌后的培养基是否为无菌状态？

（2）在配制培养基的过程中应注意哪些问题？为什么？
（3）什么是选择性培养基？其在微生物学中的意义是什么？
（4）如何根据培养目标选择合适类型的培养基？

微生物学实验二　平板的制备与细菌分布实验

你知道我们周围存在看不见的微生物吗？如何使“看不见”变为“看得见”呢？除了通过显微镜，我们还可以通过“放大”细胞群体（菌落）看到它们的存在。每一种细菌所形成的菌落都有各自的特征，是对其进行分类鉴定的重要依据。

一、实验目的

学习和掌握平板培养基的制备，以及通过固体培养实现对环境微生物的观察。

能力目标

（1）能掌握无菌操作下制备固体平板和斜面培养基的方法。
（2）能掌握环境微生物的接种和培养方法。

二、实验原理

平板培养基含有细菌生长所需要的营养成分，将取自不同环境的样品接种于培养基上并在适宜温度下培养一段时间，每一菌体都能通过多次细胞分裂进行繁殖，形成可见的细胞群体集落，称为菌落。通过平板培养形成的菌落特征，包括菌落的大小，表面干燥或湿润、隆起或扁平、粗糙或光滑，边缘整齐或不整齐，菌落透明或半透明或不透明，颜色以及质地疏松或紧密等，来检测判断环境中细菌的数量和类型。

三、实验材料、试剂与仪器、设备

1. 材料与试剂

牛肉膏蛋白胨琼脂培养基、LB琼脂培养基、无菌水、灭菌棉签（装在试管内）。

2. 仪器与设备

灭菌培养皿、接种环、试管架、酒精灯、记号笔、废物缸等。

四、操作步骤

1. 平板的制备

（1）融化培养基：将三角瓶中已灭菌的培养基置于电炉石棉网上或微波炉中加热融化。加热时必须不时摇动三角瓶，以免受热不均而引起爆裂。待培养基完全融化后，于室温冷却至 55℃～60℃。

（2）准备超净工作台：打开超净工作台的紫外灯灭菌 30 min 后关闭紫外灯，再打开通风和照明，以酒精棉球进行手消毒、擦拭超净台。当培养基冷却至 60℃左右时，点燃酒精灯，在火焰旁打开灭菌培养皿的包装，对培养皿进行标记，准备倒平板。

（3）手持法倒平板：右手持盛有培养基的三角瓶置于火焰旁，用左手将瓶塞轻轻拔出，瓶口保持对着火焰；用右手手掌边缘或小指与无名指夹住瓶塞。左手持培养皿，并将皿盖在火焰旁打开约 60°角，迅速倒入约 25 mL 培养基后合上皿盖，平置于桌面上略加转动，使培养基均匀分布在培养皿底部，待冷却凝固后即为平板。

（4）皿加法倒平板：培养皿成摞放置，左手将最上层皿盖打开，右手持三角瓶倒入培养基后合上皿盖，将其置于水平桌面上略加转动，待凝固；再依次打开下方皿盖，逐个倒平板。

2. 细菌分布实验

每组在“实验室”和“人体”中各选择一个内容做实验，或由教师分配，最后结果供全班讨论。

（1）写标签。任何一个实验，在动手操作前均需将平板用记号笔做上标记，注明班级、组名、日期，本次实验还要写上样品来源（如实验室空气、无菌室空气、头发等）。标记写在皿底侧缘，不要写在当中，字尽量小，以免影响观察结果（若写在皿盖上，当同时打开两个以上培养皿的皿盖观察结果时，容易发生混淆）。

（2）实验室细菌检测（如实验台、门旋钮）。

①用记号笔在培养皿皿底进行分区，并做清晰标记。可均分为两个区，也可画十字交叉线，均匀划分四个区，或进行“Y”字形分区。其中一区不接种作为对照，另外几个区可进行不同样品的接种（如实验台、门旋钮等）。

②取灭菌棉签：左手拿装有棉签的试管，在火焰旁用右手的手掌边缘和小指、无名指夹持棉塞，将其取出，接着将管口很快地通过酒精灯的火焰，烧灼管口；轻轻地倾斜试管，用右手的拇指和食指将棉签小心地取出。塞回棉塞，并将空试管放回试管架。

③弄湿棉签：左手取灭菌水试管，同第②步的操作拔出棉塞并烧灼管口，将棉签插入试管中的灭菌水浸湿，在管壁上按压以去除多余的水分，小心取出棉签后烧灼管口、塞回棉塞，并放回试管架。

④ 取样：将湿棉签在实验台面或门旋钮上擦拭约 2 cm^2 的范围。

⑤ 接种：在酒精灯火焰旁，用左手拇指和食指将皿盖打开呈 45°角，将棉签伸入，在培养基的标记分区中滚动一圈进行接种，完毕后立即闭合皿盖。

（3）人体细菌检测。

①手指（洗手前与洗手后）：用记号笔在培养皿皿底进行“Y”字形分区，分别标记洗手前与洗手后，以及班级、姓名、日期。在酒精灯火焰旁，左手手持平板打开皿盖（45°角），将未洗过的手指在平板表面标记区轻轻按压划动，完毕后盖上皿盖。接着用肥皂和刷子用力刷手、冲洗干净，待手晾干后将同一手指在标记了洗手后的平板表面区来回移动，完毕后盖上皿盖。

②头发：用记号笔将培养皿皿底均分为两个区进行标记，在酒精灯火焰旁，打开平

板皿盖，将一段适当长度的头发放置在接种区，然后盖上皿盖。

（4）将所有接种后的固体平板翻转，使皿底朝上，放置于37℃培养箱中倒置培养16～24 h。

（5）观察、记录。培养一段时间后，取出培养物，照相，对出现的菌落大小、颜色、形状、干湿情况等特征进行描述。菌落特征描述内容如下：

①大小：大、中、小、针尖状。可先将整个平板上的菌落粗略观察一下，再决定大、中、小的标准，或由教师指出一个大小范围。

②颜色：黄色、金黄色、灰色、乳白色、红色、粉红色等。

③干湿情况：干燥、湿润、黏稠。

④形状：圆形、不规则等。

⑤高度：扁平、隆起、凹下。

⑥透明程度：透明、半透明、不透明。

⑦边缘：整齐、不整齐。

五、注意事项

如果细菌数量过多，会使很多菌落生长在一起，或者限制菌落生长，而导致外观不典型。故观察和描述菌落特征时，要选择分离较好的单个菌落进行。

六、结果观察及记录

（1）将观察到的每组固体平板的菌落生长情况以表2-1的形式进行记录，并将其与他组的观察结果进行比较和分析。

表2-1　菌落生长观察结果

样品来源	菌落数（近似值）	菌落类型	特征描写						
			大小	形状	干湿情况	高度	透明程度	颜色	边缘

七、思考题

（1）比较各种来源的样品，哪一种样品的平板菌落数与菌落类型最多？

（2）检测人员来往较多的实验室与无菌室（或无人走动的实验室）的细菌，平板上的菌落数与菌落类型有什么区别？你能解释一下造成这种区别的原因吗？

（3）清洗前后的手指按压的平板培养基上，菌落数有无区别？

（4）通过本次实验，在防止培养物的污染与防止细菌的扩散方面，你学到了什么？有什么体会？

微生物学实验三 无菌操作技术

一、实验目的

通过无菌操作练习，进一步掌握微生物分离以及接种技术，加深对无菌操作重要性的理解。

能力目标

能熟练地进行无菌操作下的平板划线、斜面接种以及液体培养基接种。

二、实验原理

研究各种微生物的特性，首先需使该微生物处于纯培养状态，即培养物中所有细胞是同一细胞的后代。实验室常采用平板划线分离法获得单菌落。平板划线分离法可分为连续划线和分区划线两类，主导思想都是将样品由浓变稀，从多组分的混合样最后得到较纯的单菌落。将平板划线分离法得到的单菌落接种到斜面上，可进一步观察其生长特征。微生物在斜面培养基上生长，可以呈丝线状、刺毛状、念珠状、舒展状、树枝状或假根状。培养特征可以作为微生物分类鉴定的指征之一，并能作为识别纯培养是否被污染的参考。

在微生物的转接过程中，需要在火焰旁进行无菌操作，用火焰灼烧接种环或接种针等达到灭菌的目的。需要注意的是，一定要保证灼烧后的接种环或接种针冷却后才能进行转接，以免烫死待接种的目标微生物。如果转接液体培养物，则使用移液枪或预先灭菌的玻璃吸管，如果只取少量且无需定量，也可以直接使用接种环接种。

三、实验材料、试剂与仪器、设备

1. 材料与试剂

大肠杆菌斜面培养物和液体培养物（1.5 mL EP 管中）、金黄色葡萄球菌的固体培养平板和液体培养物（1.5 mL EP 管中）、牛肉膏蛋白胨平板固体培养基和斜面培养基、LB 平板固体培养基和 LB 斜面培养基、灭菌水。

2. 仪器与设备

接种针、接种环、涂布棒、酒精灯、试管架、记号笔、200 μL 移液器和吸头等。

四、操作步骤

1. 用接种环转接菌种进行平板划线

(1) 用记号笔分别标记 3 个平板固体培养皿为 A（菌）、B（无菌水）、C（非无菌操作）。

（2）在酒精灯火焰旁，左手持菌体培养物，右手持接种环，通过酒精灯外焰灼烧接种环进行灭菌；待灼烧后的接种环冷却后，从待转接的菌落或待分离的斜面菌落中挑取一环细菌（少量），在相应培养基平板上进行划线分离，以获得单个菌落。这里简述两种常规的划线方法：

①连续划线培养：在近火焰处，左手拿经标记的空白固体培养皿 A，右手蘸有少量菌体的接种环以一定倾角与培养基接触，在培养基上进行连续地之字形划线，在末端处划线时，左手可将平皿做一定角度的倾斜，使接种环接触到培养基（见图 2—1）。

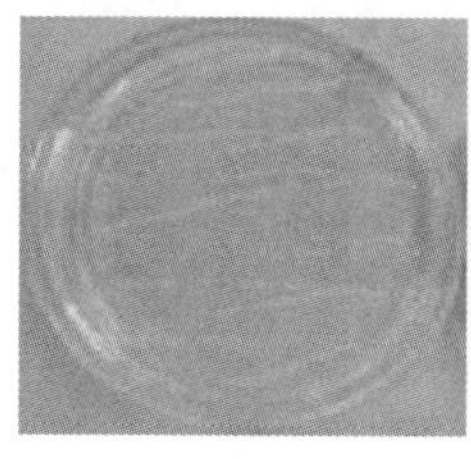
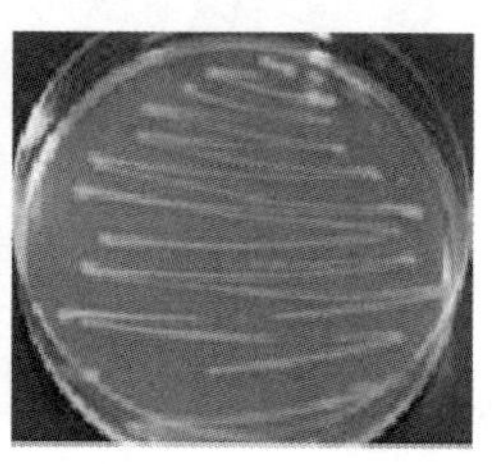

图 2—1　连续划线法示例

②分区划线培养：用接种环按照无菌操作从待纯化的菌落或待分离的斜面菌种或固体平板培养物中挑取一环，先在平板培养基的一边做第一次平行划线 3～4 次，再转动平板约 70°角，让外焰灼烧接种环灭菌；待灼烧后的接种环冷却后穿过一区划线部分进行第二次划线，再用同样的方法穿过二区划线部分进行第三次划线，依次可进行 3～4 区的划线操作（见图 2—2）。需要注意的是，每次划线前都应灼烧接种环进行灭菌。划线完毕后，盖上培养皿皿盖，倒置培养。

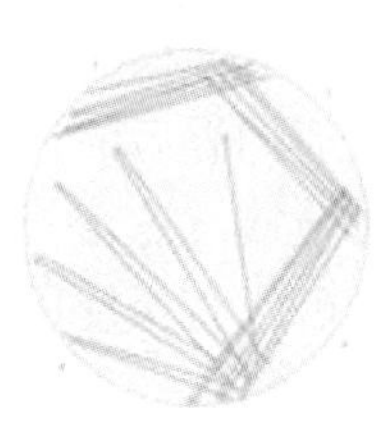
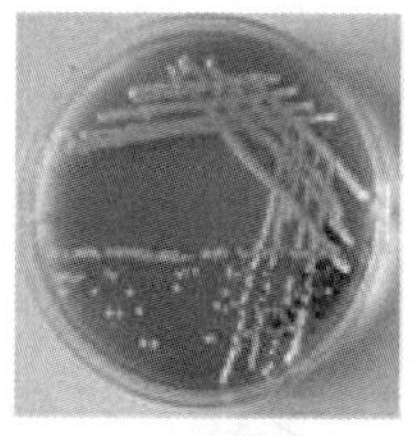

图 2—2　分区划线法示例

（3）固体培养皿 B 的接种方法同上，但接种环只蘸取少量无菌水进行划线。

（4）在超净工作台外，无酒精灯的条件下，用未经灭菌的接种环从另一个盛有无菌水的试管中取一环水划线接种到固体培养皿 C 中。

2. 斜面接种

（1）用记号笔分别标记 3 管斜面培养基为 A（菌）、B（无菌水）、C（非无菌操作）。

（2）在近火焰处，左手持菌体培养物，右手持接种环，以酒精灯外焰灼烧接种环进行灭菌，待灼烧后的接种环冷却后挑取一环细菌。左手迅速从试管架上取下 A 管，在火焰旁用右手的手掌边缘和小指、无名指夹持棉塞或管帽，将其取出夹于右手手心，烧灼管口后，将蘸有少量菌体的接种环迅速伸入 A 管斜面的底部，自斜面底部向上轻轻地划一条直线，用于观察微生物的斜面生长状态。若用于菌种培养或保存，可自斜面底部向上进行锯齿形划线，使更多的菌体在斜面上生长。划线完毕后，同样灼烧一下试管口，塞回棉塞或管帽，放置于试管架上，并将接种环灼烧后放回原处。如果是向装有液体培养基的试管或三角瓶中接种，则应将挑有菌体的接种环在液面下的试管内壁上轻轻摩擦，使菌体分散进入液体培养基中。

（3）B管的接种方法同上，只需持接种环蘸取少量无菌水进行划线。

（4）在超净工作台外，无酒精灯的条件下，用未经灭菌的接种环从另一个盛有无菌水的试管中取一环水划线接种到C管中。

3. 用移液器进行液体培养基接种

（1）用记号笔分别标记3管液体培养基（10 mL）D（菌）、E（无菌水）、F（非无菌操作）。

（2）轻轻摇匀菌体的液体培养物，注意不要溅到管口或管帽上。

（3）将已经灭菌的吸头（200 μL）装在经酒精棉球擦拭消毒的移液器上，按照无菌操作要求将其插入上述菌体的液体培养物中，吸取0.1 mL菌液接入D管中。

（4）将用过的吸头打入废物缸中。

（5）E管接种方法同上，但接种物为0.1 mL无菌水

（6）F管在非无菌操作下，将0.1 mL无菌水转接入液体培养基中。

4. 培养

分别将划线平板（A、B、C）置于37℃培养箱中倒置培养16～24 h，划线的斜面试管（A、B、C）置于37℃培养箱中静置培养16～24 h，接种的液体培养试管（D、E、F）置于37℃摇床振荡培养（200 rpm）16～24 h，观察菌体生长情况，拍照记录。

五、注意事项

（1）注意灼烧后的接种环不能立刻接触培养物，而应该将其轻轻地接触斜面培养物试管的上半部或在空气中进行冷却。

（2）注意在操作过程中，手指不要触碰移液器吸头。

六、结果观察及记录

描述观察结果，并对其进行简要分析。

七、思考题

（1）从理论上推断几个平板和斜面经过培养后的结果是怎样的？你的实验结果是否与其相符，为什么？

（2）为什么接种完毕后，需要对接种环进行灼烧，移液器吸头也必须放进废物缸中？

微生物学实验四　光学显微镜的使用及微生物形态观察

一、实验目的

(1) 通过对多种微生物形态的显微观察，了解光学显微镜的构造和原理，并能够熟练掌握光学显微镜的使用方法。

(2) 进一步加深对常见细菌、放线菌、酵母菌和霉菌的形态特征认识，并能够作准确描述。

能力目标

能熟练使用显微镜观察常见细菌、放线菌、酵母菌和霉菌的基本形态特征，并对其进行准确描述和鉴定。

二、实验原理

利用光学显微镜，能够对各种微生物的形态和构造进行准确的显微观察。

普通光学显微镜是利用光学原理，把肉眼所不能分辨的微小物体经过两极放大呈虚像，以向观察者提取细微结构信息的光学仪器，通常由机械装置和光学系统两部分组成。显微镜的机械装置包括：①起稳固和支撑作用的镜座和镜臂；②上端安装目镜，下端安装转换器的镜筒；③用于安装物镜的转换器；④用于安放载玻片的镜台（载物台）；⑤用于调焦的粗准焦螺旋和细准焦螺旋。

显微镜的光学系统包括：①具有不同放大倍数的目镜（中间光阑上可放置用于测量微生物大小的目镜测微尺）。②物镜，有低倍（4×）、中倍（10×）、高倍（40×）和油镜（100×）等不同放大倍数，是显微镜中最重要的部件。物镜参数中的数值孔径（NA）与显微镜的分辨率成正相关。影响数值孔径的两个因素分别为镜口角的一半（$\alpha/2$）和介质折射率（n）。在镜口角固定的情况下（油镜的 $\alpha/2$ 为 60°），增加介质折射率可提高显微镜分辨率。因此，将物镜和标本间介质由空气（折射率为 1.00）换为香柏油（折射率为 1.52），用数值孔径为 1.25 的油镜观察，能分辨出距离不小于 0.2 μm的物体，而大多数细菌的直径约为 0.5 μm。③起汇聚光线作用的聚光器，用低倍物镜时应下降，用油镜时应升到最高位置；其下方安装有可调节光强度和数值孔径的可变光阑，在观察较透明的标本时，应缩小可变光阑以增强反差，便于观察。

三、实验材料、试剂与仪器、设备

1. 材料与试剂

微生物装片（大肠杆菌、金黄色葡萄球菌、链霉菌、酵母菌、根霉菌、曲霉菌、青霉菌）。

2．仪器与设备

光学显微镜、香柏油、镜头清洁液、擦镜纸等。

四、操作步骤

1．酵母菌、根霉菌、曲霉菌、青霉菌的观察

（1）打开光源：调节光亮度，将低倍物镜转到工作位置。上升聚光器，将可变光阑完全打开。

（2）放置标本：先下降镜台，将装片用玻片移动器固定在镜台上；再上升镜台，使低倍物镜接近装片。

（3）调焦：先转动粗准焦螺旋进行粗调，看到模糊物像后再转动细准焦螺旋至视野清晰。

（4）寻找视野：调节镜台，纵向和横向移动手轮，找到合适的观察视野，将待观察物置于视野中心。

（5）转换高倍镜：旋转转换器，当听到“咔嚓”声即表明物镜已转到合适位置。

（6）调焦：只需调节细准焦螺旋至物像清晰。

（7）观察并拍照。

2．细菌的油镜观察

（1）在低倍物镜下找到合适视野，将待观察物移到视野中央。

（2）转换油镜：旋转转换器，将油镜转到工作位置。

（3）调节聚光器，使其与油镜数值孔径相一致：聚光器上升到最高位置，将可变光阑开到最大。

（4）加香柏油：从双层瓶的内层小管中取 1～2 滴（切记不要多加）加到待观察部位的涂片上，下降镜筒使油镜头接触并浸入香柏油中，从侧面观察，使镜头降至既非常接近载玻片又不与载玻片接触的合适位置。

（5）调焦：缓慢转动细准焦螺旋至物像清晰。

（6）观察并拍照。

3．显微镜用毕后的处理

（1）关闭电源：关闭显微镜电源开关，下降镜台，当镜台下降至最低位置时取下装片，同时将聚光器降至最低位置。

（2）清洁显微镜：清洁油镜，用擦镜纸擦去镜头上的香柏油，再用沾有少许镜头清洁液的擦镜纸擦掉残留的香柏油，最后用干净擦镜纸抹去残留的清洁液；切勿用乙醇擦拭镜头和支架。

（3）去除细菌装片上的香柏油：先滴加 2～3 滴镜头清洁液于装片上，溶解其上的香柏油；接着将吸水纸轻轻压在装片上吸掉镜头清洁液和香柏油。

五、注意事项

（1）搬动显微镜时应一只手握住镜臂，另一只手托住底座；切忌单手拎提显微镜，以免目镜从镜筒上滑出、跌落。

（2）用镜头清洁液擦拭油镜镜头时，用量要少，应朝一个方向擦拭，不宜久擦。

（3）因油镜的工作距离短，操作时要特别小心谨慎。

六、结果观察及记录

记录在特定放大倍数下观察到的微生物形态：低倍镜（放大________倍），高倍镜（放大________倍），油镜（放大________倍）。

七、思考题

（1）使用油镜时应注意哪些问题？

（2）显微镜的分辨率受哪些因素影响？

（3）当物镜由低倍镜转到油镜时，随着放大倍数的增加，视野的亮度是增强还是减弱？应如何调节？

微生物学实验五　细菌的革兰氏染色

革兰氏染色法是于1884年由丹麦病理学家Gram创立的。由于细菌的细胞壁结构和组成的差异，用革兰氏染色法可将细菌分成革兰氏阳性菌（G^+）和革兰氏阴性菌（G^-）两类。此法是细菌学上最常用的鉴别性染色方法。

一、实验目的

对细菌进行革兰氏染色观察，进一步加深对革兰氏阳性菌和革兰氏阴性菌细胞壁结构和组成差异的认识，掌握革兰氏染色的原理和操作方法。

能力目标

能掌握革兰氏染色的操作方法，并熟练使用光学显微镜观察染色细菌。

二、实验原理

革兰氏染色法的主要步骤是：先用草酸铵结晶紫初染，然后用碘液作为媒染剂处理，由于碘与结晶紫会形成碘-结晶紫复合物，可以增强染料在菌体中的滞留能力。接着用脱色剂（乙醇）脱色，最后用石碳酸复红染色液或沙黄染色液复染。细菌不被脱色而保留初染剂的颜色（紫色），为革兰氏阳性菌（G^+菌），如被脱色后又染上复染剂的颜色（红色），则为革兰氏阴性菌（G^-菌）。

这种染色鉴定区分G^+菌和G^-菌的方法，是由细菌细胞壁的结构和成分不同所决定的。G^+菌细胞壁肽聚糖含量高，壁厚且脂质含量低，而肽聚糖本身并不结合染料，但其所具有的网孔结构可以滞留碘-结晶紫复合物。现在一般认为以乙醇处理可以使肽聚糖网孔收缩而使碘-结晶紫复合物滞留在细胞壁内，使得菌体保持原来的蓝紫色。而G^-菌细胞壁肽聚糖含量低，交联度低，壁薄且脂质含量高，当用乙醇处理时，脂质溶解，细胞壁通透性增加，原本滞留在细胞壁内的碘-结晶紫复合物容易被洗脱，菌体变为无色，用复染剂染色后又会变成复染剂的颜色（红色）。

三、实验材料、试剂与仪器、设备

1. 材料与试剂

苏云金芽孢杆菌或金黄色葡萄球菌（*Staphylococcus aureus*）、大肠杆菌（*E. coli*）菌液、待测菌液1～2种、革兰氏染色试剂盒（结晶紫染液、鲁哥氏碘液、95%乙醇、0.5%沙黄染色液或石碳酸复红染色液）、香柏油、镜头清洁液。

2. 仪器与设备

显微镜、擦镜纸、接种环、载玻片、吸水纸、酒精灯、镊子、载玻片夹子、载玻片支架、无菌生理盐水、染色缸等。

四、操作步骤

1. 制片

（1）涂菌：用无菌操作方法从试管或培养皿中蘸取菌液一环，用接种环在洁净无脂的载玻片上做一层薄而均匀、直径约为1 cm的菌膜。涂菌后将接种环以火焰灭菌。

（2）固定：目的是杀死细菌并使细菌黏附在载玻片上，便于染料着色。常用加热法，即将细菌涂片向上，通过火焰3次，以热而不烫为宜，防止菌体烧焦、变形。

2. 染色

（1）初染：制片上滴加结晶紫染液，染色1 min后，用水洗去剩余染料。

（2）媒染：滴加鲁哥氏碘液，1 min后水洗。

（3）脱色：滴加95%乙醇脱色，摇动制片至紫色不再被乙醇脱褪为止（根据涂片的厚薄，需时30 s～1 min），水洗。

（4）复染：滴加沙黄染色液或石碳酸复红染色液复染1 min后水洗，用吸水纸轻轻吸干。

3. 镜检

以油镜镜检，区分出G^+菌和G^-菌的细菌形态和颜色。

五、注意事项

（1）制片涂菌时务求均匀，切忌过厚。

（2）在染色过程中，不可使染液干涸。

（3）脱色时间十分重要，过长则脱色过度，会使阳性菌被染成阴性菌；脱色不够，则会使阴性菌被染成阳性菌。

（4）老龄菌因体内核酸减少，会发生阳性菌被染成阴性菌的情况，故不能选用。

六、结果观察及记录

记录观察到的菌种个体形态和革兰氏染色结果。

七、思考题

（1）涂片后为什么要进行固定？固定时应注意什么？

（2）为什么使用老龄菌进行革兰氏染色会造成假阴性？

（3）试分析革兰氏染色法在细菌分类中的意义。

微生物学实验六　土壤微生物的稀释及分离技术

土壤是微生物生存的大本营，所含微生物无论是数量还是种类都很丰富，可以从中分离、纯化获得许多有价值的菌株。从混杂的微生物群体中获得某一种或某一株微生物的过程称为微生物的分离与纯化。从微生物群体中分离后，生长在平板上的单个菌落并不一定是纯培养物。纯培养的确定除了要观察菌落特征，还要结合显微镜观察菌体形态以及染色特征等。

一、实验目的

通过对土壤中的三大类群微生物的分离，掌握包括梯度稀释、平板涂布、连续划线以及分区划线等常规的微生物分离方法，初步了解微生物从取样、分离、纯培养到观察鉴定的一般流程。

能力目标

能掌握分离土壤微生物的常规方法和步骤。

二、实验原理

微生物的纯培养要经过一系列的分离和纯化过程，以及多种特征鉴定。本实验将采用三种不同的培养基（高氏1号琼脂培养基、牛肉膏蛋白胨琼脂培养基、马丁氏琼脂培养基）尝试从土壤中分离不同类型的微生物。平板分离法主要有平板涂布法和平板划线分离法两种，前者除了能够有效分离、纯化微生物，还可用于测定样品中的活菌数。

三、实验材料、试剂与仪器、设备

1. 材料与试剂

土壤样品（从校园或其他地方采集的土壤样品）、高氏1号琼脂培养基、牛肉膏蛋白胨琼脂培养基、马丁氏琼脂培养基、灭菌水。

2. 仪器与设备

无菌培养皿、灭菌试管、装有49.5 mL无菌水并带有玻璃珠的三角瓶、移液器及吸头（1 mL和200 μL）、玻璃涂布棒、接种环、超净工作台、生化培养箱、电子天平等。

四、操作步骤

1. 土壤稀释分离

（1）取土壤样品：取土壤表层以下5～10 cm处的土样，放入无菌袋中备用；尽量取新鲜土样，也可放在4℃冰箱中短时间保存。

（2）制备土壤稀释液（应无菌操作）。

①制备土壤悬液：称取土样0.5 g，迅速倒入带玻璃珠的装有49.5 mL无菌水的三角瓶中（玻璃珠用量以盖满瓶底最好），振荡5～10 min，使土样充分打散，即成为10^{-2}的土壤悬液。

②稀释：用移液器吸取10^{-2}的土壤悬液0.5 mL，放入装有4.5 mL无菌水的试管中，混匀，即为10^{-3}稀释液；如此重复，可依次制成10^{-3}～10^{-8}的稀释液。注意：操作时每一个稀释度应换用一个移液器吸头，每次吸取土壤样液后，要将吸头插入液面，吹吸3次，以减少稀释误差。

2. 平板涂布法

（1）倒平板：制备牛肉膏蛋白胨琼脂培养基平板、高氏1号琼脂培养基平板和马丁氏琼脂培养基平板，方法同“微生物学实验二”。

（2）涂布：将上述每种培养基的平板底部侧边用记号笔分别写上10^{-4}、10^{-5}和10^{-6}三种稀释度字样，然后用移液器分别从10^{-4}、10^{-5}和10^{-6}三管土壤稀释液中吸取0.1 mL对号加入已写好稀释度的平板中央位置；用灭菌玻璃涂布棒将菌液沿一条直线轻轻来回推动，使之分布均匀，再改变方向90°沿另一条直线轻轻来回推动，平板内边缘处可改变方向用涂布棒再涂布几次，于室温静置5～10 min。每个稀释度至少做2个涂布平板。

（3）培养：将含高氏1号琼脂培养基和马丁氏琼脂培养基的平板倒置，于28℃培养3～5 d（注意每天观察平板菌落生长情况）；将牛肉膏蛋白胨琼脂培养基平板倒置，于37℃培养1～2 d。

（4）挑菌落：分别自培养后长出的单个菌落挑取少许菌苔接种到上述三种培养基的斜面上，分别置于28℃和37℃培养；待菌苔长出后，观察其特征是否一致。若发现有杂菌，可再次进行划线分离，直至获得纯培养。

3. 平板划线分离法

(1) 倒平板：制备牛肉膏蛋白胨琼脂培养基平板、高氏1号琼脂培养基平板和马丁氏琼脂培养基平板，方法同"微生物学实验二"。

(2) 划线分离：操作方法同"微生物学实验三"，无菌操作下分别进行连续划线分离和分区划线分离。划线完毕后，盖上培养皿皿盖，倒置培养。

(3) 挑菌落：分别从分离平板上的单个菌落挑取少量菌体涂在载玻片上，在显微镜下观察个体形态，结合菌落形态特征进行综合分析。

五、注意事项

(1) 一般土壤中细菌最多，放线菌及霉菌次之，酵母菌主要见于果园及菜园土壤中。故从土壤中分离细菌时，要取较高的稀释度，否则菌落会连成一片导致无法分离和计数。

(2) 在土壤稀释分离操作中，每一个稀释度都应更换移液器吸头或移液管，使计数准确。

(3) 放线菌的培养时间较长，故制平板的培养基用量可适当增多。

六、结果观察及记录

(1) 分别记录和描述三种培养基的培养结果。

(2) 记录土壤稀释分离细菌的结果，并计算出每克土样中的细菌数量。选择长出的菌落数在30～300之间的一个稀释度的培养皿进行计数，取平均值后，按以下公式粗略计算每克土样中的活菌数：

$$活菌数/g=菌落平均数\times稀释倍数\times 2$$

(3) 分别记录平板涂布法和平板划线分离法的结果，并进行评价。

七、思考题

(1) 如果要分离得到极端嗜盐细菌，应在什么地方取样品分离为宜？请说明理由。

(2) 试设计实验，从土壤中分离出酵母菌，并进行计数。

(3) 当平板中长出的菌落不是均匀分布的，而是集中在一起时，你认为问题出在哪里？

微生物学实验七　乳酸菌的分离培养鉴定

乳酸菌可以用于发酵牛奶制作酸奶。用于酸奶发酵的乳酸菌主要是德氏乳杆菌保加利亚亚种（*Lactobacillus delbrueckii* subsp. *Bulgaricus*，旧称保加利亚乳杆菌）、唾液链球菌嗜热亚种（*Streptococcus salivarius* subsp. *Thermophilus*，旧称嗜热链球菌）和嗜酸乳杆菌（*L. acidophilus*）。酸奶发酵过程通常是由双菌或多菌的混合培养实现的。

其中杆菌先将酪蛋白分解为氨基酸和寡肽，由此促进球菌的生长，球菌产生的甲酸可以刺激杆菌产生大量乳酸和部分乙醛。此外球菌还产生了双乙酰这类风味物质，达到稳定状态的混合发酵。

一、实验目的

通过对乳酸菌的分离培养鉴定，熟悉选择培养基分离特定微生物的方法，掌握菌种分离中的梯度稀释及平板划线技术，熟悉通过菌落形态观察和产物的层析鉴定对菌体类型进行初步分析的方法。

能力目标

能掌握使用选择培养基及平板划线技术进行菌种分离，以及通过形态观察和产物分析进行菌种鉴定的原理及操作方法。

二、实验原理

采用乳酸菌的选择性培养基（马铃薯牛奶琼脂培养基）从混合发酵的酸奶中分离、筛选乳酸菌，常见的种类包括德氏乳杆菌保加利亚亚种、唾液链球菌嗜热亚种和嗜酸乳杆菌等。将从酸奶中分离到的乳酸菌接种至含糖发酵液体培养基培养，采用乳酸纸层析法鉴定其发酵产生的乳酸。将筛选菌株的发酵培养液、2%乳酸及空白培养液点在滤纸上，放入装有展层剂（水∶苯甲醇∶正丁醇 = 1∶5∶5）的层析缸中，展层后取出吹干。向滤纸均匀喷洒显色剂（0.04%溴酚蓝乙醇溶液）显色，对比样品与乳酸出现黄色斑点的位置，计算 R_f 值以判断样品中是否含有乳酸。

三、实验材料、试剂与仪器、设备

1. 材料与试剂

马铃薯牛奶琼脂培养基、MRS琼脂培养基、含糖发酵液体培养基、市售优质酸奶1瓶（含2%乳酸）、无水乙醇、焦性没食子酸、15% NaOH。展层剂（水∶苯甲醇∶正丁醇=1∶5∶5，另加1%的甲酸）、0.04%溴酚蓝乙醇溶液（用0.1 mol/L NaOH调节pH至6.7）。

2. 仪器与设备

培养皿、试管、厌氧罐、恒温水浴锅、恒温培养箱、层析缸、微量进样器（25 μL）、电吹风机、新华1号滤纸等。

四、操作步骤

1. 培养基配制

（1）配制马铃薯牛奶琼脂培养基（分离乳酸菌用）：称取200 g马铃薯（去皮），切碎加500 mL自来水煮沸后用4层纱布过滤；取出滤液，加脱脂鲜牛奶100 mL、酵母膏 5 g、琼脂 15~20 g，加蒸馏水至 1 000 mL，调 pH 至 7.0。注意：配制平板培养基时，牛奶应与其他成分分别灭菌，在倒平板前再混合。

（2）配制 MRS 琼脂培养基（乳酸菌分离、培养、计数用）：称取 10 g 蛋白胨、10 g牛肉膏、5 g 酵母膏、20 g 葡萄糖、2 g K_2HPO_4、5 g 醋酸钠、2 g 柠檬酸二胺、0.58 g $MgSO_4 \cdot 7H_2O$、0.25 g $MnSO_4 \cdot 4H_2O$、15~20 g 琼脂，量取 1.0 mL 吐温 80，加蒸馏水 1 000 mL，pH 为 6.2~6.6（灭菌后为 6.0~6.5），于 121℃灭菌 20 min。

（3）配制含糖发酵液体培养基：称取 5 g 蛋白胨、5 g 牛肉膏、5 g 酵母膏、10 g 葡萄糖，量取 0.5 mL 吐温 80，加蒸馏水 1 000 mL、1.6 %溴甲酚紫溶液 1.4 mL，pH 为 6.8~7.0，分装试管后，于 112℃灭菌 30 min。

2. 菌种分离

（1）浇注平板：先将三角瓶中的 MRS 琼脂培养基和马铃薯牛奶琼脂培养基加热融化，然后冷却至 45℃左右，分别倒 3 个平板，静置凝固后待用。

（2）酸奶稀释：对酸奶进行 10∶1 的梯度稀释，取适当稀释度的稀释液作平板分离。

（3）平板分离：取适当稀释度的酸奶稀释液用涂布平板法分离单菌落，或用接种环做平板划线分离。

（4）恒温培养：将培养皿放入厌氧罐中，按抽气换气法或简便地往焦性没食子酸（20 g）中加 15 g/L NaOH（20 mL）的方法制造厌氧环境（将两试剂先后加在小烧杯中后立即盖紧厌氧罐），置于 37℃恒温培养 2~3 d。

（5）观察菌落：酸奶中的乳酸菌在马铃薯牛奶琼脂培养基上出现了 3 种不同形态的菌落。

①扁平型菌落：直径为 2~3 mm，边缘不整齐，薄而透明，染色并镜检，细胞呈杆状。

②半球状隆起型菌落：直径为 1~2 mm，隆起呈半球状，高约 0.5 mm，菌落边缘整齐，四周可见酪蛋白水解的透明圈。染色并镜检，细胞为链球状。

③礼帽型突起菌落：直径为 1~2 mm，边缘基本整齐，菌落中央隆起，四周较薄，有酪蛋白水解后形成的透明圈。经染色并镜检，细胞呈链球状。

3. 乳酸的纸层析

（1）纯种培养：将分离得到的各种乳酸菌分别接种到装有含糖发酵液体培养基的试管中，于 37℃恒温培养 3 d。

（2）纸层析。

① 准备层析纸：将新华 1 号滤纸裁成长 25 cm、宽 10 cm 的纸条。在下方距底边 3 cm处用铅笔画一条线，再在其上画 4 点做点样标记（距两侧 1.7 cm 处各画一点，中间 2 点间的距离为 2.2 cm），并注明点样编号（样品液 2 点，2%乳酸和未接种的含糖发酵液体培养基的培养物各一点）。

② 点样：以无水乙醇清洗微量进样器，分别取各样品 20 μL 点样，每个样品均需用电吹风机吹干。

③ 层析：将点样后的层析纸放入由展层剂蒸汽饱和的层析缸中，底部均匀浸入展层剂中进行展层（注意展层剂不能浸没点样点），待前沿上行至 20 cm 左右后，取出进行空气干燥或吹干。

④ 显色结果观察：用喷雾器将显色剂均匀喷在层析纸上，对比标准乳酸与试样中所含乳酸出现黄色斑点的位置，并参考对照样品的层析斑，计算 R_f 值以确认试样中是否含有乳酸。

五、注意事项

（1）选择高品质的酸奶是取得试验成功的关键。

（2）做层析试验时，各试样的点样量不宜过多，否则会产生斑点、拖尾等现象，干扰对结果的判断。

（3）乳酸杆菌属和链球菌属的乳酸菌一般都是耐氧性厌氧菌和兼性厌氧菌，可以在有氧条件下生长，但使用厌氧罐培养能生长得更好。

六、结果观察及记录

（1）记录实验分离的乳酸菌菌落特征并拍照。

（2）记录乳酸层析结果并拍照。

七、思考题

（1）在制作酸奶时，为何要用混合菌发酵？

（2）为什么酸奶比一般牛奶具有更好的保健功能？

（3）在缺乏厌氧罐时，能否培养、分离酸奶中的乳酸菌，为什么？

参考文献

[1] 徐德强，王英明，周德庆. 微生物学实验教程 [M]. 4 版. 北京：高等教育出版社，2019.

[2] 何伟，徐旭士. 微生物学模块化实验教程 [M]. 北京：高等教育出版社，2014.

[3] 沈萍，陈向东. 微生物学实验 [M]. 4 版. 北京：高等教育出版社，2007.

专业核心篇

第3章 基因工程实验

基因工程实验以基因克隆为主线，实验内容涉及染色体DNA的提取以及核酸电泳、PCR、载体质粒的制备、扩增质粒的构建、感受态细胞的制备、重组质粒的转化等。实验部分适当加入了示意图、结果图等，帮助读者理解实验原理、现象、结果等。

基因工程实验适用于高等学校生物制药、生物技术、生物医药、医学等相关专业本科教学，也可供从事基因工程教学、科研、生产的工作人员和研究生作参考用书。

基因工程实验一　染色体DNA的提取以及核酸电泳

第一部分　染色体DNA的提取

一、实验目的

掌握染色体DNA（基因组DNA）的提取方法，制备高质量的基因组DNA，用作PCR扩增的模板，此外还可用作构建基因组文库以及进行DNA印迹（Southern blotting）杂交。

能力目标

能掌握染色体DNA提取的基本原理和操作方法。

二、实验原理

从细菌、植物和哺乳动物细胞中提取基因组DNA的操作可分为两步：首先温和裂解细胞并溶解 DNA，其次采用化学或酶学的方法去除蛋白质、RNA 以及其他大分子物质。DNA 在体内通常都与蛋白质相结合，蛋白质对 DNA 样品的污染常常影响到后续的 DNA 操作，因此，需要把蛋白质除去。一般采用苯酚/氯仿抽提的方法，苯酚（平衡酚）、氯仿对蛋白质有极强的变性作用，而对 DNA“无影响”。经苯酚/氯仿抽提后蛋白质变性而被离心沉降到有机相与水相的界面，DNA 则留在水相，这一方法对于去除核酸（无论是 DNA 或 RNA）中大量的蛋白质杂质是有效的，少量的或与 DNA 紧密结合的蛋白质杂质则可用蛋白酶去除。

三、实验材料、试剂与仪器、设备

1. 实验材料

大肠杆菌 DH5α。

2. 仪器与设备

培养箱、灭菌锅、超净工作台、小试管、Eppendorf 管（离心管）、Eppendorf 管架、旋涡混合器、低温高速离心机、台式高速离心机、微量移液器和吸头、吸头盒、真空干燥器、37℃和 55℃恒温水浴锅、微型台式真空泵、陶瓷研钵、恒温摇床、50 mL 离心管（有盖）及 5 mL 离心管、弯成钩状的小玻棒、冰箱等。

3. 所需试剂配制

（1）LB 培养基：称取 1.0 g 胰蛋白胨、0.5 g 酵母提取物和 1.0 g NaCl 加入 100 mL超纯水中，配置成 1%胰蛋白胨、0.5%酵母提取物、1% NaCl，用 NaOH 调节 pH 至 7.2，于 121℃灭菌 20 min，备用。

固体培养基：在 LB 培养基中添加 1.5%～2.0%琼脂，灭菌备用。

（2）GTE 溶液：称取 9.0 g 葡萄糖、0.242 g Tris 和 3.722 g $EDTA\text{-}Na_2 \cdot 2H_2O$，加超纯水，并定容至 1 000 mL，使用浓盐酸调节 pH 至 8.0，配制为 50 mmol/L 葡萄糖、2 mmol/L Tris-HCl（pH 8.0）、10 mmol/L EDTA（pH 8.0）。

（3）100 mg/mL 溶菌酶（lysozyme）：称取 100 mg 溶菌酶，加入 1 mL 超纯水中。

（4）10 mg/mL 蛋白酶 K（proteinase K）：用灭菌后的去离子水配制，在－20℃条件下保存。

（5）氯仿/异戊醇：按照氯仿∶异戊醇＝24∶1（体积比）的比例，向氯仿中加入异戊醇。

（6）饱和酚（平衡酚）：将溶化后的酚（分析纯）经 160℃重蒸后，加入 0.1%的抗氧化剂 8-羟基喹啉，再加等体积的 0.1 mol/L Tris-HCl（pH 8.0）缓冲液反复抽提，使其饱和，并调节 pH 至 8.0。最后加入 Tris-HCl 水溶液覆盖于上层。

（7）酚/氯仿/异戊醇：按酚与氯仿/异戊醇＝1∶1（体积比）的比例混合饱和酚与氯仿，即得酚/氯仿/异戊醇（体积比为 25∶24∶1）。

（8）TE 缓冲液：称取 1.21 g Tris 和 0.372 2 g $EDTA\text{-}Na_2 \cdot 2H_2O$，用超纯水定容至1 000 mL，使用浓盐酸调节 pH 至 8.0，配制为 10 mmol/L Tris-HCl（pH 8.0）、1 mmol/L EDTA。

(9) 1 mg/mL RNaseA 酶：以 10 mmol/L Tris-HCl（pH 7.5）、15 mmol/L NaCl 溶液配制，并于 100℃保温 15 min。然后于室温条件下缓慢冷却。

(10) 其他试剂：预冷的无水乙醇、预冷的 70%乙醇、80%甘油。

四、操作步骤

(1) 从平板培养基上挑选单菌落接种至 5 mL 的液体 LB 培养基中，适当温度条件下，振荡培养过夜。

(2) 取菌液 0.5～1.0 mL 注入 Eppendorf 管中，以 12 000 rpm 离心 1 min，弃上清液。

(3) 往 Eppendorf 管沉淀加入 100 μL GTE 溶液，在旋涡混合器上振荡混匀至沉淀彻底分散。

(4) 往悬液中加入 500 μL GTE 溶液，振荡混匀（注意不要残留细小菌块）。

(5) 向悬液中加入 6 μL 的 100 mg/mL 溶菌酶至终质量浓度为 1 mg/mL，混匀，于 37℃孵育 30 min。

(6) 向悬液中加入 6 μL 蛋白酶 K（10 mg/mL）至终质量浓度为 0.1 mg/mL，混匀，于 55℃继续孵育 1 h。中间轻缓颠倒 Eppendorf 管数次。

(7) 孵育结束后向悬液中加入等体积（600 μL）酚/氯仿/异戊醇溶液［见注意事项（1）］，上下颠倒充分混匀，以 12 000 rpm 离心 5 min。

(8) 将上清液移至新的 Eppendorf 管，用酚/氯仿/异戊醇溶液抽提一次。

(9) 取上清液（约 500 μL）注入新的 Eppendorf 管中，加入 1/10 体积（约 50 μL）的 3 mol/L 醋酸钠（pH 5.2），混匀，接着加入 2 倍体积的无水乙醇，上下颠倒混匀（可以看出溶液中有絮状物质存在），于－20℃静置 30 min 以沉淀 DNA，之后于 4℃、12 000 rpm 离心 10 min。

(10) 小心弃去上清液，用 1 mL 的 70%乙醇洗涤沉淀，于 4℃、12 000 rpm 离心 5 min。自然干燥或放入 55℃烘箱中数分钟，除去乙醇。

(11) 用 60 μL 含有 RNase（终浓度为 20 g/mL）的 TE 溶解沉淀，于 37℃孵育 30 min，除去 RNA。

(12) 取 5 μL 样品进行电泳或测定 260 nm 下的光密度（optical density，OD）值来确定 DNA 的含量。

(13) 如需短期保存，可将样品放于 4℃冰箱中；需长期保存，要将样品放于－80℃冰箱中。

五、注意事项

(1) 因配制好的酚/氯仿/异戊醇溶液上覆盖了一层 Tris-HCl 溶液以隔绝空气，在使用酚/氯仿/异戊醇时应注意取下面的有机层。将样品加入酚/氯仿/异戊醇后，应采用上下颠倒的方法充分混匀。如发现酚已氧化变成红色应弃之不用，因为酚的氧化产物可以破坏核酸链，使其发生断裂。

(2) 离心时，应使 Eppendorf 管的管盖连接端朝向外侧，使得离心后的沉淀位于管底靠连接端一侧。当提取的DNA样品量少，肉眼难以辨认时，在吸取上清液时应避免吸头触及这一区域。

（3）在提取基因组DNA时，极微量的重组噬菌体或质粒的污染都应避免，所有制备质粒或噬菌体的材料都必须与基因组DNA材料分开。

（4）在提取过程中，染色体会发生机械断裂，产生大小不同的片段，因此在分离基因组DNA时，自细胞裂解后，溶液都不能在旋涡混合器上振荡或剧烈混合；应尽量在温和的条件下操作，如尽量减少酚/氯仿/异戊醇抽提次数，混匀过程轻缓，离心通常采用低速离心，以保证得到较长的基因组DNA。

（5）用酚/氯仿/异戊醇抽提DNA后，注意不要吸取中间的变性蛋白质层。

（6）加入易与酚类结合的试剂，如聚乙烯吡咯烷酮（PVP）、聚乙二醇（PEG），它们因与酚类有较强的亲和力，可防止酚类与DNA结合。

（7）电泳时，用λDNA/HindⅢ作为DNA相对分子质量标准，染色体DNA条带的泳动速度慢于标准DNA的最大条带。

六、结果观察及分析的原则

（1）提取DNA用的细菌取自斜面培养基或甘油管保存的菌种。

（2）基因组DNA提取过程中，加入试剂时既要注意混匀（轻柔地上下颠倒），又不能动作太剧烈，否则会引起DNA的断裂，还会使变性蛋白质形成细小碎片，不能聚集成团，影响后续的有机溶剂抽提操作，使含DNA的上清液与变性蛋白质中间层的分离变得十分困难，影响DNA的回收率。

（3）高相对分子质量的DNA不太容易溶解，应适当延长溶解时间。染色体DNA电泳后，有时条带很淡，并不一定就是因为DNA浓度很低。

第二部分　核酸电泳

一、实验目的

学习与掌握进行DNA、RNA电泳的方法，利用电泳检测DNA与RNA的纯度、含量以及相对分子质量。此外还可以分离不同大小的DNA片段。

能力目标

（1）掌握核酸电泳的基本原理和操作过程。

（2）掌握核酸电泳结果的分析方法。

二、实验原理

电泳（electrophoresis）是带电物质在电场中向着与其电荷相反的电极移动的现象。

各种生物大分子在一定 pH 条件下，可以解离成带电荷的离子，在电场中会向相反的电极移动。在分析核酸、蛋白质等大分子物质时，电泳是一个非常有效的手段。含有电解液的凝胶在电场中时，其中的电离子会发生移动，此时移动的速度可因电离子的大小、形态及电荷量的不同而有差异。利用移动速度差异，就可以区别各种大小不同的分子。世界上第一台电泳仪是由瑞典科学家蒂塞利乌斯（Tiselius）于 1937 年设计的，还建立了移界电泳法，并于 1948 年荣获诺贝尔化学奖。几十年来，电泳技术围绕制胶、电泳、染色三个技术环节不断改进，实现了高分辨率、高灵敏度以及简化操作，缩短了检测时间，扩大了应用范围。分离不同分子量大小 DNA 的合适琼脂糖凝胶浓度参考表 3－1。

表 3－1　分离不同分子量大小 DNA 的合适琼脂糖凝胶浓度

胶浓度（W/V）	理想分离范围	理想的电泳液
0.8%	800～22 000 bp	TAE
1.0%	500～10 000 bp	TAE/TBE
1.2%	400～7 000 bp	TAE/TBE
1.5%	250～5 000 bp	TAE/TBE
2.0%	150～3 000 bp	TBE

三、实验材料、试剂与仪器、设备

1. 实验材料

染色体 DNA 或 PCR 产物。

2. 仪器与设备

微波炉、凝胶电泳系统、塑料盒、Parafilm 封口膜、铲子、紫外灯检测仪、三角瓶、电子秤、手套、凝胶成像系统、65℃水浴锅、制冰机、pH 计等。

3. 所需试剂配制

（1）10×TBE：称取 108 g Tris 碱、55 g 硼酸，量取 40 mL 0.5mol/ EDTA（pH 8.0），用去离子水定容至 1 000 mL。

50×TAE：称取 242 g Tris 碱，量取 57.1 mL 的冷乙酸（17.4 mol/L）、100 mL 的 0.5 mol/ EDTA（pH 8.0），用去离子水定容至 1 000 mL。

（2）溴化乙啶（EB）：称取 50 mg 溴化乙啶溶于 100 mL 水中，配制为 1 000×储存液（0.5 mg/mL），工作液浓度为 0.5 μg/mL。

（3）6×上样缓冲液：0.25%溴酚蓝、40%（W/V）蔗糖水溶液、10 mmol/EDTA（pH 8.0），于 4℃保存。

（4）DNA 标准样品：以 λDNA/HindⅢ、λDNA/EcoRⅠ、λDNA/HindⅢ＋EcoRⅠ、DL2000 作为 DNA 标准品，进行核酸片段大小参考（见图 3－1）。

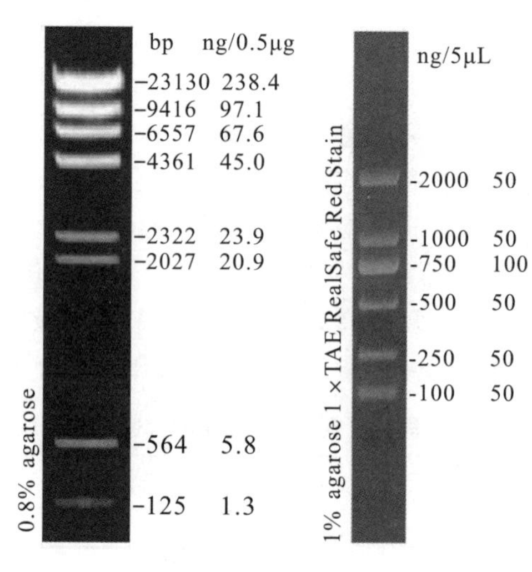

图 3-1 λDNA/HindⅢ和 DL2000 示例

四、操作步骤

（1）称取适量的琼脂糖放入三角瓶中，再加入一定量的 0.5×TBE（实验配成 0.7%），在微波炉上加热，使琼脂糖融化。

（2）等凝胶温度降至 55℃以下时（手持瓶子不烫手，即既感觉到热但又能握得住），加入 2～3 μL 的 0.5 mg/mL 溴化乙啶（EB）。

（3）制胶：将移胶板放入胶室中，并将梳子垂直安插在移胶板上方，将融化的琼脂糖倒放在有移胶板的胶室中。

（4）待凝胶完全冷却凝固变成乳白色不透明状后（约 30 min），将梳子轻轻地垂直拔出。

（5）用拇指和食指轻持移胶板两侧，将凝胶体放入加有 0.5×TBE 电泳缓冲液的电泳槽中，继续加入电泳缓冲液，使电泳缓冲液浸没胶面，高出凝胶。

（6）取 1～2 μL 6×上样缓冲液滴在封口膜上，与一定量 DNA 样品（如 PCR 产物 5 μL）混合均匀后，一同加入凝胶孔中，样品应沉淀于孔底（混合液密度大）。此外还要加入合适的 DNA 标准样品（如 3～5 μL 的 λDNA/HindⅢ）。

（7）盖好电泳槽盖子，选择适当的电泳电压（10 V）以及电泳方向（点样端朝负极），打开电源开关开始电泳，DNA 样品从负极向正极移动。

（8）当前面色素接近胶的先端时（应根据具体情况，BPB 到达 1/2 或 2/3 处时），切断电流，停止电泳，打开槽盖。

（9）取出样品，在紫外灯下观察并拍照。DNA 存在的位置呈现橘红色荧光，放置时间超过 4～6 h 后荧光减弱。

五、注意事项

（1）注意上样时要小心操作，避免损坏凝胶或将样品槽底部的凝胶刺穿。也不要一下挤出吸头内的样品，避免挤出的空气将样品冲出样品孔。

（2）溴化乙啶是一种强烈的诱变、致癌剂，具有破坏核酸分子结构的能力，可造成核酸的畸变、基因突变，并有中度毒性。因此操作时一定要戴手套，用过的手套取下时应顺手翻过来，让污染有溴化乙啶的面朝里。

（3）紫外辐射对眼睛和皮肤均有危害性，对眼睛尤甚。为了最大限度地避免辐射，要确保紫外线源得到适当遮蔽，并戴好目镜（眼罩）或能够有效阻挡紫外线的护具，避免皮肤直接暴露。

（4）制胶时一定要使琼脂糖彻底融化，加入溴化乙啶后须充分混匀，且要除去气泡。

（5）琼脂糖溶液若在微波炉里加热时间过长，会发生暴沸蒸发，从而影响浓度。

（6）胶凝固后拔梳子时要特别小心，须垂直向上拔，以防凝胶与支持物脱离。

（7）加样前吸头一定要上牢固，如有空气则样品打不下来。吸头垂直对准液面，刚进液面时保持在加样孔上方即可，不要太深，否则会刺穿孔底使样品流失；注意吸头不要碰坏凝胶孔壁，否则会造成 DNA 带形不整齐。加样时缓慢挤压，离开液面再松手，否则样品会被重新吸回。

六、结果观察及分析的原则

（1）观察电泳产物的亮度。

（2）观察核酸电泳后是否受其他杂质污染。

七、思考题

（1）如果电泳中发现 DNA 几乎不移动，你认为可能是什么原因？

（2）琼脂糖凝胶电泳中 DNA 分子迁移率受哪些因素的影响？

（3）如何制备核酸琼脂糖凝胶，操作中应注意什么？

（4）核酸电泳使用的上样缓冲液的主要成分与作用是什么？

（5）如何正确使用微量移液器？

（6）如何准备基因操作中的吸头、Eppendorf 等器具，使用这些器具时应注意什么？

（7）提取染色体 DNA 的基本原理是什么？在操作中应注意什么？

（8）在使用酚/氯仿/异戊醇进行 DNA 抽提时应注意什么？

（9）进行 DNA 抽提，为什么使用 pH 8.0 的 Tris 饱和酚，显红色的苯酚可否使用，如何保护苯酚不被空气氧化？

（10）在基因工程操作中酚、氯仿的作用是什么？

基因工程实验二　PCR 扩增

一、实验目的

学习以 PCR 体外扩增 DNA 的基本原理，掌握 PCR 技术的常规操作，了解 PCR 引物及参数的设计。利用 PCR 扩增的方法获取用于表达的目的基因以及 DNA 探针。

能力目标

（1）能掌握 PCR 扩增目的基因的基本原理和操作方法。
（2）能掌握分析 PCR 扩增结果的方法。

二、实验原理

1985 年，美国 Cetus 公司的穆利斯（Mullis）等人设计并研究成功了一种体外核酸扩增技术——聚合酶链式反应（polymerase chain reaction，PCR），从而荣获 1993 年诺贝尔化学奖。这种聚合酶链式反应是一种类似于细胞内 DNA 的大量复制过程，利用半保留复制的原理，以待扩增的 DNA 为模板，在体外由引物介导的酶促合成特异 DNA 片段。将目的基因 DNA 在高温（94℃）下解链成为单链模板；人工合成的一对与目的基因两侧序列互补的寡核苷酸引物在低温（40℃～60℃）下分别与变性的目的基因片段两侧的两条链的部分序列互补结合；在中等温度（65℃～75℃）下由耐热 DNA 聚合酶（Tag 酶）将 dNTP 中的脱氧单核苷酸加到引物 3′-OH 末端，并以此为起点，沿着模板以 5′→3′方向延伸，合成一条新的互补链。新合成的 DNA 链的起点是由加入的引物在模板 DNA 链两端的退火位点决定的。

三、实验材料、试剂与仪器、设备

1. 实验材料

不同来源的模板 DNA，如染色体 DNA、RNA 或质粒 DNA，引物（10 μmol/L）、Tag 酶（5 U/μL）、10×扩增缓冲液、$MgCl_2$（25 mmol/L）、dNTP 混合物（10 mmol/L）、去离子水，DNA 标准样品（λDNA/HindⅢ）、进口琼脂糖。

2. 仪器与设备

Eppendorf 管、微量移液器和吸头、制冰机、冰盒、PCR 扩增仪、低温离心机、微波炉、电泳槽、电泳仪、紫外灯检测仪、手套等。

3. 所需试剂配制

（1）TE 缓冲液：称取 1.21 g Tris 和 0.3722 g $EDTA\text{-}Na_2 \cdot 2H_2O$，加入超纯水，

定容至1 000 mL，使用浓盐酸调节 pH 为 8.0，配制为 10 mmol/L Tris-HCl（pH 8.0）、1 mmol/L EDTA。

（2）6×上样缓冲液：0.25%溴酚蓝、40%（*W*/*V*）蔗糖水溶液、10 mmol/EDTA（pH 8.0），于 4℃保存。

（3）配制氯仿/异戊醇（24∶1）（体积比）、酚/氯仿/异戊醇（25∶24∶1）（体积比）。

（4）其他试剂。

3 mol/L 的 NaAc（pH 5.2）：称取 40.8 g NaAc·$3H_2O$（或者 24.6 g 无水 NaAc）置于 100～200 mL 烧杯中，加入 40 mL 的去离子水搅拌溶解；加入冰醋酸调节 pH 至 5.2；加去离子水定容至 100 mL；高温高压灭菌后，于室温保存。

预冷无水乙醇、预冷 70%乙醇、TE。

四、操作步骤

（1）取一个 0.2 mL PCR 管，在其中添加表 3-2 列出的 PCR 反应体系成分。

表 3-2 PCR 反应体系的成分和用量

成分	用量
反应液 ddH_2O	65.5 μL
模板 DNA	5 μL（100～200 ng）
上游引物（10 μmol/L）	5 μL
下游引物（10 μmol/L）	5 μL
10×扩增缓冲液	10 μL
MgCl（25 mmol/L）	6 μL
dNTP 混合物（10 mmol/L）	3 μL（各 20 nmol）
Taq 酶（5 U/μL）	0.5 μL（2.5 U）

注：反应体系总体积为 100 μL。

（2）将反应体系成分混匀后稍离心（若是利用非热盖型的 PCR 仪，应添加30 μL液状石蜡于反应管中，防止样品中的水分蒸发）。

（3）将反应管放入 PCR 仪中，按下列反应程序进行 PCR 反应。

反应程序：

94℃条件下，模版 DNA 变性 5 min

变性：94℃，1 min
退火：55℃，1 min
延伸：72℃，2 min
} 30 个循环

最后于 72℃延伸 7～10 min。

（4）PCR 反应结束（大约 3.5 h）后，取 5 μL 反应液用 0.8%琼脂糖凝胶进行电泳（用标准 λDNA/HindⅢ作 Marker），鉴定 PCR 产物是否存在并确定其大小。

(5) 电泳确认PCR产物片段大小正确后，将其余样品移至新的1.5 mL Eppendorf管中。

(6) 向Eppendorf管中加入200 μL TE缓冲液，再加入300 μL酚/氯仿/异戊醇，上下颠倒混匀，于室温、12 000 rpm离心5 min。

(7) 将离心后的上层水液转移到新的Eppendorf管中，然后添加1/10体积（约30 μL）的3 mol/L的NaAc（pH 5.2）和2.5倍体积（约0.75 mL）的冷无水乙醇。

(8) 将加好溶液的Eppendorf管置于－20℃冰箱中放置30 min以上。

(9) 取出Eppendorf管，于4℃、12 000 rpm离心15 min。

(10) 弃上清液，往沉淀添加1 mL的冷70%乙醇，上下颠倒混合。

(11) 再于4℃、12 000 rpm离心5min。

(12) 弃上清液，将Eppendorf管倒置于吸水纸上，于室温干燥5～10 min。

(13) 干燥完毕后，往Eppendorf管中加入30 μL TE缓冲液溶解沉淀，电泳确认回收到PCR产物后，置于－20℃冰箱中备用。

五、注意事项

(1) 设计的引物可以委托公司合成。合成后得到的引物DNA为粉末状（装在离心管中），因此拿到引物后，须先离心后再开启，以免飞扬损失。接着加入适量的无菌ddH_2O。

(2) PCR反应的灵敏度很高，为避免污染，使用的0.2 mL的Eppendorf管和吸头都必须是新的、无污染的。实验操作时，需戴上橡胶手套，且尽可能在无菌操作台中进行。并且应设置含有除模板DNA以外的、其他所有成分的阴性对照。

(3) 向Eppendorf管中添加试剂前，应短促离心10 s，然后再打开试剂的管盖，以防污染试剂及管壁上的试剂污染吸头侧面。

(4) 注意工具酶的加样次序为ddH_2O、10×扩增缓冲液、DNA，最后加酶。如果将酶直接加入10倍浓缩缓冲液中，会引起酶的严重失活。使用工具酶的操作必须在冰浴条件下进行，使用后剩余的工具酶应立即放回冰箱保存。

(5) 实验操作时务必小心，如弃上清液时注意不要将沉淀一同弃去。

(6) 经酚/氯仿/异戊醇抽提、离心后，吸取上清液时注意不要吸入中间的白色层，其中含有蛋白质等杂质。

(7) dNTP不仅提供DNA复制的原料，还提供反应过程中需要的能量。通常dNTP应分装小管，存放于－80℃或－20℃冰箱中，避免过多冻融，否则会使dNTP的高能磷酸键打开。

六、结果观察及分析的原则

(1) PCR结束后用琼脂糖水平凝胶电泳观察PCR产物的大小、纯度。

(2) 分析PCR产物亮度不同的原因。

七、思考题

(1) 降低退火温度、延长变性时间对反应有何影响？PCR循环次数是否越多越好？

为什么？

（2）如果电泳结果出现非特异性带，可能原因有哪些？

（3）简述 PCR 扩增技术的原理与各试剂的作用（Mg^{2+}、dNTP 引物、DNA、缓冲液）。

（4）给你一个基因片段序列，如何设计 PCR 引物？PCR 引物的要求是什么？

（5）简并引物是什么？简并引物设计的一般原则是什么？

（6）嵌套引物是什么？嵌套引物在 PCR 扩增中有什么优点？

（7）根据实验，你觉得 PCR 扩增中最可能出现什么问题？影响 PCR 实验结果的因素有哪些？

（8）实验过程中如果没有获得 PCR 产物，请分析其原因，并设计实验进行排查。

基因工程实验三　载体质粒的制备

第一部分　质粒 DNA 的提取与纯化

一、实验目的

学习质粒 DNA 提取与纯化的基本原理，了解各种试剂的作用。掌握最常用的质粒 DNA 提取与纯化的方法，为基因工程提供载体原料。

能力目标

能掌握质粒 DNA 的提取与纯化的基本原理和操作方法。

二、实验原理

将一个有用的目的 DNA 片段通过重组 DNA 技术转移进宿主细胞中进行繁殖或表达的工具称为载体（vector）。细菌质粒是重组 DNA 技术中最常用的载体。质粒（plasmid）是一种染色体外的稳定的遗传因子，为双链、闭环 DNA 分子，并以超螺旋状态存在于宿主细胞中，大小为 1～200 kb。

常用的质粒载体大小一般在 2.7～10 kb 之间（见表 3－3）。

表 3－3　常用的质粒载体

载体	大小（kb）	克隆位点	抗生素	体外转录
pUC18/19	2.68	13	Amp^r	×
pBSK	3.08	21	Amp^r	T3/T7

续表

载体	大小（kb）	克隆位点	抗生素	体外转录
pBS221	3.665	5	Amp^r	P_L
pET 系列	5~8	多个	Amp^r或 Kan^r	T7

三、实验材料、试剂与仪器、设备

1. 实验材料

含质粒的大肠杆菌菌株，如 pBSSK/DH5α、pET28/DH5α。

2. 仪器与设备

小试管、Eppendorf 管、小管架、牙签、旋涡混合器、低温离心机、微量移液器、真空干燥器、吸头及吸头盒、制冰机、冰盒、37℃水浴锅、−20℃冰箱、高压蒸汽消毒锅等。

3. 所需试剂配制

（1）LB 培养基：称取 1.0 g 胰蛋白胨、0.5 g 酵母提取物和 1.0 g NaCl 加入 100 mL超纯水中，配置成 1%胰蛋白胨、0.5%酵母提取物、1% NaCl，用 NaOH 调节 pH 至 7.2，于 121℃灭菌 20 min，备用。

（2）氨苄青霉素（Amp^r）：取 1 g 氨苄青霉素粉末，溶于 10 mL 去离子水中，使用 0.22 μm 滤膜过滤，配置为储存液 100 mg/mL，工作液浓度为 100 μg/mL。卡那霉素（Kan^r）：取 0.5 g 卡那霉素粉末溶于 10 mL 去离子水中，使用 0.22 μm 滤膜过滤，配置为储存液 50 mg/mL、工作液 50 μg/mL。

（3）溶液Ⅰ：称取 9 g 葡萄糖、0.242 g Tris 和 3.722 g $EDTA\text{-}Na_2 \cdot 2H_2O$，用超纯水定容至 1 000 mL，使用浓盐酸调节 pH 至 8.0，配制为 50 mmol/L 葡萄糖、2 mmol/L Tris-HCl（pH 8.0）、10 mmol/L EDTA（pH 8.0）。

（4）溶液Ⅱ（需要现场配制）：称取 1 g SDS 溶于 100 mL 去离子水，保存为 1%的 SDS；称取 4 g NaOH 溶于 10 mL 去离子水，配置为 10 mol/L 的 NaOH，分开常温保存，用时临配。1 mL 溶液Ⅱ：1% SDS 980 μL+10 mol/L NaOH 20 μL。

（5）溶液Ⅲ：称取 40.8 g 三水乙酸钠溶于约 90 mL 去离子水，用醋酸调节 pH 至 4.8，定容至 100 mL。

（6）TE 缓冲液：称取 1.21 g Tris 和 0.372 2 g $EDTA\text{-}Na_2 \cdot 2H_2O$，加超纯水，定容至1 000 mL，使用浓盐酸调节 pH 至 8.0，配制为 10 mmol/L Tris-HCl（pH 8.0）、1 mmol/L EDTA（pH 8.0）。

（7）3 mol/L 醋酸钠（pH 5.2）：称取 40.8 g 三水乙酸钠溶于约 90 mL 去离子水，用醋酸调节 pH 至 5.2，定容至 100 mL。

（8）配制酚/氯仿/异戊醇、冷无水乙醇、冷 70%乙醇、1 mg/mL RNaseA。

（9）PEG 溶液：1.6 mol/L NaCl、13% PEG 8000，即称取 18 g PEG 8000、9.344 g NaCl 溶于 100 mL 去离子水。

四、操作步骤

（1）将 pBSSK/DH5α 等转化子接种在含 100 μg/mL Amp 的 LB 固体培养基中，于 37℃培养 12～24 h。

（2）用无菌牙签或接种针挑取单菌落接种到 5 mL 含 100 μg/mL Amp 的 LB 培养液中，于 37℃振荡培养过夜（8～18 h）。

（3）吸取 1.5～3.0 mL 培养液注入 Eppendorf 管中，于 4℃、12 000 rpm 离心 1 min，弃去上清液，收集菌体。

（4）往收集的菌体中加入 100 μL 的溶液Ⅰ，在旋涡混合器上剧烈振荡，使菌体充分悬浮，完毕后于室温静置 5 min。

（5）静置完毕后，往菌体悬浮液中加入 200 μL 新配制的溶液Ⅱ，轻缓上下颠倒 Eppendorf 管 2～3 次，以混匀内容物（切记不要剧烈振荡），接着于冰浴条件下静置 5 min。

（6）静置完毕后，往内容物加入 150 μL 的溶液Ⅲ，上下颠倒混匀数次（不可振荡），于冰浴条件下静置 5 min。

（7）静置完毕后，于 4℃、12 000 rpm 离心 10 min，将上清液移至新的 Eppendorf 管中（约为 400 μL）。

（8）加入等体积的酚/氯仿/异戊醇（400 μL），充分振荡混匀，于室温、12 000 rpm 离心 5 min。

（9）离心后吸取上层水相移至新的 Eppendorf 管中（尽可能用 200 μL 的移液器进行转移，注意不要吸入中间的变性蛋白质层）。

（10）往 Eppendorf 管加入 1/10 体积量（约 40 μL）的 3 mol/L 醋酸钠（pH 5.2），再加入 2.5 倍体积（约 1 mL）的预冷的无水乙醇，上下颠倒混匀。

（11）将 Eppendorf 管放入−20℃冰箱中静置 30 min，然后于 4℃、12 000 rpm 离心 15 min。

（12）离心后弃去上清液，加入 1 mL 预冷的 70％乙醇，上下颠倒混匀数次，于 4℃、12 000 rpm 离心 5 min，洗涤沉淀，以除去盐离子。

（13）小心弃去上清液，倒置于滤纸上使所有液体流尽，将沉淀置于室温（或真空干燥器上）自然干燥。然后加入 50 μL TE 缓冲液溶解沉淀（如果是 pET28c 系列的质粒，用 35 μL TE 缓冲液溶解沉淀）。

（14）加入 2 μL 1 mg/mL 的 RNaseA，于 37℃保温 20～30 min。

（15）取 5 μL 质粒与 2 μL 的 6×上样缓冲液混合后，在 0.7％的琼脂糖凝胶上做电泳检测（见图 3−2）。

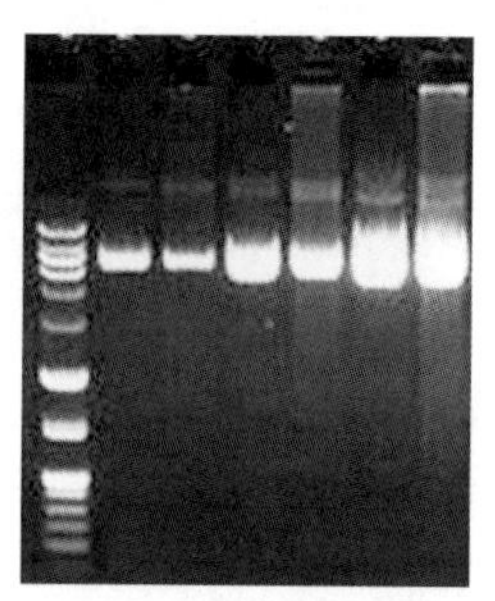

图 3－2　质粒电泳图

（16）将所获得的其余质粒 DNA 样品置于－20℃冰箱中保存备用。

五、注意事项

（1）培养含有质粒的宿主细胞时，应给予一定的筛选压力，否则菌体易污染，质粒也易丢失。并且应使用处于稳定期的新鲜菌体，因为老化菌体的开环与线性质粒会增多。

（2）收集菌体提取质粒前，应尽可能将培养基上的菌体去除干净，同时保证菌体在悬浮液中充分悬浮。

（3）在添加溶液Ⅱ与溶液Ⅲ后，混合时的操作一定要柔和，应采用上下颠倒的方法，千万不能在旋涡混合器上剧烈振荡，并且尽可能按规定的时间进行操作。变性时间不要过长，否则质粒易被打断；复性时间也不宜过长，否则会污染基因组 DNA。

（4）苯酚可以用于抽提纯化 DNA，由于苯酚的氧化产物可以使核酸链发生断裂，使用前必须经过重蒸，且必须用 Tris-HCI 缓冲液进行平衡。取酚/氯仿/异戊醇时，应取下层溶液，因为上层是隔绝空气的 Tris-HCl 液。

（5）苯酚具有腐蚀性，能造成皮肤的严重烧伤及衣物损坏，使用时应注意。如不小心溅到皮肤上，应立即用碱性溶液、肥皂及大量清水冲洗。

（6）采用有机溶剂（酚/氯仿/异戊醇）抽提时，应充分混匀。经溶剂抽提后，吸取上清液时注意不要把中间的白色层吸入，因其中含有蛋白质等杂质。

（7）除用乙醇与醋酸钠沉淀 DNA 外，还可用 0.6～1.0 体积的异丙醇沉淀 DNA。但用异丙醇沉淀 DNA 时，盐等杂质也易沉下，所以要在室温下进行，并且时间不宜过长，限于 20 min 以内。沉淀离心后，还要用 70％乙醇洗涤，以除去盐类及挥发性较小的异丙醇。

（8）以试剂盒提取质粒，在第一次使用漂洗液前应加入一定体积的无水乙醇，加入量见瓶身上的标识。如果未加入无水乙醇，会使质粒从吸附柱上溶出。加入乙醇后的漂洗液，每次使用完毕应拧紧瓶盖。

（9）有些质粒本身能在某些菌种中稳定存在，但经过多次转接可能造成丢失。因此不要频繁转接，每次接种时应挑取单菌落。尽量选择高拷贝的质粒，如为低拷贝或大质粒，则应加大菌体用量。

六、结果观察及分析的原则

（1）质粒提取结束后用琼脂糖水平凝胶电泳观察其大小、纯度。

（2）分析质粒亮度不同的原因。

七、思考题

（1）质粒的基本性质有哪些？质粒载体与天然质粒相比有哪些改进？

（2）抽提质粒的基本原理是什么？

（3）在碱法提取质粒 DNA 的操作过程中应注意哪些问题？

（4）质粒抽提实验中溶液Ⅰ、溶液Ⅱ、溶液Ⅲ各有什么作用？

（5）什么是质粒多克隆位点（MCS）？

（6）从溶液中回收 DNA 时，可以用乙醇或异丙醇进行 DNA 的沉淀，乙醇或异丙醇沉淀 DNA 各有什么不同？

（7）用氯仿/异戊醇除去蛋白质等作用时，其中异戊醇起什么作用？

（8）克隆质粒与表达质粒有什么异同点？

（9）你认为抽提质粒的关键步骤是哪几个？

（10）在进行 DNA 重组实验中，有一名同学试图利用提取染色体 DNA 的试剂和方法从细菌细胞中提取质粒。请利用你现有的知识思考，他的设想是否可行？如果采用提取染色体 DNA 的试剂和方法，最后得到的是什么样品？

（11）有人利用转接后 2 h 的培养物进行质粒提取，你认为会出现什么情况？

（12）什么是穿梭质粒，在遗传结构上有何特点？

第二部分　核酸纯度、浓度与相对分子质量的测定

一、实验目的

学习检测 DNA 与 RNA 纯度、浓度以及相对分子质量的基本原理，掌握评价 DNA、RNA 质量的参数和方法。

能掌握核酸纯度、浓度与相对分子质量测定的基本原理和方法。

二、实验原理

核酸分子由于含有具共轭双键结构的嘌呤和嘧啶，可强烈吸收波长为 250～280 nm 的紫外线，其最大吸收波长为 260 nm，最小吸收波长为 230 nm（见图 3－3）。而蛋白质在波长 280 nm 处有最大吸收峰，盐和小分子则集中在波长 230 nm 处。所以可采用

波长为 260 nm 的紫外线对核酸进行定量测定。定量测定 DNA 或 RNA 时，应在 260 nm 和 280 nm 两个波长下读数。

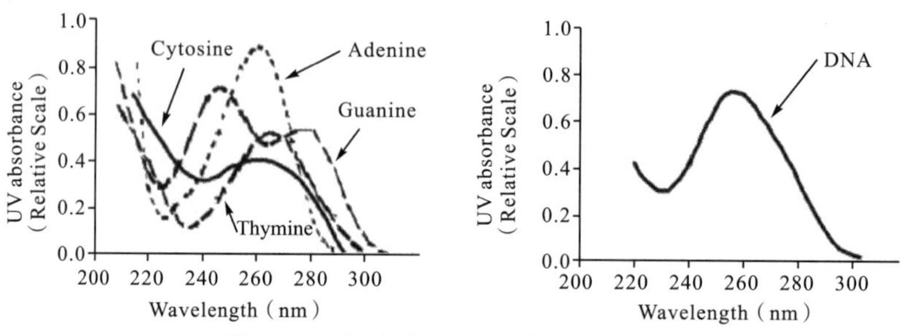

图 3-3　各碱基和 DNA 的紫外吸收峰

根据计算，在 260 nm 的波长下，1 μg/mL DNA 钠盐溶液的 *OD* 值为 0.20，即在 $A_{260}=1$ 时，双链 DNA（dsDNA）的含量为 50 μg/mL，RNA 的含量为 40 μg/mL，单链寡核苷酸（ssDNA）的含量为 33 μg/mL。如用 1 cm 的光径，用水稀释样品 *n* 倍，并以水作对照，根据读出的 A_{260} 值就可以计算出样品稀释前的浓度：

$$\text{dsDNA 含量}=A_{260}\times 50\times \text{稀释倍数}\ (\mu g/mL)$$

$$\text{RNA 含量}=A_{260}\times 40\times \text{稀释倍数}\ (\mu g/mL)$$

$$\text{ssDNA 含量}=A_{260}\times 33\times \text{稀释倍数}\ (\mu g/mL)$$

三、实验材料、试剂与仪器、设备

1. 材料与试剂

质粒、溴化乙啶、溴酚蓝、TBE 缓冲液、琼脂糖。

2. 仪器与设备

紫外检测仪、紫外分光光度计、石英比色杯、微量移液器和吸头、Eppendorf 管、管架、Parafilm 封口膜、记号笔。

四、操作步骤

（1）将紫外分光光度计预热 10～20 min。

（2）取 10 μL 染色体 DNA、RNA 或质粒 DNA 样品，加 990 μL 的 ddH_2O 混匀后转入分光光度计的石英比色杯中。

（3）以 ddH_2O（或 TE）作为空白对照，分别在 230 nm、260 nm 及 280 nm 的波长条件下测定吸光度值。

（4）计算 DNA 或 RNA 的含量：

$$\text{DNA 的含量}= A_{260}\times 50\times 100\ (\mu g/mL)$$

$$\text{RNA 的含量}= A_{260}\times 40\times 100\ (\mu g/mL)$$

（5）根据 DNA 的 A_{260}/A_{280} 值判断其纯度。

五、注意事项

（1）溴化乙啶是一种强烈的诱变剂，具有毒性，操作过程中使用含有这种染料的溶液时应戴手套。勿将溶液滴洒在台面或地面，使用后要用流动水彻底冲洗干净。

(2) 电泳后 DNA 片段的带型弥散、不均一，可能是 DNA 上结合有蛋白质所致。在开始电泳前，上样液应于 65℃加热 5 min，并加入 0.1%的 SDS、酚/氯仿/异戊醇进行抽提纯化。

(3) 在进行 RNA 电泳分析时，为了避免 RNA 酶可能带来的问题，实验室内最好准备一套电泳器材专供 RNA 分析之用。若所使用的电泳槽及制胶模具也会用来做 DNA 分析的话，在进行 RNA 变性胶体电泳分析前，应仔细清理。清理时，除以中性清洁剂彻底冲洗干净外，最好再用 3%过氧化氢（H_2O_2）浸泡 10 min。

六、结果观察及分析的原则

(1) 较纯的 DNA 其 A_{260}/A_{280} 值为 1.8～2.0，如果接近 2.0，代表核酸纯度较高；如果值小于 1.6，说明样品中有蛋白质或其他杂质污染，应用酚/氯仿/异戊醇重新抽提，再用乙醇进行沉淀。

(2) 纯净的 RNA 样品其 A_{260}/A_{280} 值为 1.7～2.0，如果大于 2.0，则可能被异硫氰酸胍污染；如果小于 2.0，说明有小分子及盐类污染。

(3) 用紫外吸收法测定 DNA 时，若样品太浓，应适当稀释，尽可能使光吸收值介于 0.05～1.00 之间。

七、思考题

(1) 如何根据 A_{260}/A_{280} 值判断 DNA 溶液的纯度？

(2) 如何评价 RNA 的纯度？

基因工程实验四　扩增质粒的构建

第一部分　限制性内切酶的酶切反应

一、实验目的

学习和掌握进行 DNA 酶切的方法与操作技术。选用合适的限制性内切酶对目的基因与载体 DNA 进行处理，用于 DNA 的体外重组。

能力目标

能掌握酶切的基本原理和方法。

二、实验原理

在分子生物学实验中，常常会使用到一些基本的工具酶，如限制性内切酶（restriction endonuclease），它能够识别和切割双链 DNA（dsDNA）分子内的特殊核苷酸序列（见表 3−4）。几乎所有种类的原核生物都能产生限制性内切酶，根据其结构和作用特点分成Ⅰ型、Ⅱ型、Ⅲ型三类。Ⅰ型、Ⅲ型限制性内切酶一般是大型的多亚基的蛋白质复合物，既具有内切酶的活性，又具有甲基化酶的活性。Ⅰ型限制性内切酶结合于识别位点并随机切割识别位点不远处的 DNA，而Ⅲ型限制性内切酶在识别位点上切割 DNA 分子，然后从底物上解离。而Ⅱ型限制性内切酶由于其核酸内切酶活性和甲基化作用活性是分开的，而且核酸内切作用又具有序列特异性，故在基因克隆中有特别广泛的用途。

表 3−4　一些常见限制性内切酶的识别序列

酶	识别序列	酶	识别序列	酶	识别序列
Acc65 Ⅰ	G/GTACC	BstB Ⅰ	TT/CGAA	Nar Ⅰ	GG/CGCC
Acl Ⅰ	AA/CGTT	BstE Ⅱ	G/GTNACC	Nci Ⅰ	CC/SGG
Afe Ⅰ	AGC/GCT	BstN Ⅰ	CC/WGG	Nco Ⅰ	C/CATGG
Age Ⅰ	A/CCGGT	BstU Ⅰ	CG/CG	Nde Ⅰ	CA/TATG
Alu Ⅰ	AG/CT	Bsu36 Ⅰ	CC/TNAGG	Nhe Ⅰ	G/CTAGC
Apa Ⅰ	GGGCC/C	Cla Ⅰ	AT/CGAT	Not Ⅰ	GC/GGCCGC
ApaL Ⅰ	G/TGCAC	Dde Ⅰ	C/TNAG	Pac Ⅰ	TTAAT/TAA
ApeK Ⅰ	G/CWGC	Dpn Ⅰ	GA/TC	PaeR7 Ⅰ	C/TCGAG
Ava Ⅰ	C/YCGRG	Dra Ⅰ	TTT/AAA	Pci Ⅰ	A/CATGT
Ava Ⅱ	G/GWCC	Eae Ⅰ	Y/GGCCR	PluT Ⅰ	GGCGC/C
Avr Ⅱ	C/CTAGG	Eag Ⅰ	C/GGCCG	Pst Ⅰ	CTGCA/G
BaeG Ⅰ	GKGCM/C	EcoR Ⅰ	G/AATTC	Pvu Ⅱ	CAG/CTG
BamH Ⅰ	G/GATCC	EcoR Ⅴ	GAT/ATC	Rsa Ⅰ	GT/AC
Ban Ⅰ	G/GYRCC	Fnu4H Ⅰ	GC/NGC	Rsr Ⅱ	CG/GWCCG
Ban Ⅱ	GRGCY/C	Fse Ⅰ	GGCCGG/CC	Sac Ⅰ	GAGCT/C
Bfa Ⅰ	C/TAG	Hae Ⅲ	GG/CC	Sac Ⅱ	CCGC/GG
Bgl Ⅱ	A/GATCT	Hha Ⅰ	GCG/C	Sal Ⅰ	G/TCGAC
Blp Ⅰ	GC/TNAGC	Hinc Ⅱ	GTY/RAC	Sau3A Ⅰ	/GATC
Bmt Ⅰ	GCTAG/C	Hind Ⅲ	A/AGCTT	Sma Ⅰ	CCC/GGG
BsaH Ⅰ	GR/CGYC	Hinf Ⅰ	G/ANTC	SnaB Ⅰ	TAC/GTA
BsaJ Ⅰ	C/CNNGG	HinP1 Ⅰ	G/CGC	Spe Ⅰ	A/CTAGT

续表

酶	识别序列	酶	识别序列	酶	识别序列
BsaW Ⅰ	W/CCGGW	Hpa Ⅰ	GTT/AAC	Sph Ⅰ	GCATG/C
BsiE Ⅰ	CGRY/CG	HpaⅡ	C/CGG	Stu Ⅰ	AGG/CCT
BsiHKA Ⅰ	GWGCW/C	Kas Ⅰ	G/GCGCC	Swa Ⅰ	ATTT/AAAT
BsiW Ⅰ	C/GTACG	Kpn Ⅰ	GGTAC/C	Tfi Ⅰ	G/AWTC
BspD Ⅰ	AT/CGAT	Mbo Ⅰ	/GATC	Tse Ⅰ	G/CWGC
BspE Ⅰ	T/CCGGA	MspA1 Ⅰ	CMG/CKG	Xba Ⅰ	T/CTAGA
BspH Ⅰ	T/CATGA	Msp Ⅰ	C/CGG	Xho Ⅰ	C/TCGAG
BssH Ⅱ	G/CGCGC	Nae Ⅰ	GCC/GGC	Xma Ⅰ	C/CCGGG

三、实验材料、试剂与仪器、设备

1. 材料与试剂

质粒、PCR 产物、限制性内切酶、10×缓冲液、6×上样缓冲液、琼脂糖、DNA 标准样品、透析袋、酚/氯仿/异戊醇、无水乙醇、70%乙醇、TE。

2. 仪器与设备

Eppendorf 管、37℃恒温水浴锅、微量移液器和吸头、制冰机、冰盒、电泳仪、电泳槽、−20℃冰箱。

四、操作步骤

（1）按照表 3−5，在一支 1.5 mL Eppendorf 管中加入 PCR 产物酶切体系成分；按照表 3−6，在另一支 1.5 mL Eppendorf 管中加入质粒 DNA 酶切体系成分，切勿错加、漏加。

表 3−5　PCR 产物酶切体系

成分	体积
ddH_2O	2 μL
PCR	30 μL（5 μg）
10×通用缓冲液	4 μL
HindⅢ（10 U/μL）	2 μL
BamH Ⅰ（10 U/μL）	2 μL
定容至	40 μL

表 3-6 质粒 DNA 酶切体系

成分	体积
ddH_2O	2 μL
pBSSK (0.5 μg/μL)	30 μL (5 μg)
10×通用缓冲液	4 μL
HindⅢ (10 U/μL)	2 μL
BamHⅠ (10 U/μL)	2 μL
定容至	40 μL

(2) 用手指轻弹管壁使溶液混匀，也可用微量离心机进行瞬时离心，使溶液集中在管底。

(3) 混匀反应体系后，将 Eppendorf 管置于适当的支持物上（如插在泡沫塑料板上），在 37℃条件下反应 2~4 h。其中 PCR 产物酶切过夜，以确保酶切反应完全。

(4) 取 5 μL 反应液与 2 μL 上样缓冲液混合，然后进行凝胶电泳，预检。

(5) 用 DNA 凝胶回收试剂盒分离纯化 DNA，或用酚/氯仿/异戊醇抽提、乙醇沉淀纯化 DNA 后，将样品直接用连接酶进行连接。

(6) 酶切样品除一部分用于连接，一部分保存在 0℃冰箱中，用于鉴定阳性克隆时作对照。

五、注意事项

(1) 基因工程是微量操作技术，DNA 样品与限制性内切酶的用量都极少，必须严格注意吸样量的精准性，确保样品被加入反应体系。

(2) 双酶切时还应注意尽量不要选择酶切位点相毗邻的 DNA 片段，避免内切酶之间相互干扰。

(3) 酶应在−20℃冰箱中保存，取酶操作必须严格在冰浴条件下进行，用完后立即放回−20℃冰箱；不要将酶在冰浴中放置过久或放在温度高于 0℃的环境中，以防酶失活。

(4) 酶切反应体系的溶液加完后，用手指轻弹管壁使溶液混匀，也可用微量离心机进行瞬时离心，使溶液集中在管底；注意不可用旋涡混合器。此步操作是整个实验成败的关键，要防止溶液错加、漏加。

(5) 为了避免交叉污染，添加不同样品时应换用不同的吸头，且每次取酶时务必更换吸头，以免造成限制性内切酶被污染。

(6) 使用过量的限制性内切酶或反应时间过长，会使载体末端缺失，产生大量的假阳性菌落（蓝白斑筛选呈白色，但没有外源基因插入）。

(7) 限制性内切酶中含有 50%的甘油以防冻结，为防止星号活性，反应体系中的甘油含量应尽量控制在 10%以下。

(8) 如果大量提取的质粒无法被限制性内切酶所切动，可以将提取的质粒先通过

DNA 纯化试剂盒处理，再进行酶切。

六、结果观察及分析的原则

（1）观察酶切以后质粒的线性化情况。

（2）观察是否有非特异性酶切现象产生。

七、思考题

（1）细菌产生的限制性内切酶，为什么不对自身的 DNA 发生切割作用呢？

（2）影响限制性内切酶酶切的因素有哪些？在使用工具酶时应注意什么？

（3）简述Ⅱ型限制性内切酶的命名与写法，及其在基因工程中的作用和特点。

（4）如果在使用工具酶的过程中，不慎将某一物质添加过量，应如何处理？

（5）酶切反应中，酶的添加量应控制在什么范围内？为什么？

（6）什么样的序列可能是酶切位点？

（7）在基因工程操作中，什么时候使用同尾酶？

第二部分 凝胶电泳法进行 DNA 的分离与纯化

一、实验目的

学习和掌握从琼脂糖凝胶电泳中回收 DNA 片段的方法，即电泳后割胶回收，获得目的 DNA 片段。

能力目标

能掌握从琼脂糖凝胶中回收目的 DNA 的基本原理和方法。

二、实验原理

凝胶电泳法的优点在于，它不仅是一种分析的手段，同时也可以用来制备和纯化特定的 DNA 片段。通过电泳，不同大小的 DNA 限制性酶切片段在琼脂糖凝胶上被分开；从琼脂糖凝胶中将所需 DNA 片段分离回收，然后纯化。

三、实验材料、试剂与仪器、设备

1. 材料与试剂

（1）酶切后的 DNA 样品、凝胶琼脂糖、TBE、溴化乙啶、酚/氯仿/异戊醇。

（2）pH 为 5.2 的醋酸钠、无水乙醇、70%乙醇、TE 溶液。

（3）小量琼脂糖凝胶 DNA 回收试剂盒：吸附柱、溶胶液、漂洗液、洗脱液和收集管。

2. 仪器与设备

电泳仪、电泳槽、Eppendorf 管、真空干燥器、7 mL 离心管、刀片、塑料薄膜、微波炉、紫外灯、微量移液器和吸头、65℃水浴锅等。

四、操作步骤

（1）酶切 2 h 后，取 4 μL 样品进行预跑胶，检测酶切效果（利用预跑胶进行切胶练习）。

（2）确定酶切完全后，取 5 μL 的 6×上样缓冲液直接加入含有酶切样品的离心管中，混匀，再把全部样品加入大孔胶的上样泳道中。

（3）加入 DNA 标准样品后，在 50 V 的电压条件下进行电泳，通常用时 2～4 h。

（4）在 UV 照射下，判定 DNA 的位置，用干净的手术刀切割下含有目的 DNA 片段的琼脂块。

（5）取 1.5 mL 的离心管，称重后将切下的胶置于管内再称重，以计算胶的质量。

（6）按照 100 mg 胶块加 700 μL 溶胶液的比例添加溶胶液，于 55℃溶胶，其间偶尔摇动，以加速胶体的溶解，直至胶完全融化；将吸附柱放入 2 mL 收集管中，将融化的胶溶液转移到吸附柱中，以 9 000 rpm 离心 30 s；倒掉收集管中的废液，将吸附柱放入同一个收集管中。先往非割胶的酶切质粒溶液中加入 60 μL 水，再加入 700 μL 溶胶液混匀，装柱，以 9 000 rpm 离心 30 s；倒掉收集管中的废液，将吸附柱放入同一个收集管中。

（7）向吸附柱中加 500 μL 漂洗液，以 12 000 rpm 离心 30 s，重复漂洗一次。去掉废液后，放回吸附柱，将空管再于 12 000 rpm 离心 2 min（漂洗液含有乙醇，漂洗后再次离心，尽量去除多余溶液）。

（8）将吸附柱放入新的 1.5 mL 离心管中。

（9）先在吸附柱的膜中央准确加洗脱液 25 μL，于室温放置 1～2 min，然后以 12 000 rpm离心 2 min。离心完毕后去掉吸附柱，留下的即为纯化产物。

（10）电泳确认后，可立即用于 DNA 的连接实验或保存于－20℃冰箱备用。

五、注意事项

（1）进行 DNA 片段分离的电泳实验时，应先清洗电泳槽，并使用新的电泳液。电泳时尽可能采用低电压，如 50 V。电泳后的胶应放在干净的塑料膜上进行切割，注意要使用无污染的干净刀片，胶块要切割得尽可能小。

（2）在 254 nm 波长的紫外线下进行观察，效果比在 300～360 nm 波长的紫外线下更好，但所产生的切口 DNA 量也较多。勿将含有 DNA 的凝胶长时间地暴露在紫外灯下，减少紫外线对 DNA 造成的损伤。要回收 DNA 时，尽可能缩短光照时间，并采用长波长的紫外灯（300～360 nm）。

（3）过柱前，凝胶必须完全融化，否则不仅会堵塞吸附柱，还会严重影响 DNA 的回收率。将凝胶切成细小的碎块，可大大缩短凝胶融化时间（当线型 DNA 长时间暴露在高温条件下时，易于水解），从而提高回收率。

(4) 使用凝胶回收试剂盒，在加洗脱液前一定要将吸附柱放入一个新的1.5 mL离心管，并且将洗脱液准确加在膜的中央。

六、结果观察及分析的原则

观察DNA回收后与回收前核酸浓度的变化，初步评价回收效率。

第三部分　DNA片段的体外连接

一、实验目的

利用T4 DNA连接酶，在体外对来自不同生物的DNA片段进行连接，以构建新的重组DNA分子。

能力目标

能掌握DNA片段体外连接的基本原理和方法。

二、实验原理

质粒与外源目的基因被限制性内切酶切割（消化）后，其末端有3种形式：①带有不能互补的黏性末端，由两种以上不同的限制性内切酶消化得到。②带有相同的黏性末端，由相同的酶或同尾酶处理得到。③带有平末端，由产生平末端的核酸内切酶消化产生，或由DNA聚合酶补平所致。在限制性内切酶的作用下产生的DNA片段，虽然可以通过氢键使黏性末端互补配对结合在一起，但它们之间不会连接起来。在生理条件下，这些氢键不足以维持稳定的结合。DNA连接酶可以催化双链DNA中相邻碱基的5′磷酸和3′羟基间形成稳定的磷酸二酯键，利用DNA连接酶可以将适当切割的载体DNA片段与目的片段进行共价连接。

三、实验材料、试剂与仪器、设备

1. 材料与试剂

经过酶切且纯化的目的基因的DNA片段与载体DNA片段、T4 DNA连接酶及10×连接缓冲液。

2. 仪器与设备

1.5 mL Eppendorf管、16℃培养箱、离心机、微量移液器和吸头、制冰机、冰盒等。

四、操作步骤

(1) 在一支1.5 mL Eppendorf管中加入2 μL酶切后的载体DNA片段与6 μL外源

DNA 片段。

(2) 向 Eppendorf 管中添加 1 μL（1/10 体积）10×DNA 连接缓冲液以及 1 μL DNA 连接酶。连接体系见表 3-7。

表 3-7　连接体系的成分及用量

成分	用量
PCR 产物	6 μL
酶切质粒	2 μL
10×连接缓冲液	1 μL
T4 DNA 连接酶	1 μL

注：连接体系的总体积为 10 μL。

(3) 将连接体系混匀后用离心机将液体全部甩到管底。

(4) 将 Eppendorf 管置于 16℃恒温过夜。

(5) 利用宿主的感受态细胞进行转化实验，将反应液置于 4℃储存数天后再置于 -80℃储存 2 个月。

五、注意事项

(1) 连接时外源基因量要多些、载体的量要少些，这样碰撞的机会就多些，否则载体自身环化会较严重。一般载体 DNA 片段与目的基因连接时，采用 1∶(1～3) 的物质的量的比（旧称摩尔比），如采用 1∶1 的情况，选用载体 pUC118 的长度为 3.2 kb，目的 DNA 长度为 1.2 kb（DNA 的相对分子质量与其链的长度成正比），由于质量=摩尔数×相对分子质量，因此载体与目的片段的质量比（pUC118∶目的 DNA）为 2.7∶1.0。

(2) 连接酶的用量不宜过多。DNA 连接酶用量与 DNA 片段的性质有关，连接平末端使用的酶量，一般为连接黏性末端使用的酶量的 10～100 倍。

(3) 在连接带有黏性末端的 DNA 片段时，DNA 质量浓度一般为 2～10 mg/mL；在连接平末端 DNA 片段时，DNA 质量浓度应为 100～200 mg/mL。

(4) 连接反应完毕后，将反应液置于 4℃储存数天后再置于 -80℃储存 2 个月。置于 -20℃冷冻保存时，会降低转化效率。

六、结果观察及分析的原则

结合大肠杆菌感受态细胞的转化实验判断连接效率。

七、思考题

(1) 进行 DNA 片段连接的反应温度为什么采用 16℃？

(2) 不同限制性内切酶处理的 DNA 片段之间可以进行连接吗？为什么？

(3) DNA 连接酶有几种，常用的是哪一种？

(4) 如何防止线性质粒的自身环化?

(5) 若使用一种 DNA 酶解反应液,但在电泳检测后发现 DNA 未被酶切开,你认为可能的原因是什么?

(6) 琼脂糖凝胶电泳中 DNA 分子迁移率受哪些因素的影响?

(7) 请简述 DNA 凝胶回收试剂盒提纯的原理。

基因工程实验五 感受态细胞的制备

一、实验目的

学习和理解影响细胞感受态的因素,掌握感受态细胞(competent cell)的制备方法。利用 $CaCl_2$ 法制备大肠杆菌的感受态细胞,用于重组质粒的转化。

能力目标

能掌握制备感受态细胞的基本原理和方法。

二、实验原理

所谓感受态,即指宿主细胞最易接受外源 DNA 片段并实现转化的一种生理状态,由宿主菌的遗传性所决定,同时也受菌龄、外界环境因子等影响。细胞的感受态一般出现在生长对数期,新鲜幼嫩的细胞是制备感受态细胞和进行成功转化的关键。对于 Ca^{2+} 诱导的完整细胞转化而言,菌龄、$CaCl_2$ 处理时间、感受态细胞的保存期以及热激时间均是很重要的因素,其中感受态细胞通常在 12~24 h 内转化率最高,之后转化率急剧下降。因此在制备感受态细胞时,将细胞培养至 OD_{600} 为 0.4~0.6 后放入冰浴中使其停止生长,然后将菌株置于低温预处理的低渗 $CaCl_2$ 溶液中,即造成细胞膨胀,细胞通透性发生暂时性的变化,从而极易与外源 DNA 相黏附并在细胞表面形成复合物。此时,将该体系转到 42℃下做短暂的热激(heat shock),外源 DNA 就可能被细胞吸收。进入宿主细胞的 DNA 分子通过复制、表达,实现遗传信息的转移,使宿主细胞出现新的遗传性状。将经过转化的细胞在筛选培养基中培养,即可筛选出转化子(transformant),即带有异源 DNA 分子的宿主细胞。

三、实验材料、试剂与仪器、设备

1. 实验材料

大肠杆菌 DH5α 等具有 α 互补能力的菌株、pBSSK 或 pUC19 质粒。

2. 仪器与设备

小试管、三角瓶、摇床、分光光度计、超净工作台、Eppendorf 管、牙签、离心管、制冰机、冰盒、微量移液器和吸头等。

3. 所需试剂配制

LB培养基：称取10 g胰蛋白胨、5 g酵母提取物、10 g氯化钠，加蒸馏水溶解定容至1 000 mL，于121℃灭菌20 min。

$CaCl_2$溶液：称取0.336 g $CaCl_2$（无水，分析纯）溶于50 mL重蒸水中，加入15 mL甘油，定容至100 mL。高压灭菌，配制为含15%甘油的60 mmol/L $CaCl_2$，于4℃保存。

四、操作步骤

（1）从LB平板上挑取新活化的大肠杆菌DH5α单菌落，接种于5 mL的LB培养基中，于37℃振荡培养过夜。

（2）取100 μL（1%~3%的接种量）培养液转接于5 mL的LB液体培养基中，于37℃振荡培养2~4 h，使OD_{600}达到0.4左右。

（3）取培养液1.5~3.0 mL移至Eppendorf管中，冰浴20 min，使其停止生长。

（4）于4℃、3 000 rpm离心5 min，弃去上清液。

（5）向沉淀中添加0.75 mL预冷的$CaCl_2$溶液，再用移液器轻轻吹打。

（6）将Eppendorf管冰浴20~30 min后，于4℃、3 000 rpm离心5 min，尽可能地弃去上清液。

（7）收集的细胞沉淀用100 μL预冷的$CaCl_2$溶液悬浮。冰浴放置，备用。

五、注意事项

（1）感受态细胞的制备应该严格无菌操作，谨防杂菌污染。实验中凡涉及溶液的移取、分装等需要敞开实验器具的操作，均应在无菌超净台中进行，以防污染。Eppendorf管要盖紧，以免反应液溢出或外面的水进入而造成污染。

（2）不要使用经过多次转接或储存于4℃的培养菌，细胞最好是从−80℃或−20℃甘油保存的菌种中直接转接的。

（3）控制好菌体的OD_{600}值。细胞培养完毕后一定要骤冷，即使培养物在短时间内迅速冷却。在冰水混合物中摇动接种瓶，大约10 min。

（4）使用的仪器一定要非常干净，没有化学物质残留，器皿和试剂应用双蒸水刷洗和配制。注意检测pH。

（5）培养后的离心操作一定要低温，所用的水、甘油、$CaCl_2$溶液及离心管都要在冰上预冷。整个操作均需在冰上进行，不能离开冰浴，否则细胞转化率会降低。

六、结果观察及分析的原则

感受态细胞制备成功与否，转化效率是否足够高，需要用标准质粒进行转化并对转化子进行计数。

七、思考题

（1）如何培养宿主菌？

（2）制备感受态细胞的原理是什么？

（3）制备感受态细胞的关键是什么？

（4）如果实验中本不该长出菌落的平板（对照组）上长出了一些菌落，你将如何解释这种现象？

基因工程实验六 重组质粒的转化

一、实验目的

掌握重组质粒DNA的转化方法。把体外重组的DNA引入宿主细胞中，使其具有新的遗传性状，并从中选择出转化子。

能力目标

能掌握利用大肠杆菌感受态细胞进行重组质粒转化的基本原理和方法。

二、实验原理

转化（transformation）是将外源DNA引入宿主细胞，使之获得新的遗传性状的一种手段。转化过程所用的宿主细胞一般是限制修饰系统缺陷的变异株，即不含限制性内切酶和甲基化酶的突变体（R^-、M^-），它可以容忍外源DNA进入体内并稳定地遗传给后代。宿主细胞经过一些特殊方法（如电击法、$CaCl_2$等化学试剂法）的处理，细胞膜的通透性发生了暂时性的改变，成为能允许外源DNA进入的感受态细胞。进入宿主细胞的DNA通过复制、表达，实现遗传信息的转移，使受体细胞出现新的遗传性状。将经过转化的细胞在筛选培养基中培养，即可筛选出转化子。

三、实验材料、试剂与仪器、设备

1. 材料与试剂

大肠杆菌感受态细胞、重组质粒（质粒与目的基因）的连接产物、氨苄青霉素（ampicillin）（母液100 mg/mL、工作液100 μg/mL）、X-gal、IPTG [100 mmol/L母液（−20℃备用）、工作液（20 μL/平板）20 mL]、LB液体培养基（1%胰蛋白胨、0.5%酵母提取物、1% NaCl）、含Amp的LB固体培养基。

X-gal：将X-gal配制成20 mg/mL的二甲基甲酰胺（DMF）溶液（于−20℃避光保存）。使用时在100 mL的琼脂培养基中加入200 μL。

含Amp的LB固体培养基：将配好的LB固体培养基高压灭菌后冷却至60℃左右后加入Amp储存液，使终质量浓度为100 μg/mL，摇匀后铺板。

2. 仪器与设备

超净工作台、低温离心机、42℃恒温水浴锅、小试管、牙签、37℃培养箱、培养皿、电泳仪、制冰机、冰盒、Eppendorf管、微量移液器和吸头等。

四、操作步骤

(1) 制备含有适当抗生素的LB培养基平板。

(2) 取一管100 μL的大肠杆菌感受态细胞(如果是冷冻保存的，需要在冰上化冻后再进行操作)，加入重组质粒(质粒与目的基因)的连接产物8 μL(不要超过10 μL)，轻轻用移液器吹打混匀(不可以用旋涡混合器混合)。

(3) 另制备两个对照：一个是宿主菌阴性对照，即100 μL的感受态细胞，加2 μL的无菌水；另一个是质粒DNA的阳性对照，即10 μL的感受态细胞，加2 μL的空载质粒，混匀。

(4) 将加入DNA的感受态细胞冰浴20 min。

(5) 将冰浴后的感受态细胞置于42℃热激90 s(或于37℃保温5 min)，热激后迅速放进冰水混合物或冰块中，再冰浴3 min。

(6) 添加1 mL的LB液体培养基，混匀后，于37℃振荡培养1 h (160~225 rpm)，使细胞恢复正常生长状态，并表达质粒编码的抗生素抗性基因(如Amp抗性)。

(7) 将上述菌液摇匀后取100 μL移至含Amp的LB培养基平板上，另添加40 μL 2%的X-gal和20 μL 100 mmol/L的IPTG，涂布均匀。

(8) 剩余的菌液以3 000 rpm离心5 min。

(9) 弃去0.9 mL上清液，余下的0.1 mL样品用移液器轻轻吹匀，然后移至含有Amp的LB培养基平板上，另添加40 μL 2%的X-gal和20 μL 100 mmol/L的IPTG，涂布均匀。

(10) 将上述平板倒置培养，于37℃培养16~24 h。

五、注意事项

(1) 用于转化的质粒DNA应主要为超螺旋态DNA(cccDNA)，转化效率与外源DNA浓度之间在一定范围内成正比；但当加入的外源DNA的量过多或体积过大时，转化效率会降低。一般情况下，进行转化时的质粒DNA溶液的体积不应超过感受态细胞体积的1/10。

(2) IPTG须用二甲基甲酰胺(DMF)或二甲基亚砜(DMSO)配制，且须用锡纸封裹以防受光照而被破坏，并应存放在−20℃冰箱中。

(3) IPTG是针对具有lacI^{q}的大肠杆菌诱导表达lacZ而添加的，而对于不具有lacI^{q}的菌株则没有添加的必要。因为lacI^{q}是lacI的突变型，能产生大量阻遏蛋白质，抑制lac基因的转录，防止lacZ基因渗漏表达。

(4) 原核生物宿主细胞的电击以15 kV/cm的电场强度为最佳。电击电压应根据电击杯的厚度选择。

(5) 42℃的热处理时间很关键，转移速度要快，温度要准确。且后续的37℃振荡培养时间切勿过长，否则会产生很多的卫星菌落和轻微的菌膜干扰。

（6）所有的菌液涂平板操作，只需将一根玻璃涂棒在95%乙醇中蘸一下，再在酒精灯火焰上燃烧灭菌，冷却后即可使用。应避免反复来回涂布，因为感受态细胞的细胞壁有了变化，过多的机械挤压涂布容易使细胞破裂、死亡，影响转化效率。

（7）整个操作均应在无菌条件下进行，注意防止被其他DNA所污染，给以后的筛选、鉴定带来不必要的麻烦。

六、结果观察及分析的原则

（1）观察阳性转化子（蓝白斑）的形成数量。

（2）分析空白对照与实验组的区别。

七、思考题

（1）如何制备平板？

（2）质粒在被加入宿主细胞进行转化，再涂布在含有Amp的LB培养基平板前，为什么要在LB培养基中培养1 h？

（3）如果DNA转化后，没有得到转化子或者转化子很少，可能的原因是什么？

（4）DNA转化有哪些方法，各有什么特点？如何提高转化效率？

（5）什么情况下转化平板上会出现卫星菌落？为什么会出现卫星菌落？

（6）转化后，在含抗生素的平板上长出一片小菌落或菌苔，请分析其中的原因，并设计实验进行排查。

（7）在转化过程中，感受态细胞于42℃热激后，如果缺少了在LB培养基中培养1 h这一步骤，会出现什么结果？

（8）在涂平板时，如不小心将放置玻璃涂棒烧杯里的酒精点燃了，应该如何处理？

参考文献

[1] 陈蔚青. 基因工程实验［M］. 杭州：浙江大学出版社，2014.

[2] 冯乐平，刘志国. 基因工程实验教程［M］. 北京：科学出版社，2013.

[3] 韦平和，彭加平，陈海龙. 基因工程实验项目化教程［M］. 北京：化学工业出版社，2022.

[4] 杨清，余丽芸. 分子生物学与基因工程实验技术［M］. 北京：中国农业大学出版社，2014.

[5] 朱旭芬. 基因工程实验指导［M］. 3版. 北京：高等教育出版社，2016.

第4章 免疫学实验

免疫学是生命科学最活跃的研究领域之一，现代免疫学与细胞生物学、神经生物学一起被认为是当今推动生命科学前进的三驾马车。免疫学在长期的发展过程中为生命科学的发展提供了很多分析手段，生命科学的日益发展反过来又为免疫学提供了更多的技术支持。

免疫学实验是针对生物制药专业开设的一门同专业密切相关的实践性实验课程。免疫学实验技术手段随生物技术的发展日新月异，包括人畜疫病临床诊断分析、生物医药开发等领域的应用。本部分实验在免疫理论的指导下，有利于工业化生产工作，培养学生分析问题和解决问题的能力，并通过设计性实验培养学生的创新意识，以全面提高学生的综合素质，为今后的工作打下良好的基础。

免疫学实验一　免疫印迹技术

免疫印迹（Western Blot）技术是一种基于抗原抗体特异性结合，用于对抗原浓度或者抗体效价进行定性或定量分析的重要免疫学实验，在生物制药、生物医学、植物学等领域应用广泛。

一、实验目的

利用已知抗体检测未知抗原浓度，或者利用已知抗原检测未知抗体效价水平，可分析细胞内相关蛋白表达水平，在蛋白水平阐述分子机理。

能力目标

能掌握免疫印迹技术的基本原理和操作。

二、实验原理

免疫印迹是将蛋白质转移到膜上，然后利用抗体进行检测的方法。对已知表达蛋白，可用相应抗体作为一抗进行检测。免疫印迹技术采用的是聚丙烯酰胺凝胶电泳，被检测物是蛋白质，“探针”是抗体，“显色”用标记的二抗。经过 PAGE 分离的蛋白质样品，被转移到固相载体（如硝酸纤维素薄膜）上，固相载体以非共价键形式吸附蛋白质，且能保持电泳分离的多肽类型及其生物学活性不变。以固相载体上的蛋白质或多肽作为抗原，与对应的抗体起免疫反应，再与酶或同位素标记的二抗起反应，经过底物显色或放射自显影来检测电泳分离的特异性目的基因表达的蛋白成分。该技术也被广泛应用于检测蛋白水平的表达。

三、实验材料、试剂与仪器、设备

1. 材料与试剂

SDS-PAGE 凝胶制备试剂盒、anti 6×His tag 单克隆抗体、HRP 标记羊抗鼠 IgG、DAB 显色液、PVDF 膜、Tris-base、Glycine、SDS、吐温 20、醋酸、甲醇、脱脂奶粉。

2. 仪器与设备

电泳仪、电泳槽、离心机、摇床、电磁炉、脱色摇床、pH 计、电子天平、超声破碎仪等。

3. 所需试剂配制

（1）电泳缓冲液：准确称取 3 g Tris、14.4 g Glycine、1 g SDS，加去离子水定容至 1 000 mL。

（2）电泳转印缓冲液：准确称取 3.02 g Tris，3.904 g Glycine，量取 200 mL 甲醇，加去离子水定容至 1 000 mL。

（3）TBST：量取 1.0 mol/L Tris-HCl 100 mL，准确称取 9 g NaCl，量取 0.5 mL 吐温 20，加去离子水定容至 1 000 mL。

（4）封闭液：准确称取 5 g 脱脂奶粉，加入 TBST 定容至 100 mL。

（5）10%十二烷基硫酸钠（SDS）：准确称取 10 g 十二烷基硫酸钠（SDS），加去离子水定容至 100 mL。

（6）考马斯亮蓝（R-250）染色液：准确称取 0.5 g R-250，加入 90 mL 无水甲醇、20 mL冰乙酸、90 mL ddH_2O，混合后用滤纸过滤，室温保存。

（7）考马斯亮蓝（R-250）脱色液：量取 200 mL 无水甲醇、200 mL 冰乙酸，加去离子水定容至 1 000 mL。

（8）10%ASP：准确称取 0.1 g ASP，用 1 mL 超纯水（用时加水溶解）溶解后置于 4℃冰箱保存。

（9）PBS：准确称取 0.27 g 磷酸二氢钾（KH_2PO_4）、1.42 g 磷酸氢二钠（Na_2HPO_4）、8 g 氯化钠（NaCl）、0.2 g 氯化钾（KCl），加去离子水约 800 mL 充分搅拌溶解，然后加入浓盐酸调节 pH 至 7.4，最后定容到 1 000 mL。

四、操作步骤

1. SDS-PAGE 凝胶制备

（1）用去离子水洗净玻璃胶板后摆放好。

（2）按表 4－1 配制分离胶，根据目的蛋白选择适宜的浓度。

表 4－1　分离胶配制方案

组分	10%分离胶	12%分离胶
ddH_2O	1.86 mL	1.68 mL
30%丙烯酰胺	1.02 mL	1.20 mL
1.5 mol/L Tris-HCl（pH 8.8）	1.04 mL	1.04 mL
10% SDS	0.04 mL	0.04 mL
10%过硫酸铵	0.04 mL	0.04 mL
TEMED	0.002 mL	0.002 mL

用移液管将分离胶混匀，加至摆放好的玻璃胶板中，上面预留 1 cm，加异丙醇进行封胶，保持胶面平整；于室温放置 30 min 后用去离子水冲洗上层异丙醇。

（3）按表 4－2 配制 5%浓缩胶。

表 4－2　5%浓缩胶配制方案

组分	5%浓缩胶
ddH_2O	1.46 mL
30%丙烯酰胺（0.8%双丙）	0.25 mL
1.0 mol/L Tris-HCl（pH 6.8）	0.25 mL
10% SDS	0.02 mL
10%过硫酸铵	0.02 mL
TEMED	0.002 mL

用 1 mL 移液器吹打混匀后，加至上层，并插入样品梳，防止气泡产生。

2. SDS－PAGE 蛋白电泳分析

（1）蛋白样品制备：以 12 000 rpm 离心 2 min，收集菌体，加 100 μL PBS、100 μL 2×蛋白上样缓冲液（变性，含巯基乙醇），重悬菌体，沸水煮 5 min，离心去除细菌碎片，冷却至室温。

（2）蛋白点样：将配制好的蛋白胶板装至 Biorad 公司的电泳槽，添加 Tris-Glycine 蛋白电泳缓冲液，拔出样品梳，于每孔添加 30 μL 上述变性的蛋白样品；勿将蛋白样品污染旁边孔。

（3）运行：恒压，于 75 V 运行 30 min，待溴酚蓝移至分离胶界面时，将电压调至

150 V，待溴酚蓝到达胶板底部时结束电泳。

(4) 蛋白染色：取出玻璃胶板，小心掰开玻璃胶板，用切胶板切取蛋白凝胶，加入考马斯亮蓝（R-250）染色液，于室温孵育摇床染色过夜，或者微波炉加热快染。

(5) 脱色：倒出染色液，将凝胶放置于脱色液中，放在脱色摇床上，待脱色液变蓝，更换新脱色液；最后用去离子水浸泡凝胶，并扫描拍照。

3. 重组蛋白免疫印迹杂交分析鉴定

为研究重组目的条带蛋白是否为本研究需要表达的蛋白，将其与相应的抗体进行免疫印迹杂交实验验证。免疫印迹杂交实验步骤如下：

(1) 蛋白电泳之后，取出蛋白胶，将其浸至免疫印迹杂交转膜液中 15 min，在胶的边角切小块做标记。

(2) 剪裁稍比胶块大一点的 PVDF 膜，先用甲醇浸润 5 min，然后将膜泡至转膜液中。

(3) 在搪瓷盘中加入转膜液，下面为正极、滤纸、PVDF 膜、蛋白胶、滤纸、负极，依次摆置好，中间不要有气泡残留。放置于转膜夹子中，加满转膜液，以 120 V 恒压运行 90 min。

(4) 运行结束后，取出带有蛋白的 PVDF 膜，以 TBS-T 漂洗 2 次，每次 4 min；标记膜的蛋白面，放在 5%脱脂奶粉中，室温封闭 1 h。

(5) 孵育一抗，重组蛋白用 anti 6×His tag 单克隆抗体孵育（北京中杉金桥，抗体稀释比例为 1∶1000），于 4℃孵育过夜。

(6) 孵育二抗，用 TBST 漂洗 5 次，每次 5 min；用 HRP 标记的羊抗鼠 IgG 的二抗与膜孵育（二抗稀释比例为 1∶5000），于室温放置 50 min。

(7) 以 TBST 漂洗 5 次，每次 5 min。

(8) 将膜放在滤纸上，吸去残留水渍，放置在透明塑料袋中，添加 ECL 发光液，反应 5 min 后用滤纸吸去 ECL 发光液，将装有 PVDF 膜的透明塑料袋放置在暗盒中。

(9) 在暗室内将 X 光片取出，放在膜上，迅速盖上暗盒盖子，防止漏光。

(10) 15 min 后将胶片取出，放置于显影液中显色，在红光下随时观察胶片颜色的变化，待条带清晰出现之后迅速将胶片放于定影液中终止显影 1 min。接着将胶片放置在清水中洗净，晾干拍照。

五、注意事项

(1) 电泳缓冲液应现配现用，切勿使用过期电泳缓冲液。

(2) SDS-PAGE 凝胶浓缩胶的厚度要在 1 cm 左右。

(3) PVDF 膜在使用之前必须经甲醇活化再使用。

(4) 在转膜过程中，尽量控制转膜缓冲液为低温；其次转膜过程中确保滤纸、胶、膜之间精准对齐，避免产生气泡。

(5) 如果显色后未出现条带，或者条带颜色很浅，可尝试重加染色液或者重新曝光，或延长曝光时间。

六、结果观察及分析的原则

根据WB条带颜色的深浅，来判定目的条带与抗体的结合情况，从而分析抗体与目的蛋白之间的结合效率。

七、思考题

（1）结合本实验内容，试设计一个研究肝癌细胞在TNF-alpha的刺激下NF-kappa B信号通路变化情况的方案。

（2）利用免疫印迹实验原理，设计重组蛋白鉴定方案。

免疫学实验二　双向免疫扩散试验

双向免疫扩散（double immunodiffusion）试验，又称双向琼扩试验，试验中，可溶性抗原与相应抗体均会在琼脂介质中自由扩散，当两者相遇且比例合适时就会在相应位置形成可见的沉淀线。沉淀线的特征与位置不仅取决于抗原抗体的特异性及比例，并且与抗原抗体的分子大小和结构密切相关。当存在多对抗原、抗体反应体系时，可呈现多条沉淀线平行乃至交叉的现象。通过对沉淀线的位置、数量、形状以及相互关系的研究，可对抗原或抗体进行定性分析，常用于抗原和抗体的纯度鉴定。此法亦可用于免疫血清效价的测定。

一、实验目的

利用双向免疫扩散试验可定性分析抗原或抗体，进而在动物疫病诊断、临床医学分析等方面有较大应用空间。

能力目标

能掌握双向免疫扩散试验的基本原理和操作方法。

二、实验原理

双向免疫扩散试验检测的基础是抗原或抗体在固相载体上相遇以后，在存在适量电解质且两者比例合适时，特异性结合形成免疫复合物，免疫复合物会破坏蛋白质之间相对稳定的状态，出现肉眼可见的不溶性沉淀物。

三、实验材料、试剂与仪器、设备

1. 材料与试剂

本实验所用材料与试剂见表4-3。

表 4-3 实验材料与试剂

序号	耗材名称	型号	数量
1	琼脂	500 g	1
2	生理盐水	500 mL	1
3	微量移液器	0.1～10.0 μL	5
4	微量移液器	10～100 μL	5
5	微量移液器	100～1 000 μL	5
6	1.5 mL 离心管	1 000 个/袋	1
7	微量移液器吸头	0.1～10.0 μL，1 000 个/袋	1
8	微量移液器吸头	10～100 μL，1 000 个/袋	1
9	微量移液器吸头	100～1 000 μL，1 000 个/袋	1
10	PCR 管架	96 孔	5
11	阳性抗原	1 mL	1
12	阳性抗体	1 mL	1
13	待检血清	1 mL	1

2. 仪器与设备

生化培养箱（37℃恒温）、微波炉、打孔器等。

四、操作步骤

（1）制板：称取 1 g 琼脂粉，加入 100 mL 生理盐水煮沸使之溶解。待溶解的琼脂温度降至 60℃左右时倒入平皿中，厚度为 2～3 mm。注意不要产生气泡。

（2）打孔：待琼脂凝固好后用打孔器打孔，孔径和孔距依不同疫病检疫规程而定，一般孔径为 3～5 mm，孔间距为 4～7 mm。孔型多为 7 孔，即中央 1 孔、周围 6 孔（如梅花孔，见图 4-1）。用针头挑出孔内琼脂。

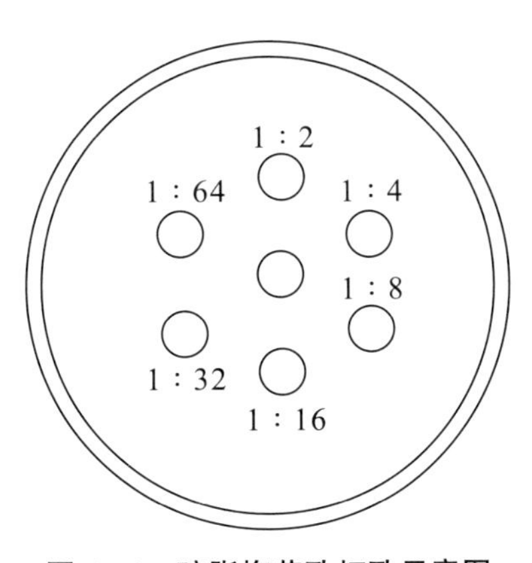

图 4-1 琼脂梅花孔打孔示意图

（3）封底：将琼脂板无凝胶面在酒精灯火焰上轻轻灼烧，用手背感受到微烫即可。

（4）抗体效价测定：用微量加样器于中央孔加入已知抗原，于周围孔加入倍比稀释的血清，每个稀释度加1孔。加样时注意样品不要外溢或在边缘残存小气泡，以免影响扩散结果。

（5）扩散：加样完毕后，将琼脂板放于湿盒内保持一定的湿度，于37℃恒温扩散24～48 h，观察结果。

五、注意事项

（1）浇制琼脂板时要均匀、无气泡。

（2）孔要打得圆整光滑，边缘不要破裂。

（3）加样时应尽量避免产生气泡或加到孔外，以保证结果的准确性。

（4）注意在每加完一个样品后应更换微量移液器的吸头。

六、结果观察及分析的原则

（1）用以检测抗原或比较抗原差异时，应将抗血清加在中心孔，再将待测抗原或需比较的抗原加在周围相邻孔。若出现沉淀带完全融合，证明为同种抗原；若二者有部分相连，表明二者有共同抗原决定簇；若两条沉淀带相互交叉，说明二者抗原完全不同。

（2）用梅花孔检测抗血清的效价，操作时要将抗原加在中心孔，抗血清倍比稀释后加在周围孔，以出现沉淀带的血清最高稀释倍数为该血清的琼扩效价。

（3）若凝胶中抗原、抗体是特异性的，则形成抗原抗体复合物，在两孔之间出现清晰致密的白色沉淀带，为阳性反应。若在72 h内仍未出现沉淀带，则为阴性反应。实验时至少要做一组阳性对照，当阳性对照与待检样品的沉淀带发生融合时，才能确定待检样品为真正阳性。

七、思考题

如何进行血清琼扩效价的测定？

免疫学实验三　酶联免疫吸附试验

酶联免疫吸附（enzyme-linked immunosorbent assay），简称ELISA，是用于检测体液等多种生物样本中微量物质的固相免疫测定方法。它是一种特殊的试剂分析方法，是在免疫酶技术基础上发展起来的一种新型免疫测定技术。ELISA技术自20世纪70年代问世以来，发展十分迅速，目前已被广泛应用于生物学和医学科学等领域，成为分析化学领域的前沿课题。

一、实验目的

利用 ELISA 检测法可定性/定量分析抗原或抗体，进而在动物疫病诊断、临床医学分析等方面有较大应用空间。

能掌握酶联免疫吸附试验的基本原理和操作方法。

二、实验原理

ELISA 检测法的基础是抗原或抗体的固相化以及抗原或抗体的酶标记。结合在固相载体表面的抗原或抗体仍保持其免疫学活性，酶标记的抗原或抗体既保留其免疫学活性又保留酶的活性。测定时，受检标本（测定其中的抗原或抗体）与固相载体表面的抗体或抗原发生反应，用洗涤的方法使固相载体上形成的抗原抗体复合物与液体中的其他物质分开；再加入酶标记的抗体或抗原，其也通过反应而结合在固相载体上，此时固相载体上的酶量与标本中受检物质的量成一定的比例；加入酶反应的底物后，底物被酶催化成为有色产物，产物的量与标本中受检物质的量直接相关，故可根据色泽的深浅进行定性或定量分析。ELISA 检测法将抗原抗体的特异性反应与酶对底物的高效催化作用结合起来，具有特异性强、灵敏度高的特点。

三、实验材料、试剂与仪器、设备

1. 材料与试剂

96 孔酶标板、包被液、PBST、封闭液、终止液、酶标二抗、TMB 显色液、免疫后的小鼠血清。

2. 仪器与设备

酶标仪、离心机、洗板机、恒温箱等。

3. 所需试剂配制

（1）包被液：准确称取 2.93 g $NaHCO_3$、1.59 g Na_2CO_3，用蒸馏水定容至1 000 mL。

（2）洗涤缓冲液：准确称取 8.0 g NaCl、0.2 g KH_2PO_4、2.9 g Na_2HPO_4、0.2 g KCl，量取 0.5 mL 吐温 20，加去离子水定容至 1 000 mL，调 pH 为 7.4。

（3）封闭液（TSTA）：准确称取 6.058 g Tris，8.3 g NaCl，量取 0.5 mL 吐温 20，加去离子水定容至 1 000 mL，调 pH 为 7.6。

（4）终止液（2 mol/L H_2SO_4）：量取 178.3 mL 蒸馏水，将 21.7 mL 98%浓硫酸逐滴加入蒸馏水中。

四、操作步骤

1. 血清采集

对免疫小鼠的尾部进行静脉采血，于 37℃放置 1 h 后再以 12 000 rpm 离心 5 min，收集血清。分离的血清用终体积为 10%的无菌甘油于−20℃保存备用。

2. ELISA 分析

（1）包被抗原：将纯化好的蛋白用包被液稀释至 10 μg/mL，每孔加入 100 μL，于 4℃包被过夜。

$$P/N=\frac{OD_{650实验}-OD_{650空白}}{OD_{650阴性}-OD_{650空白}}$$

（2）倒掉包被液，用 PBST 漂洗三次，拍干。

（3）封闭：每孔加入 100 μL 的封闭液，于 4℃封闭过夜。

（4）倒掉封闭液，用 PBST 漂洗三次，拍干。

（5）孵育血清：将待测血清用封闭液进行倍比稀释，稀释浓度分别为 1∶100、1∶200、1∶400、1∶800、1∶1600、1∶3200、1∶6400、1∶12800，然后将稀释后的血清加至酶标板中，每孔 100 μL，于 37℃孵育 1 h。

（6）倒掉一抗结合液，用 PBST 漂洗三次，拍干。

（7）孵育二抗：加入 HRP 标记羊抗鼠 IgG（1∶5000），每孔 100 μL，于 37℃孵育 40 min。

（8）倒掉二抗结合液，用 PBST 漂洗三次，拍干。

（9）加入 TMB 显色液，100 μL/孔，避光显色 5～10 min。

（10）待颜色出现蓝色后，加入 50 μL 2 mol/L H_2SO_4终止液，终止显色。

（11）于波长 450 nm 处测定每孔吸光度值。

（12）结果计算：计算各稀释倍数下的 P/N 值，以 2.1 为临界值，大于为阳性，小于为阴性。

$$P/N=\frac{OD_{650实验}-OD_{650空白}}{OD_{650阴性}-OD_{650空白}}$$

将阳性孔换算成对应的稀释倍数（100，200，400，800，…），为方便作图，将抗体效价以 10 为底取对数制图。

五、注意事项

（1）选择吸附性强、性能稳定的固相载体，可以明显减小平行组之间的差异。

（2）抗体浓度需要多次摸索，最大程度提高灵敏度。

六、结果观察及分析的原则

（1）肉眼观察、判断结果需以白色为背景，空白对照应为无色，阳性与阴性血清应有明显的色差；同时待检血清的色泽应随稀释度的变化而异，不应出现跳孔现象。

当待检血清的色泽浅于或等于阴性对照孔时，判为阴性；当待检血清的色泽深于阳性对照孔时，依次按+、++、+++等来判断其色泽的深浅，颜色越深，阳性反应越强。

（2）应用酶标仪测定每孔的 OD 值，选定的波长为 450 nm。计算各稀释倍数下的 P/N 值，以 2.1 为临界值，大于为阳性，小于为阴性。

七、思考题

（1）结合本实验内容，试设计一种能够定量检测已知抗原浓度的方法。

（2）试开发设计一种动物疫苗的 ELISA 诊断试剂盒。

参考文献

[1] 杜冰. 免疫学原理与技术 [M]. 北京：高等教育出版社，2010.

[2] 冯仁青，郭振泉，宓捷波. 现代抗体技术及其应用 [M]. 2 版. 北京：北京大学出版社，2020.

第5章 发酵制药学实验

发酵制药指通过微生物发酵技术及现代工程技术手段为人类提供有用的产品，是生物药物生产的重要手段，也是使基因工程与酶工程等生物技术实现工业化和产业化的重要途径。发酵制药学实验的开设有助于学生将理论与实践操作相结合，更好地熟悉生物药物，特别是基因工程类药物的生产工艺过程。发酵制药学实验的主要内容包括培养基的配制、菌种的筛选、二级发酵菌种的制备、发酵罐发酵、发酵产物的鉴定等，通过发酵制药工艺实训能帮助学生更好地掌握发酵工程原理，提升优化发酵过程控制等能力。

发酵制药学实验针对生物制药及相关专业学生，开展发酵原料处理、发酵工艺优化、发酵产物收集及处理等方面的工程训练，帮助学生掌握发酵工艺问题的特征及处理方法，以及典型发酵方法的基本操作技能；了解微生物发酵实验设计与优化的基本原则；培养严谨的科学态度，提升操作技能，以及分析解决发酵过程中常见问题的能力；提高独立思考能力和创新能力。

发酵制药学实验一　发酵菌种的筛选

一、实验目的

通过对基因工程表达菌（大肠杆菌）进行菌种筛选，掌握无菌操作技术，理解接种规范，掌握菌种复筛方法及要求；学习固体培养基制备、微生物接种的方法，了解固体培养技术、种子细胞复苏过程。

能力目标

（1）能掌握无菌操作技术和固体培养基的制备。

（2）能利用固体培养技术进行发酵菌种的分离和筛选。

二、实验原理

基因工程的载体质粒大都选用抗生素的抗性基因作为筛选标记，包括氨苄青霉素抗性（Amp）、卡那霉素抗性（Kan）、四环素抗性（Tet）等。不带抗生素抗性基因的转化菌株通常不能在含有抗生素的培养基中生长，而带有抗生素抗性基因的质粒转化受体菌后，质粒就赋予了细菌抗生素抗性，转化菌则能够在含有抗生素的培养基上正常生长。因此，成功转化的基因工程菌可以使用载体上相应的抗生素的抗性基因标记进行筛选。

三、实验材料、试剂与仪器、设备

1. 材料与试剂

含有重组质粒 pET32a-GFP 的大肠杆菌 BL21 菌种、LB 固体培养基、氨苄青霉素（50 mg/mL 储存液）。

2. 仪器与设备

高压灭菌锅、恒温培养箱（常用 37℃）、超净工作台、电子天平、培养皿、移液器和吸头等。

3. 所需试剂配制

（1）LB 固体培养基：称取 10 g 胰蛋白胨、5 g 酵母提取物、10 g 氯化钠、20 g 琼脂粉，加入 950 mL 去离子水，搅拌直至溶解，使用 5 mol/L NaOH 调节 pH 至 7.4，用去离子水定容至 1 000 mL。放置于高压灭菌锅，于 121℃灭菌 20 min，备用。

（2）氨苄青霉素：称取 0.5 g 氨苄青霉素钠盐溶解于 10 mL 去离子水中，配制成 50 mg/mL储存，使用 0.22 μm 滤器过滤除菌。分装成每份 1 mL 于－20℃冰箱保存。使用浓度通常为 50 μg/mL。

四、操作步骤

（1）将培养皿等所需器皿清洗干净，于 121℃灭菌 20 min 后，以 70℃烘干备用。

（2）制备 LB 固体培养基，分装为 100 mL/份，于 121℃灭菌 20 min 备用。

（3）超净工作台预处理：超净工作台在使用前应保持整洁、干净。将所需的器材及试剂放入超净工作台，用紫外线灭菌 15 min。

（4）待固体培养基冷却至 50℃左右（不烫手即可）时，向其中加入 1/1000 的氨苄青霉素（50 mg/mL），摇匀后倾倒于培养皿（90 mm）中。100 mL 的 LB 固体培养基可制备 4～5 个平板，放置 15 min 左右待培养基凝固，即可使用。

（5）从冰箱中取出保存的菌种，冰浴条件下解冻。用接种环蘸取少量菌液，划线于培养平板上；或取 10 μL，稀释至 1 000 mL，从中取出 100 μL 涂板，设置阴性对照。

（6）将接种后的培养平板放入 37℃恒温培养箱中进行培养，先正置培养 10 min，后倒置过夜培养。

五、注意事项

(1) 实验过程中需要规范无菌操作，避免菌种被污染。

(2) 抗生素遇高温易失活，所以固体培养基需冷却至50℃左右，方可加入抗生素；与此同时，温度又不能过低，否则培养基会凝固，影响抗生素在培养基中的均匀分布。

(3) 使用接种环在培养平板上划线接种时，力度要适宜，避免划破培养基。

六、结果观察及分析的原则

(1) 过夜培养后，观察阴性对照与实验组固体培养基上的细菌生长情况。在培养基上的重组细菌为表面光滑的圆形菌落，菌落的边缘比较整齐，呈乳白色。图5-1为使用涂布法筛选菌种的结果示例，图5-2为使用划线法筛选菌种的结果示例。

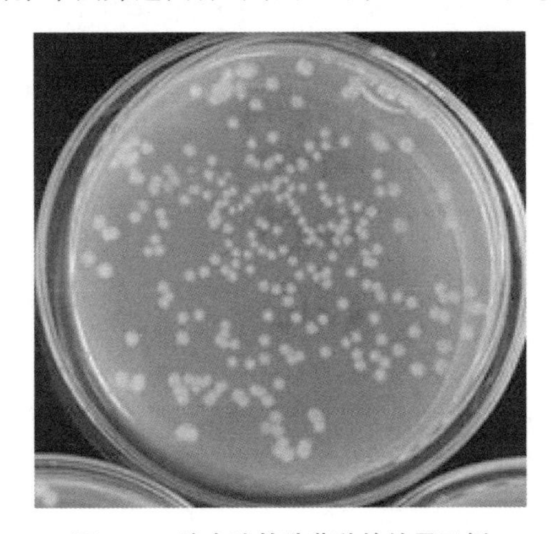

图5-1　涂布法筛选菌种的结果示例

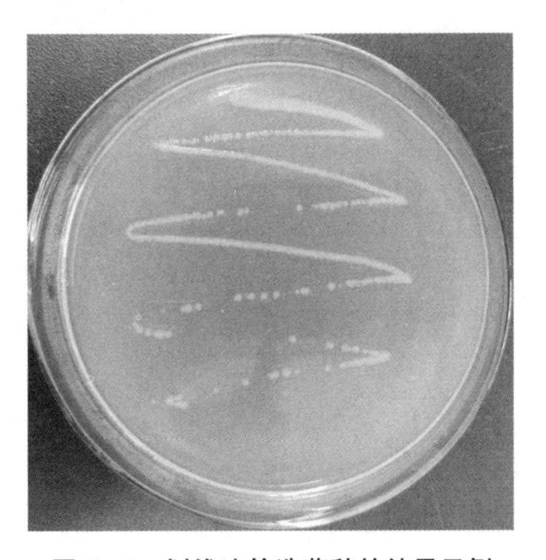

图5-2　划线法筛选菌种的结果示例

(2) 筛选菌种时，要设置阴性对照。不含有抗生素抗性基因的受体菌不能在含有抗生素的培养基中生长，如果对照组没有菌落出现，实验组有菌落出现，就可以挑取单菌落进行下一步培养；如果对照组也有单菌落出现，可能原因是抗生素已失效，或对照组被污染。

七、思考题

(1) 基因工程表达菌为什么可以使用抗生素进行筛选？

(2) 菌种筛选过程中为什么要设置阴性对照？

发酵制药学实验二　二级发酵菌种的制备

一、实验目的

通过对基因工程表达菌（大肠杆菌）的二级发酵菌种的制备，使学生掌握规范接种、菌种扩大培养的方式及过程，了解细菌在液体培养基中生长的影响因素，掌握基因工程菌两级菌种制备的工艺流程。

能力目标

能掌握发酵菌种的种子扩大培养技术与方法。

二、实验原理

种子罐级数是指制备种子需逐级扩大培养的次数，取决于菌种生长特性、孢子发芽及菌体繁殖速度和所采用的发酵罐的容积。例如三级发酵，是指二级种子扩大培养，经过二次种子罐，再接入发酵罐。通常情况下，细菌生长速度快，种子用量比例小，级数也较少。本实验采用三级发酵，即一级种子（摇菌管）→二级种子（锥形瓶）→发酵（发酵罐），或者一级种子（锥形瓶）→二级种子（小罐制备）→发酵（大罐发酵）。

三、实验材料、试剂与仪器、设备

1. 材料与试剂

含有重组质粒 pET32a-GFP 的大肠杆菌 BL21 菌种、LB 液体培养基、氨苄青霉素（50 mg/mL 储存液）。

2. 仪器与设备

高压灭菌锅、恒温摇床、超净工作台、电子天平、摇菌管、锥形瓶、牙签、移液器和吸头等。

3. 所需试剂配制

LB 液体培养基：称取 10 g 胰蛋白胨、5 g 酵母提取物、10 g 氯化钠，加蒸馏水溶解定容至 1 000 mL，于 121℃灭菌 20 min，备用。

四、操作步骤

（1）将锥形瓶、50 mL 摇菌管等所需器皿清洗干净，于 121℃灭菌 20 min 后，再以 70℃烘干备用。

（2）制备 LB 液体培养基，于 121℃灭菌 20 min 备用。

(3) 超净工作台预处理：超净工作台在使用前应保持整洁、干净。将所需器材及试剂放入超净工作台，用紫外线灭菌 15 min。

(4) 待 LB 液体培养基冷却至常温，将培养基分装于 50 mL 的摇菌管中。每支管加入 5 mL 的 LB 液体培养基，并加入终浓度为 50 μg/mL 的氨苄青霉素。

(5) 使用灭菌牙签（或接种针）轻轻挑起平板上生长的单菌落（发酵制药学实验一中制备的平板），再接种于 5 mL 培养基中。

(6) 将挑取的单菌落置于恒温摇床，于 37℃、200 rpm 过夜培养；要设置阴性对照。

(7) 第二天，取摇菌管中 3 mL 菌种（一级种子）接种于 300 mL（于 1 L 的锥形瓶中）含有氨苄青霉素的液体培养基中，置于恒温摇床，于 37℃、220 rpm 培养 6～8 h，即获得二级种子；要设置阴性对照。

五、注意事项

(1) 灭菌牙签挑取的单菌落应准确加入液体培养基中，避免黏在管壁上。

(2) 两级种子的接种量通常都是 1%，发酵罐的接种量通常是 10%。

六、结果观察及分析的原则

(1) 培养 6～8 h 后，实验组变浑浊，而对照组仍保持澄清。

(2) 细菌生长速度快，培养 3～5 h，培养液的 *OD* 值可以达到 0.5～0.6，培养液逐渐变浑浊，当 *OD* 值达到 0.7～0.8 时即可作为菌种备用。根据实验中配置的 5 L 发酵罐的规模设定所需菌种量，于 1 L 锥形瓶中培养的 300 mL 菌种，即为二级种子。

七、思考题

(1) 如何确定发酵的级数？

(2) 种子的扩大培养需要注意一些什么问题？

发酵制药学实验三　基因工程菌的发酵

一、实验目的

通过对大肠杆菌基因工程菌的发酵控制及诱导表达，了解发酵的影响因素及调控方法，掌握外源基因在原核细胞中表达的特点和方法。

能力目标

(1) 能掌握外源基因在原核细胞中的诱导表达技术。

(2) 能利用发酵设备生产目标重组蛋白药物。

二、实验原理

发酵的原理是借助微生物在有氧或无氧条件下的生命活动来制备直接代谢产物或次级代谢产物。外源基因在原核细胞中表达必须满足以下条件:①需要表达载体携带外源基因进入宿主菌，并指导宿主菌的酶系统合成外源蛋白;②外源基因不能含有内含子，必须是外显子，因而转化的基因必须是 cDNA，而不能使用基因组 DNA;③必须利用原核细胞的强启动子(T7 启动子，tac 启动子，lac 启动子)和 S-D 序列等调控元件控制外源基因的表达;④外源基因与表达载体连接后，必须形成正确的开放阅读框架(open reading frame，ORF)。

原核表达分为两个阶段:菌体生长阶段和诱导表达阶段。在菌体生长阶段，宿主菌中 lac Ⅰ基因产生的阻遏蛋白与乳糖操纵基因结合，抑制了外源基因的转录和翻译;在诱导表达阶段，当宿主菌生长到对数期时，向培养基中加入诱导物 IPTG(异丙基硫代-β-D-半乳糖)，能解除阻遏蛋白的抑制，从而使外源基因得到大量表达。

三、实验材料、试剂与仪器、设备

1. 材料与试剂

含有重组质粒 pET32a-GFP 的大肠杆菌 BL21 菌种、LB 液体培养基、氨苄青霉素、IPTG(异丙基硫代-β-D-半乳糖苷，分子量为 238.3)。

2. 仪器与设备

5 L 发酵罐(见图 5－3)、20 L 发酵罐、高压灭菌锅、超净工作台、电子天平、离心机、紫外分光光度计、移液器和吸头等。

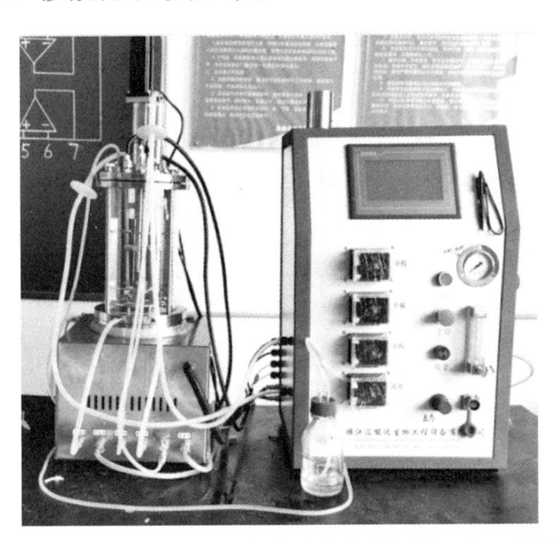

图 5－3 HND-BIO 6000 发酵设备控制系统(5 L 发酵罐)

3. 所需试剂配制

(1) LB 液体培养基:称取 30 g 胰蛋白胨、25 g 酵母提取物、30 g 氯化钠，加蒸馏水溶解定容至 3 000 mL，于 121℃灭菌 20 min，备用。

（2）IPTG 溶液（20%，0.8 mol/L）的配制：称取 2 g IPTG（分子量为 238.3），溶解于 8 mL 蒸馏水中，加蒸馏水定容至 10 mL，使用 0.22 μm 滤器过滤除菌，然后分装成 1 mL 的小份，储存于−20℃冰箱。

四、发酵设备控制系统操作步骤

这里以镇江汇能达生物工程设备有限公司 HND-BIO 6000 发酵设备控制系统为例，介绍发酵设备控制系统操作步骤。

1. 进入控制系统

（1）正确接通电源，电源为 220 V、50 Hz。

（2）检查机器各管路及阀门，使之处于工作状态；检查完毕后开机。

（3）旋开急停按钮，点击启动按钮启动系统。注意：启动过程中不要触碰触摸屏，不得修改重要参数。

（4）系统启动后，触摸屏显示控制系统工艺参数界面（见图 5−4），包括发酵罐的温度、pH、DO、转速（搅拌电机）的实测值和设置值，以及补酸、补碱、补料、消泡的流加量（点击对应的“清零”按钮，相关数据清零）。

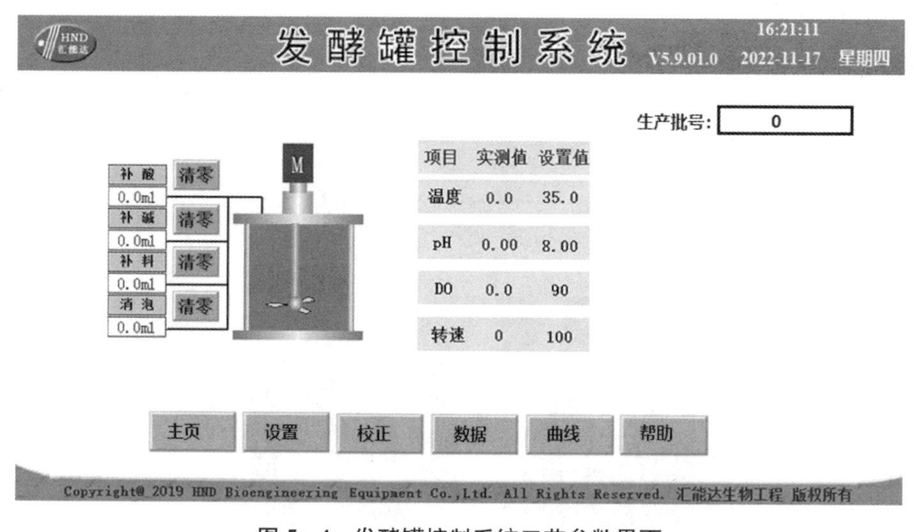

图 5−4 发酵罐控制系统工艺参数界面

（5）点击工艺参数界面下的“设置”，会出现用户登录对话框，输入密码则打开对应的参数设置页面，初始密码为“123”。

2. 系统参数设置

（1）在登录界面中输入正确密码后，按“确定”进入发酵工艺参数设置界面，在对应数据输入框中输入相应参数（见图 5−5）。

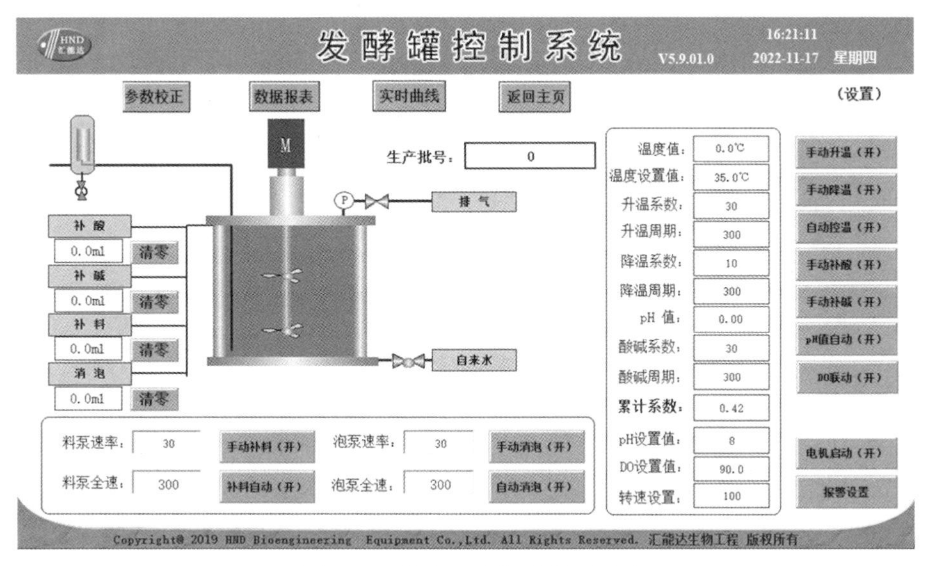

图5-5　发酵工艺参数设置界面

（2）图中“温度值”是实际测量温度值，不需要设置；“温度设置值”是要求控制的温度值，“升温系数”是根据温差用于控制温度的参数（一般设为30），“升温周期”是用来控制升温的时间（一般设为300）。按下“手动升温（开）”按钮，系统启动手动升温；按下“手动降温（开）”按钮，系统则开始手动降温。输入设定温度后，按下“自动控温（开）”按钮，系统会按设定温度值控制发酵罐内的温度。

（3）“pH值”是实际测量pH值，不需要设置；“pH设置值”是指发酵工艺要求控制的pH值。“酸碱系数”是根据差值计算补酸、补碱的参数（一般设为30），“酸碱周期”用来控制补酸或补碱的时间（一般设为300），这两个参数输入后，系统会自动计算适时补酸、补碱，以达到控制pH值的目的。设定pH值后，按下“pH值自动（开）”按钮。

（4）“转速设置”是设定所需的搅拌电机的转速，点击“电机启动（开）”按钮，电机启动。

（5）料泵全速设为300，料泵速率通常设置低于30，当按下“补料自动（开）”按钮，系统自动补料（通过控制时间），同样进行消泡的设置（泡泵速率、泡泵全速）。

3. 报警参数设置及查看历史报警记录

（1）点击“报警设置”按钮，打开报警设置页面，可以对发酵罐的温度、pH、DO的上、下限值进行设置，当实测温度、pH、DO超过上、下限值时系统就会报警，并在主页上显示报警内容（例如温度上限值设为150℃、下限值设为0℃，pH上限值设为14、下限值设为0），设置完成，按“确定设置”，保存设置的参数。

（2）点击“历史报警”查询，可以查看历史报警记录。

4. 参数校正

（1）点击“参数校正”进入图5-6所示界面，温度值是实测温度值，不需要校正；当实测温度存在偏差时，可以进行温度修正，在“温度修正”输入框中输入要修正的值，则：

温度值=实测值+修正值

（2）设置“pH零点”（4.00）、“pH斜率”（7.00），接上pH电极线，将电极放入pH为7.00的溶液中，待数值稳定后点击“斜率标定”，将电极放入pH为4.00的溶液中，待数值稳定后点击“零点标定”。标定后再将电极放入pH斜率为7.00的溶液中验证测量是否准确。准确标定完成后，不需重新标定。

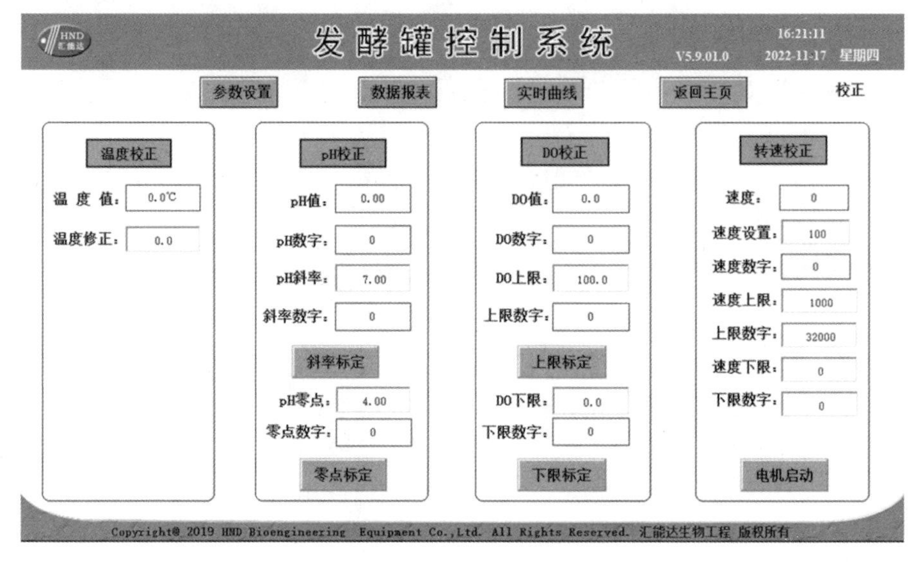

图5-6 参数校正界面

（3）设置“DO上限”为100.0、“DO下限”为0.0，接上DO电极线，将电极放入空气中，待数值稳定后点击“上限标定”；卸掉电极，待数值稳定后点击“下限标定”，标定完成。

（4）转速校正是设置搅拌电机转速，在“速度设置”（发酵工艺中设定的转速）输入框输入设置的数值，“速度数字”是系统显示工作时电机运转所对应的数字，“速度上限”是设定搅拌电机转速的最高转速，“上限数字”为对应电机最高转速时的数字量（一般为32 000），“速度下限”和“下限数字”可以不用设置。

注意：

①参数设置是设置机器的各项重要参数，参数校正是机器温度、pH、DO测量的重要参数，非专业人员不得修改。

②程序设置了页面跳转保存数据功能，请设置完成后点击其他页面跳转，以保存所设置的参数。

5. 查看数据报表

（1）在设置界面点击“数据报表”按钮，进入数据报表界面，如图5-7所示。

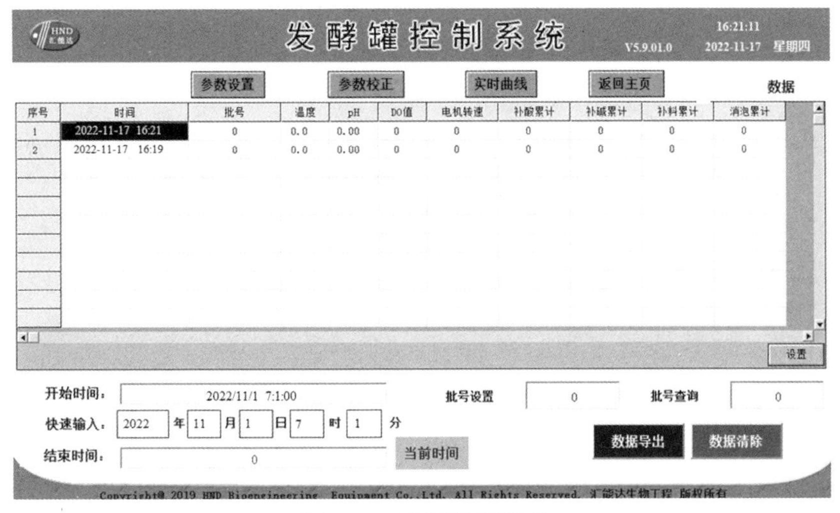

图 5－7 数据报表界面

（2）数据报表界面是机器运行记录数据的界面，数据每 5 分钟自动采集一次。在“开始时间”和“结束时间”设置好所需时间后，在触摸屏后插上 U 盘，点击“数据导出”，数据自动下载到 U 盘中；将 U 盘插入电脑后打开，可自动生成所需 Excel 表格。此外，也可以在批号设置中输入之前所设置的批号，点击查询，则该批号的所有采集数据会显示在界面表格中。点击“数据清除”按钮，可清除存盘中 200 个小时之前的所有数据。

6. 查看实时曲线

点击“实时曲线”按钮，得到实时温度、pH、DO、转速曲线，如图 5－8 所示。

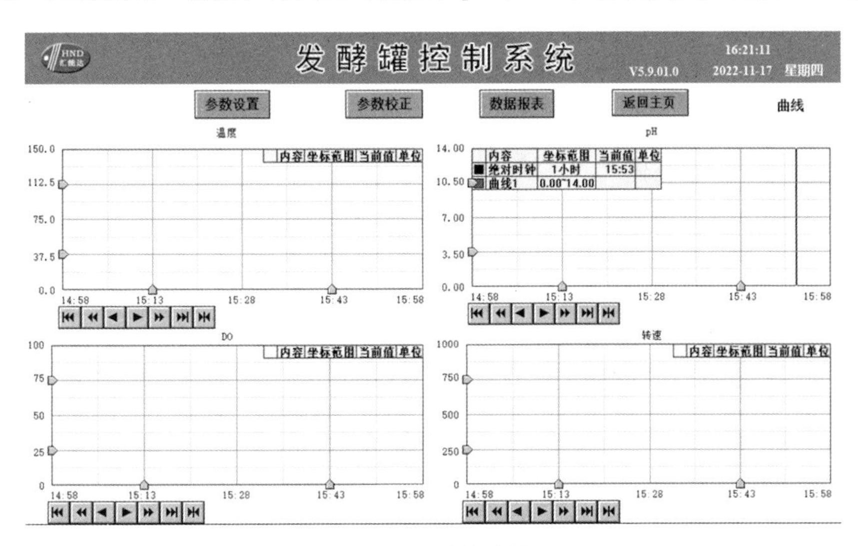

图 5－8 实时曲线界面

7. 注意事项

（1）在第一次操作发酵设备前，须仔细阅读操作说明书。

（2）设备必须可靠接地。

（3）灭菌前要做好准备工作（检查蒸汽、供水，标定 pH 电极零点、斜率，标定 DO 电极零点）。

（4）发酵开始前要做好准备工作（设定发酵条件，进行 DO 电极斜率标定、pH 电极零点校正）。

（5）关闭总电源前，须将控制器退回主菜单，再关闭电源。

（6）设备运行结束后，勿忘关闭自来水阀、空气源。

（7）罐体总容积为 5 L，设计压力为 0.1 MPa，最高工作压力为 0.06 MPa，设计工作温度为 126℃。

（8）温度自动控制范围为［（冷却水＋5℃）～50℃］±0.2℃，显示范围为 0℃～150℃。

（9）搅拌转速变频调速范围为（50～1 000）±5 rpm。

（10）空气流量显示控制范围为 0～5 L/min（转子流量计）。

（11）pH 显示控制范围为（2.00～12.00）±0.05（酸碱双向，蠕动泵 PID 开关控制）。

（12）溶解氧测量范围为 0%～100%。

（13）消毒方式为高压灭菌锅内离位灭菌。

（14）气源压力为 0.02～0.05 MPa，水源压力为 0.1～0.2 MPa。

（15）补酸、碱、消泡剂、料液时，将相应的硅胶管插入双孔补料插针，按照相应程序开启蠕动泵进行相应补充。

（16）安装 pH、DO 电极，使用时将 pH、溶氧电极堵头取下，插入相应的 pH、溶氧电极。

（17）灭菌结束后应尽快将发酵罐放回原位并尽快通入空气，调整空气流量为 3～5 L/min。

（18）接种时，调节进气量至 2～3 L/min，旋松接种口，在火焰保护下，打开接种口，倒入种子；然后旋紧接种盖，移去火焰圈。

（19）与培养基接触的玻璃材料为硼硅玻璃，密封件材料为硅橡胶。硅橡胶不耐烷、苯和油，一般情况下温度越高耐受性越差。

（20）玻璃罐体是易碎品，使用过程中避免硬器碰撞。

（21）氟橡胶密封件耐热和抗老化性能好，静密封件建议每两年更换一次，动密封件建议每一年更换一次。

（22）公用连接软管应定期检查连接的可靠性，每年定期更换。

五、发酵实验步骤

（1）正确拆卸 5 L 发酵罐，清洗罐体。

（2）配制 3 L 液体培养基，装入发酵罐，于 121℃灭菌 20 min 备用。

（3）待液体培养基冷却至常温后，正确安装发酵罐。

（4）待灭菌结束，培养基温度降至室温，旋松接种口，在火焰保护下打开接种口，加入终浓度为 50 μg/mL 的氨苄青霉素，将 300 mL 菌种接入 3 L 发酵罐；然后旋紧接种盖，移去火焰圈。

（5）菌体生长阶段参数：温度为 37℃，摇床转速为 180 rpm，通气量为 3 L/min，pH 为 7.0～7.5，培养 2～3 h，OD_{600}达到 0.6～0.8。

（6）产物合成阶段参数：温度为 30℃，摇床转速为 160 rpm，通气量为 3 L/min，pH 为 6.5～7.0，IPTG 终浓度为 0.6 mmol/L，诱导合成 3～4 h。

（7）发酵结束后，取 1 mL 发酵液于 8 000 rpm 离心 5 min，备用检测。其余产物于 8 000 rpm 离心 5 min，以无菌水洗涤沉淀后再次离心，将沉淀保存于－20℃冰箱中。

六、注意事项

（1）发酵罐发酵过程中应监测温度、转速、通氧量、IPTG 浓度、pH 等。

（2）发酵罐的接菌量为 10%。

（3）离位灭菌的 5 L 玻璃发酵罐，要正确拆卸和组装。

七、结果观察及分析的原则

（1）培养 3～5 h 后，发酵罐逐渐变浑浊。

（2）低温诱导和常温诱导表达量差别不大，但纯化时低温诱导表达的蛋白量通常较常温诱导表达的蛋白量多，主要是因为常温下表达的蛋白很容易形成包涵体蛋白。如不考虑包涵体问题，可考虑采用常温诱导表达；若需通过亲和层析纯化可溶性蛋白，则最好采用低温诱导表达。

八、思考题

（1）发酵过程的常规监控参数有哪些？

（2）使用发酵罐的注意事项有哪些？

（3）IPTG 的作用原理是什么？

发酵制药学实验四　发酵产物的荧光观察及 SDS-PAGE 检测

一、实验目的

通过对大肠杆菌基因工程菌的发酵产物的鉴定，掌握一般基因工程菌发酵产物的蛋白电泳鉴定及融合绿色荧光蛋白的产物观察方法；掌握 SDS-PAGE（聚丙烯酰胺）凝胶电泳的实验操作规程，学会使用电泳方法来分析所表达的蛋白质。

能力目标

能掌握使用 SDS-PAGE 电泳技术检测和鉴定目标蛋白产物。

二、实验原理

荧光观察：绿色荧光蛋白（green fluorescent protein，GFP）是一个由约 238 个氨基酸组成的蛋白质，从蓝光到紫外线都能使其激发，从而发出绿色荧光。本实验是将 GFP 基因亚克隆至表达载体 pET32a 上，重组表达载体在大肠杆菌 BL21 中转化，经 IPTG 的诱导能够表达出绿色荧光蛋白，在紫外凝胶成像仪中可以观察到绿色荧光。

SDS-PAGE（聚丙烯酰胺）凝胶电泳：SDS-PAGE 是对蛋白质进行定量和定性鉴定的一种经济、快速的检测方法，当 SDS 与蛋白质相结合，破坏其折叠结构，使 SDS 蛋白质复合物的长度与其分子量成正比，从而依据蛋白质的分子量对其进行分离鉴定。

聚丙烯酰胺凝胶电泳是以人工合成的聚丙烯酰胺凝胶作为支持剂的一种电泳方法。聚丙烯酰胺是由 Acr（丙烯酰胺）和 Bis（甲叉双丙烯酰胺）在催化剂作用下聚合而成的。TEMED（四甲基乙二胺）为催化剂，AP（过硫酸铵）为活化剂。AP 活化 TEMED，活化的 TEMED 催化 Acr 结合成长链，并由 Bis 的横链连接起来，形成立体的网状结构。一定比例的 Acr 和 Bis 在 AP 和 TEMED 催化下就能够形成一种具有多孔、多分枝而又相互连接的聚丙烯酰胺凝胶。多数 SDS-PAGE 是按 Bis∶Acr 为 1∶29 的比例（质量比）配制的，经验表明，此种凝胶能够分离大小相差只有 3%的多肽。

通常情况下，SDS-PAGE 采用不连续缓冲液系统进行电泳，其电泳槽缓冲液的 pH 和离子强度与凝胶的缓冲液不同。电泳凝胶分为两层，上层胶为低浓度的大孔胶，称为浓缩胶，此胶的缓冲液是 1.0 mol/L Tris-HCl，pH 为 6.8；下层胶为高浓度的小孔胶，称为分离胶，此胶的缓冲液是 1.5 mol/L Tris-HCl，pH 为 8.8；电极缓冲液是 Tris-甘氨酸缓冲液（含有 25 mmol/L Tris，250 mmol/L 甘氨酸），pH 为 8.3。

三、实验材料、试剂与仪器、设备

1. 材料与试剂

发酵制药学实验三的发酵产物。

2. 仪器与设备

北京六一蛋白电泳系统（包括垂直电泳槽，配套的玻璃板、梳子、电泳仪）、紫外凝胶成像仪，台式冷冻高速离心机、电磁炉、移液器和吸头等。

3. 所需试剂配制

（1）30%丙烯酰胺溶液（配制时应戴手套、口罩）：称取 29 g 丙烯酰胺（Acr），1 g甲叉双丙烯酰胺（Bis），溶于 100 mL 去离子水。用普通滤纸过滤后转入棕色瓶中，于 4℃贮存。

（2）10%SDS 溶液：称取 10 g SDS，溶解于 100 mL 去离子水。

(3) 10%过硫酸铵溶液：称取1 g过硫酸铵，溶解于10 mL去离子水。注意：避光贮存，最好每周新配。

(4) 1.5 mol/L Tris-HCl缓冲液（pH 8.8）：准确称取18.1 g Tris碱，加入24 mL 1 mol/L的HCl，用去离子水稀释至100 mL。以浓盐酸或Tris碱调节pH至8.8后于4℃贮存。

(5) 1.0 mol/L Tris-HCl缓冲液（pH 6.8）：准确称取12.0 g Tris碱，加入96 mL 1 mol/L的HCl，用去离子水稀释至100 mL。以浓盐酸或Tris碱调节pH至6.8后于4℃贮存。

(6) 电泳缓冲液（10×）：准确称取30.0 g Tris碱、14.4 g Gly、1.0 g SDS，溶解于500 mL去离子水。

(7) 染色液：量取227 mL甲醇、46 mL冰醋酸，加入0.25 g考马斯亮蓝R-250，用去离子水稀释至500 mL。

(8) 脱色液：量取227 mL甲醇、75 mL冰醋酸，用去离子水稀释至1 000 mL。

(9) 1 mol/L DTT贮存液（10×）：准确称取3.09 g DTT，溶于20 mL的0.01 mol/L乙酸钠（pH 5.2）。注意：过滤后，分装成1 mL/份，于−20℃贮存。

(10) 样品缓冲液（6×）：量取3 mL 1 mol/L的Tris-HCl缓冲液（pH 6.8），加入1.2 g SDS、0.01 g溴酚蓝、6 mL甘油，混匀后分装成1 mL/份，于4℃贮存。

四、操作步骤

1. 发酵产物的荧光观察

(1) 发酵结束后，取1 mL发酵液，于常温、5 000 rpm离心5 min，弃上清液。

(2) 将离心产物置于紫外凝胶成像仪中观察，结果如图5−9所示。

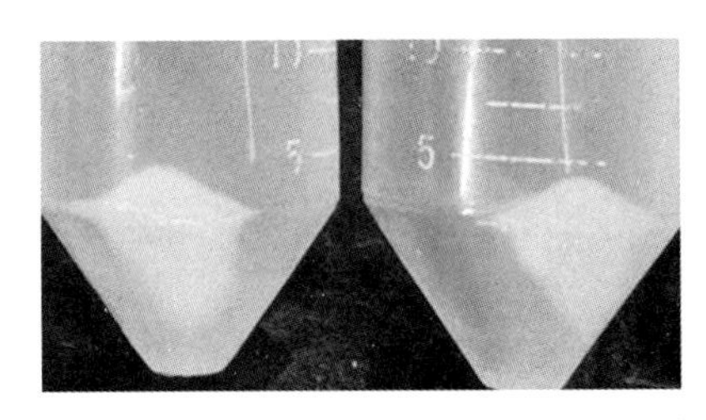
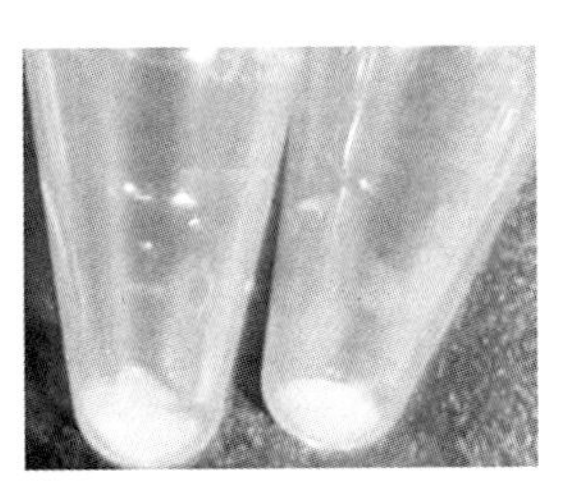

图5−9　发酵产物的绿色荧光观察结果

2. SDS-PAGE检测

(1) 用无水乙醇把垂直电泳槽、玻璃板等一系列用品擦洗干净。

(2) 将对应的两块玻璃板放于垂直电泳槽夹板中（短玻璃板朝内），使用两侧卡板卡住，随后置于制胶架上。底部要垫灰色皮条，然后均匀用力拧紧旋钮。

(3) 将蒸馏水注入两个玻璃板间，检查是否漏水，确认不漏后将水倒出，再用滤纸条把水吸干。否则重新操作，直至不漏为止。

(4) 按照表5−1，分别配制12%分离胶（下层胶）和5%浓缩胶（上层胶）。

①制备分离胶时，使用移液器将混匀后的分离胶立即灌入已固定好的玻璃板中，灌

胶高度约为 5.5 cm（大约为 3.2 mL）；随后，在玻璃板中加满去离子水，压平分离胶界面。

②待分离胶凝固后（约 40 min），水层与分离胶层之间出现一个清晰的界面，倒去分离胶顶部去离子水，以滤纸吸干玻璃板中的残留水分。

③制备浓缩胶时，使用移液器将混匀后的浓缩胶立即灌入分离胶顶部，灌胶至小玻璃板顶部；迅速将梳子插入浓缩胶中，注意梳子底部应无气泡存在。

④待浓缩胶凝结后，将夹板（带有凝胶）置于垂直电泳槽相应部位。向内槽中缓缓倒入 1×电极缓冲液，应没过短玻璃板；接着向外槽中倒入 1×电极缓冲液，注意内外槽的电极缓冲液不能相通。

⑤拔出梳子。用移液器吸去内外槽液面的气泡，特别是内槽的气泡应吸干净；准备上样电泳（在浓缩胶凝固过程中处理样品）。SDS-PAGE 凝胶电泳配方见表 5－1。

表 5－1　SDS-PAGE 凝胶电泳配方

试剂	分离胶（12％丙烯酰胺）	浓缩胶（5％丙烯酰胺）
超纯水	1.6 mL	1.4 mL
30％丙烯酰胺	2.00 mL	0.33 mL
1.0 mol/L Tris-HCl 缓冲液（pH 6.8）	0	0.25 mL
1.5 mol/L Tris-HCl 缓冲液（pH 8.8）	1.3 mL	0
10％SDS	50 μL	20 μL
10％过硫酸铵	50 μL	20 μL
TEMED	2 μL	2 μL

（5）样品处理：取样品 15 μL，加入 3 μL 的 6×样品缓冲液和 2 μL 1 mol/L 的 DTT，总体积为 20 μL。充分混匀，置于 100℃水浴 5 min，然后于 10 000 rpm 离心 5 min。

（6）上样及电泳：分别取 18 μL 离心后的样品及蛋白 Marker，加入相应孔位。盖上电泳槽盖，接通电源开始电泳。样品分别在浓缩胶时以 80 V 电压、分离胶时以 160 V电压进行电泳；或者整个过程都以 120 V 稳压进行电泳。当溴酚蓝前沿接近分离胶底部（约 5 mm）时断开电源，停止电泳。

（7）染色：小心取出玻璃板中的凝胶，置于盛有染色液的玻璃平皿；将玻璃平皿置于摇床上，缓慢摇动，染色 2～3 h。注意：染色液可回收、重复使用。

（8）脱色：回收玻璃平皿中的染色液，倒入脱色液，将玻璃平皿置于摇床上，缓慢摇动，进行脱色。当脱色液颜色同凝胶颜色接近时更换脱色液，直至凝胶背景色完全脱去。

五、注意事项

（1）聚丙烯酰胺具有神经毒性，操作时要戴手套，务必小心，切勿接触皮肤或溅入眼内。

（2）凝胶配制过程要迅速，在注胶前再加入催化剂 TEMED，以防凝结无法注胶。为达到较好的凝胶聚合效果，缓冲液的 pH 要准确。室温较低时，TEMED 的量可加倍。

六、结果观察及分析的原则

（1）染色后的聚丙烯酰胺凝胶上可见许多条带。通过比较诱导的和未诱导的样品，初步判断目标蛋白质是否表达。

（2）可使用该方法来分析目标蛋白质。不同蛋白质在 SDS-PAGE 的迁移率不同，按下式计算相对迁移率：

蛋白样品相对迁移率＝蛋白样品距加样端迁移距离/溴酚蓝区带中心距加样端距离

当蛋白质的分子量在 15 000～200 000 之间时，样品的迁移率与其分子量的对数呈线性关系。用各标准蛋白分子量的对数（纵坐标）和相对迁移率（横坐标）画出标准曲线，量出蛋白样品的迁移率，由标准曲线求出其他各条待测和未知蛋白带的分子量。该标准曲线只对同一块凝胶上样品的分子量进行测定时才具有可靠性。

七、思考题

（1）简述聚丙烯酰胺凝胶聚合的原理。如何调节凝胶的孔径？

（2）当分离胶制备好后，为什么要在其上加一层水（或无水乙醇）？

（3）样品液为什么要在沸水中加热几分钟？

参考文献

[1] 卢圣栋. 现代分子生物学实验技术 [M]. 2 版. 北京：中国协和医科大学出版社，1999.

[2] J. 萨姆布鲁克，D. W. 拉塞尔. 分子克隆实验指南 [M]. 3 版. 黄培堂，等译. 北京：科学出版社，2002.

[3] 张富春，李江伟. 分子生物学实验技术 [M]. 乌鲁木齐：新疆大学出版社，2008.

[4] 余龙江. 发酵工程原理与技术 [M]. 北京：高等教育出版社，2016.

[5] 陶兴无. 发酵工艺与设备 [M]. 2 版. 北京：化学工业出版社，2015.

第6章 生物制药工艺学实验

生物制药工艺学实验是一门涉及生物学、医学、生物技术、化学、工程学和药学等学科基本原理的综合性应用学科。生物制药工艺学实验内容包括生物材料预处理、萃取、沉淀、固液分离、物料过滤与离心、层析、吸附等生物药物生产工艺过程。生物制药工艺学实验的开设有利于学生将理论与实践操作相结合，巩固对生物药物分离纯化理论知识的学习，培养理论联系实际、实事求是、严格认真的科学态度与良好的实验习惯。

生物制药工艺学实验通过生物材料预处理、各分离纯化方法合理组合、产物收集及鉴定的综合实验锻炼，使学生学会正确使用合理的分离纯化工艺，熟练运用生物制药工艺分离纯化生物药物，解释反应中的各种实验现象并妥善解决实践问题，初步掌握生物分离工程技术。

生物制药工艺学实验一　魔芋多糖的提取

一、实验目的

通过魔芋多糖的提取实验，了解和掌握固液萃取的原理和操作方法，掌握魔芋多糖制备的方法。

能力目标

能掌握固液萃取的原理和操作方法。

二、实验原理

魔芋是天南星科魔芋属（*Amorphophallus*）植物的泛称，主产于东半球热带、亚热带。魔芋属中的部分种类的块茎富含魔芋多糖，其在食品、化工、医药等领域应用广泛。魔芋多糖易溶于水，不溶于甲醇、乙醇等有机溶剂。将魔芋粉以多次乙醇水溶液浸提处理后获得魔芋精粉，其主要成分为葡苷聚糖，还含有少量淀粉、纤维素、蛋白质、还原糖等。

三、实验材料、试剂与仪器、设备

1. 材料与试剂

魔芋粉、去离子水、乙醇、丙酮。

2. 仪器与设备

烘箱、真空泵、布氏漏斗、离心机、恒温水浴锅、烧杯、玻璃棒、纱布等。

四、操作步骤

(1) 称取魔芋粉 10 g，置于 150 mL 烧杯中，加入 100 mL 50%乙醇溶液浸提。浸提时于 50℃保温10 min，其间要不断搅拌。

(2) 以纱布抽滤，弃去滤液，收集滤渣，用去离子水淋洗滤渣 3 次。

(3) 将滤渣转移至 150 mL 烧杯中，加入 100 mL 50%乙醇溶液，于 50℃保温 10 min，其间要不断搅拌。

(4) 重复 (2)、(3) 操作一遍后，用纱布抽滤，弃去滤液，收集滤渣，用去离子水淋洗滤渣 3 次。

(5) 将滤渣转移至 150 mL 烧杯中，加入 100 mL 95%乙醇溶液，于 50℃保温 10 min，其间要不断搅拌。

(6) 以纱布抽滤，弃去滤液，收集滤渣，用去离子水淋洗滤渣 3 次。

(7) 重复 (5)、(6) 操作两遍后，用适量丙酮、无水乙醇分别淋洗滤渣 1 次。

(8) 收集滤渣，烘干后称重，即得魔芋葡苷聚糖精粉。

五、注意事项

(1) 使用丙酮的操作应在通风橱内进行。

(2) 溶液抽滤后要留下滤渣。

六、思考题

(1) 用乙醇反复浸提和多次以去离子水淋洗滤渣，是为了除去魔芋精粉里的什么杂质？

(2) 为什么抽滤乙醇浸提液时需留下滤渣？

生物制药工艺学实验二　魔芋葡苷聚糖含量的测定

一、实验目的

通过魔芋葡苷聚糖含量的测定实验，理解硫酸水解多糖和3,5-二硝基水杨酸比色法的原理，掌握3,5-二硝基水杨酸法测定多糖含量的方法。

能力目标

（1）能掌握硫酸水解多糖的原理和操作方法。

（2）能掌握3,5-二硝基水杨酸比色法测定还原糖含量的原理和操作。

二、实验原理

魔芋葡苷聚糖经硫酸水解之后成为单糖。而3,5-二硝基水杨酸与还原糖共热后被还原成棕红色的氨基化合物：

HO　NO_2　HOOC　NO_2　—还原糖→　HO　NH_2　HOOC　NO_2

3,5-二硝基水杨酸（黄色）　3-氨基-5-硝基水杨酸（棕红色）

在一定范围内，还原糖的含量和反应液的颜色深浅度成正比。利用比色法，选择波长550 nm进行吸光度值测定，就可以得到样品的含糖量。这是一种半微量的定糖法，操作简便、快捷，杂质干扰少。

三、实验材料、试剂与仪器、设备

1. 材料与试剂

生物制药工艺学实验一中制备的魔芋多糖、3,5-二硝基水杨酸试剂、甲酸-氢氧化钠缓冲液、3 mol/L 硫酸、6 mol/L 氢氧化钠、pH 试纸。

2. 仪器与设备

紫外可见分光光度计、离心机、恒温水浴锅、大试管、量筒、移液器和吸头等。

3. 所需试剂配制

（1）3,5-二硝基水杨酸试剂。

甲液：称取6.9 g重蒸苯酚溶解于15.2 mL 10%的氢氧化钠溶液中，用去离子水稀释至总体积为69 mL，再加入6.8 g亚硫酸氢钠，搅拌溶解，备用。

乙液：称取255 g酒石酸钾钠，加入300 mL 10%的氢氧化钠溶液中，再加入880 mL 1%的3,5-二硝基水杨酸溶液，搅拌溶解，备用。

最后将甲、乙两液混匀，贮于棕色试剂瓶中，于室温放置7～10 d后使用。

（2）甲酸-氢氧化钠缓冲液。

取1 mL甲酸和0.25 g氢氧化钠置于烧杯，加去离子水搅拌溶解后将溶液转移至250 mL容量瓶中定容，备用。

四、操作步骤

1. 葡萄糖标准曲线的绘制

（1）以105℃烘箱干燥无水葡萄糖（分析纯）至恒重。

（2）称取100 mg无水葡萄糖，溶于去离子水中，定容至100 mL，配制成浓度为1.0 mg/mL的葡萄糖溶液。

（3）取16支大试管（2组平行），用移液器按表6－1加入试剂。

表6－1　试剂加入量

编号	0	1	2	3	4	5	6	7
葡萄糖标准液（mL）	—	0.2	0.4	0.6	0.8	1.0	1.2	1.4
去离子水（mL）	2.0	1.8	1.6	1.4	1.2	1.0	0.8	0.6
3,5-二硝基水杨酸（mL）	1.5	1.5	1.5	1.5	1.5	1.5	1.5	1.5

（4）将各管中的试剂混匀后，在沸水浴中加热5 min，取出后迅速用冷水冷却至室温。

（5）向各管加入21.5 mL的去离子水，摇匀。

（6）将各管溶液于550 nm处测定吸光度值。

（7）以吸光度值为纵坐标，葡萄糖质量（mg）为横坐标，绘制葡萄糖标准曲线。

2. 制备魔芋葡苷聚糖提取液

（1）称取生物制药工艺学实验一中制备的魔芋葡苷聚糖精粉2 g，置于100 mL烧杯中。

（2）往烧杯中加入甲酸-氢氧化钠缓冲液60 mL，在35℃水浴中不断搅拌溶胀30 min。

（3）将溶液转移至100 mL容量瓶，用甲酸-氢氧化钠缓冲液定容，摇匀。

（4）将定容后的溶液以4 000 rpm离心10 min，使其分层。收集上清液，即为魔芋葡苷聚糖提取液。

3. 魔芋葡苷聚糖的酸水解

（1）用移液器取5.0 mL魔芋葡苷聚糖提取液，加入具塞大试管中，再用移液器加入4 mL 3 mol/L硫酸溶液，加塞密封后摇匀。

（2）将大试管置于沸水浴中水解30 min，取出冷却至室温。

（3）将大试管中的溶液以 6 mol/L 氢氧化钠溶液调节 pH 至 7.0（用 pH 试纸确定 pH），充分摇匀，用去离子水定容至 25 mL，即得到魔芋葡苷聚糖水解液。

4. 魔芋葡苷聚糖含量的测定

（1）分别用移液器取 2.0 mL 魔芋葡苷聚糖水解液注于 3 个大试管中，再用移液器分别加入 3,5-二硝基水杨酸溶液 1.5 mL。

（2）将 3 个大试管以沸水浴 5 min 后迅速冷水冷却，再加入 21.5 mL 去离子水。

（3）按标准曲线的测定步骤，分别测定吸光度值。

（4）取吸光度值平均值，通过葡萄糖标准曲线计算水解液所对应的葡萄糖质量。按下式计算魔芋葡苷聚糖含量（%）：

$$\text{葡甘聚糖含量}(\%)=\frac{\ni T\times 250}{m}\times 100\%$$

式中，$\ni=0.9$，为甘露糖和葡萄糖在葡苷聚糖中的残基相对分子质量与葡苷聚糖水解后甘露糖和葡萄糖相对分子质量之比，即将单糖（甘露糖和葡萄糖）换算为葡苷聚糖的系数；T 为通过标准曲线计算的 2 mL 葡苷聚糖水解液所对应的葡萄糖的质量（mg）；m 为魔芋葡苷聚糖样品质量（此实验中为 2 000 mg）；250 为稀释倍数。

五、注意事项

水解液显色后若颜色很深，吸光度值超过标准曲线测定范围，应将水解液做适当稀释后再进行吸光度值测定。

六、思考题

当水解液吸光度值在什么范围内时，通过葡萄糖标准曲线计算的葡萄糖质量的准确度较高？

生物制药工艺学实验三　魔芋葡苷聚糖的鉴定

一、实验目的

通过魔芋葡苷聚糖的鉴定实验，理解薄板层析的原理，掌握薄板层析鉴定单糖的方法。

能力目标

能掌握薄板层析鉴定的原理和操作方法。

二、实验原理

进行薄板层析时，展层剂凭借毛细管效应在薄层中移动，点在薄层上的样品随展层剂的移动而做不同程度的移动。不同的分离物质存在极性差异，与吸附剂和展层剂的亲和力存在差别，因此不同的分离物质在薄层板上的迁移率 R_f 值不同。对于某一物质，在一定的溶剂系统和一定的温度下，R_f 值是该物质的特征常数。待分离物质间的 R_f 值差别越大，分离效果越好。可选择适当的展层剂扩大被分离物质的 R_f 值差别，从而达到较理想的分离效果。

硅胶是薄板层析中应用最广的一种吸附剂，由于硅胶薄层的机械性能差，一般需加入煅石膏作为黏合剂，称为硅胶 G。硅胶 G 薄层层析是在吸附色谱基础上发展起来的一种快速、微量、操作简便的层析方法。

糖是多羟基化合物，在硅胶 G 薄层上展层时，不同的糖被吸附的强弱存在差别。其吸附力主要与糖分子中所含羟基数目有关。一般来说，吸附力大小顺序为：三糖>二糖>已糖>戊糖。展层后，喷显色剂显色，不同的糖呈现不同的颜色，同时吸附力越大的糖 R_f 值越小。将样品中的糖与已知的标准糖的颜色及 R_f 值做比较，即可鉴别样品中糖的种类和含量。

三、实验材料、试剂与仪器、设备

1. 材料与试剂

生物制药工艺学实验二中制备的魔芋葡苷聚糖水解液、1%葡萄糖标准溶液、1%甘露糖标准溶液、正丁醇、乙酸乙酯、异丙醇、乙酸、去离子水、苯胺-二苯胺-磷酸试剂。

2. 仪器与设备

硅胶薄板、毛细管、层析缸、喷瓶、电吹风机、烘箱等。

3. 所需试剂配制

（1）苯胺-二苯胺-磷酸试剂：取 4 g 二苯胺、4 mL 苯胺与 20 mL 85%磷酸，溶解于 200 mL 丙酮中。

（2）1%葡萄糖标准溶液：称取葡萄糖 100 mg，用 75%乙醇溶液溶解、定容至 10 mL备用。

（3）1%甘露糖标准溶液：称取甘露糖 100 mg，用 75%乙醇溶液溶解、定容至 10 mL备用。

四、操作步骤

1. 点样

（1）取硅胶薄板，在距离底部 1.5 cm 处画线。

（2）在所画线上取 3 个点，间距 2 cm 左右，标为 1 号、2 号、3 号。

（3）分别用毛细管在 1 号点处取葡萄糖标准液点样，2 号点处取魔芋葡苷聚糖水解液点样，3 号点处取甘露糖标准液点样。少量多次点样，且每次点完后用电吹风机吹干。

2. 展开

（1）配制展层剂（展层剂成分体积比：正丁醇∶乙酸乙酯∶异丙醇∶乙酸∶水＝7∶20∶12∶7∶6）。

（2）将适量展层剂加入层析缸，放入已点样的薄板，注意展层剂液面不要没过画线。

（3）待展层剂到达距薄板顶端约 1 cm 左右时取出薄板，在展层剂的位置做好标记。

3. 显色

（1）用电吹风机将薄板上的展层剂吹干。

（2）用喷瓶将显色剂（苯胺-二苯胺-磷酸试剂）喷到薄板上，将薄板放入烘箱烘干。

（3）观察薄板显色情况，计算样品的 R_f 值并与标准品做对比。

五、注意事项

（1）放置硅胶板时，注意展层剂液面不要没过画线。

（2）注意点样时毛细管不能停留过久，避免点样点过大。每次点完后用电吹风机吹干，少量多次点样。

六、思考题

（1）为什么放置硅胶板时展层剂液面不能没过画线？

（2）扩大分离物质的 R_f 值差异的方法有哪些？

生物制药工艺学实验四　葡糖-1-磷酸的制备

一、实验目的

通过葡糖-1-磷酸的制备，了解酶促反应的特点，熟悉通过酶促反应制备葡糖-1-磷酸的方法和原理。

能力目标

（1）能掌握酶促反应的特点和操作方法。

（2）能掌握有机溶剂沉淀和等电点沉淀的原理和操作方法。

二、实验原理

淀粉在有磷酸盐存在时经过磷酸化酶的作用，可分解生成磷酸己糖，其第一个产物为葡糖-1-磷酸。酶促反应后，将混合物加热煮沸，使蛋白质变性，破坏磷酸化酶以终止酶促反应。在酸性条件下，用2倍体积的乙醇沉淀磷酸盐等杂质，然后在碱性条件下（pH 8.4）得到葡糖-1-磷酸钾盐沉淀。

三、实验材料、试剂与仪器、设备

1. 材料与试剂

马铃薯、磷酸二氢钾、磷酸氢二钾、可溶性淀粉、磷酸、乙醇、盐酸。

2. 仪器与设备

玻璃棒、绞肉机、布氏漏斗、抽滤瓶、普通离心机、恒温水浴锅、搪瓷盘、pH计、量筒等。

四、操作步骤

1. 磷酸化酶粗酶液的制备

（1）将马铃薯洗净（不用削皮），于1℃～5℃预冷约24 h。

（2）将预处理的马铃薯切成体积约1 cm^3的小块。

（3）称取约300 g的马铃薯块，在绞肉机中绞碎得到马铃薯浆液。

（4）将马铃薯浆液倒入大烧杯内，置于冰浴中冷却，防止酶被破坏。

（5）向烧杯中加入50 mL去离子水，置于冰浴中，搅拌15 min。此过程可能会产生一些白沫。注意搅拌不要过于剧烈，以防大量的酶变性。

（6）将马铃薯浆液用纱布过滤，将滤液挤入预先放在冰浴中的烧杯内，即得60～70 mL粗酶液。

2. 淀粉磷酸盐溶液的制备

（1）称取6.00 g磷酸二氢钾、7.78 g磷酸氢二钾置于烧杯中，加70 mL去离子水，煮沸。

（2）称取4.00 g可溶性淀粉，加到约10 mL去离子水中，搅拌，使其成糊状（使用前搅匀）。

（3）在剧烈搅拌下，将淀粉糊呈细流状缓缓加入正在煮沸的磷酸盐溶液中。

（4）在不断搅拌下，继续加热混合溶液至澄清后约5 min，得到米黄色、透明溶液，即为淀粉磷酸盐溶液。将其冷却至室温，备用。

3. 保温

（1）将粗酶液与淀粉磷酸盐溶液混合，弃去泡沫。

（2）将混合溶液置于30℃～35℃水浴保温约30 min。

4. 制备粗产品

（1）煮沸：取搪瓷盘，每次加入约1 cm深的混合溶液，在1 min内煮沸。随后产生大量的泡沫，继续沸腾2 min即取出，立即置于冰浴中快速冷却，须在1 min内冷却至室温。

（2）重复煮沸步骤，直至全部混合溶液都煮沸并冷却。

(3) 通过纸浆（下衬一层纱布）或两层滤纸（前者较好）在布氏漏斗中抽滤得滤液，弃去滤渣。

(4) 往滤液中加入2倍体积的95%乙醇溶液，同时迅速搅拌。

(5) 用磷酸调节溶液pH为4.2（因为葡糖-1-磷酸在酸性条件下不甚稳定，需在冰浴中操作），此时有白色磷酸盐杂质产生。静置30 min。

(6) 将静置完毕的混合液通过两层滤纸抽滤，收集滤液。

(7) 用饱和氢氧化钾溶液调节滤液pH至8.4，可得葡糖-1-磷酸二钾盐沉淀，静置。

(8) 抽滤，收集滤渣，即为葡糖-1-磷酸粗产品。

五、注意事项

(1) 在淀粉溶解过程中可能发生两种情况，应设法避免：①冷却后的淀粉溶液呈凝胶状，可能是由于加水太少、煮沸时间过长，水分蒸发所致。②淀粉溶液冷却后颜色发红，可能是由于淀粉中所含杂质或容器不洁所致。

(2) 煮沸的目的是使蛋白质变性，酶因此失活。此过程应使蛋白质变性完全，形成较大的絮状沉淀。因葡糖-1-磷酸对热不稳定，煮沸过程需在5 min内完成，且迅速冷却。可采用集中火力、分批煮沸的方法。煮沸为葡糖-1-磷酸制备过程的关键，煮沸的好坏直接影响过滤的速度和质量。煮沸时火力要强，且加热均匀，可以搅拌；煮沸后迅速冷却。如果煮沸得好，则静置后沉淀及清夜分层明显，容易过滤；否则呈现泥浆状，为极小的蛋白颗粒悬浮在溶液中，极难过滤。

六、思考题

(1) 用饱和氢氧化钾溶液调节滤液pH至8.4的作用是什么？

(2) 为什么煮沸的时候火力要强、加热要均匀，并且煮沸后要迅速冷却？

生物制药工艺学实验五　牛血清白蛋白的提取和鉴定

一、实验目的

通过牛血清白蛋白的提取和鉴定实验，了解和掌握盐析、透析及电泳的方法和原理。

能力目标

(1) 能掌握盐析、透析的原理和操作方法。

(2) 能掌握电泳的原理和操作方法。

二、实验原理

牛血清白蛋白是牛血清中的简单蛋白，是牛血清中的主要成分（38 g/100mL），分子量为68 kD，等电点（pI）为4.8。使用硫酸铵盐析法可将血清中白蛋白与其他球蛋白分离，再用透析法除盐，即可获得粗制白蛋白。最后利用电泳对牛血清白蛋白进行分离与鉴定。

三、实验材料、试剂与仪器、设备

1. 材料与试剂

牛血清、牛血清白蛋白样品、PBS缓冲液、饱和硫酸铵溶液、巴比妥缓冲液、0.5%氨基黑10B染色液、漂洗液。

2. 仪器与设备

醋酸纤维素薄膜、玻璃棒、电子分析天平、电泳仪、透析袋、移液器和吸头等。

3. 所需试剂配制

（1）PBS缓冲生理盐水。

0.01 mol/L Na_2HPO_4的制备：准确称取0.358 g $Na_2HPO_4 \cdot 12H_2O$，加去离子水溶解并定容至100 mL。

0.01 mol/L NaH_2PO_4的制备：准确称取0.156 g $NaH_2PO_4 \cdot 2H_2O$，加去离子水溶解并定容至100 mL。

分别量取28 mL 0.01 mol/L NaH_2PO_4溶液、72 mL 0.01 mol/L Na_2HPO_4溶液混匀，即得pH为7.2的PBS缓冲液。

称取0.9 g NaCl，加入40 mL pH为7.2的PBS缓冲液搅拌溶解，后以pH为7.2的PBS缓冲液定容至100 mL即得PBS缓冲生理盐水，备用。

（2）巴比妥缓冲液（pH 8.6，0.07 mol/L）：准确称取12.76 g巴比妥钠、1.66 g巴比妥，加500 mL去离子水，加热溶解。待冷却至室温后，以去离子水定容至1 000 mL。

（3）0.5%氨基黑10B染色液：称取0.5 g氨基黑10B，加入冰醋酸10 mL、甲醇50 mL，混匀，加去离子水定容至100 mL。

（4）漂洗液：量取甲醇45 mL、冰醋酸5 mL，混匀后加去离子水定容至100 mL。

四、操作步骤

1. 盐析

（1）用移液器吸取牛血清2 mL至离心管，再用移液器加入等体积PBS缓冲生理盐水稀释并摇匀。

（2）用移液器吸取饱和硫酸铵溶液2 mL，逐滴加入离心管，边加边摇，充分混匀。

（3）静置10 min后离心（4 000 rpm）10 min，收集上清液。

2. 透析

(1) 取玻璃纸一张，折成袋形，将离心后的上清液倒入袋内，用线扎紧上口（注意要留有空隙）。

(2) 用玻璃棒将透析袋悬在盛有半杯去离子水的 100 mL 烧杯内，使透析袋下半部浸入水中，对蛋白液进行透析。

(3) 用玻璃棒搅拌袋外（烧杯中）液体，以缩短透析时间。

(4) 每隔 2 min 更换烧杯中的去离子水，更换 15 次，至袋内盐分透析完毕。

(5) 将袋内液体倾入试管，即得牛血清白蛋白溶液。

3. 点样

(1) 取适量巴比妥缓冲液置于培养皿中。

(2) 取一张膜条，将薄膜无光泽面向下，放入培养皿中，使膜条充分浸透后取出，用干净滤纸吸去多余的缓冲液。

(3) 以薄膜的无光泽面距一端 1.5 cm 处作点样线。

(4) 将牛血清样品与待测的牛血清白蛋白溶液分别用毛细管点在点样线的不同位置，每个样品点 3 次。

4. 电泳

(1) 将点样后的膜条置于电泳槽架上，放置时膜条无光泽面向下，点样端置于阴极。

(2) 两端用浸透巴比妥缓冲液的纱布或滤纸压住（引桥），待平衡 5 min 后，打开电源。

(3) 调节电泳仪的电压为 160 V，通电 60 min 后关闭电源，再用镊子将膜条取出。

5. 染色

(1) 将膜条直接浸于盛有氨基黑 10B 的染色液中，于 2 min 后取出，立即浸于漂洗液中。

(2) 漂洗 5 min 后更换漂洗液，直至背景漂洗干净为止。

(3) 用滤纸吸干薄膜。

6. 鉴定

比较样品与待测液中白蛋白在薄膜上的电泳结果，看位置是否一致。

五、注意事项

(1) 对醋酸纤维素薄膜做预处理时，使其漂浮于缓冲液上，吸满溶液后自然下沉。

(2) 点样前，应将膜表面多余的缓冲液用滤纸吸去，以免缓冲液太多引起样品扩散。吸水效果以不干不湿为宜。

(3) 点样时，动作应轻、稳，用力不能太重，以免将薄膜弄坏或印出凹陷而影响电泳效果。

六、思考题

牛血清白蛋白粗品与标准品相比有杂带说明什么？

第7章 生物药物分析实验

生物药物分析（Biopharmaceutical Analysis）是生物制药专业的一门专业课。生物药物分析实验是根据理论学习的需要而开设的一门实验基础课，生物药物分析可以保证人们用药的安全、合理、有效，涉及药品的生产、供应、贮存、调配以及临床使用过程中可能使用的分析、检验方法。通过对生物药物分析实验的学习，学生可以基本掌握药物分析学知识，尤其是各种分析方法，巩固与深化对生物药物分析基础理论知识的学习。同时，积极引导和鼓励学生自主创新，让学生既具备专业的视角，又具有创新的素质。

生物药物分析实验一　生物药物的杂质检查

一、实验目的

通过生物药物的杂质检查实验，掌握生物药物的一般杂质检查原理与实验方法，熟悉生物药物一般杂质检查的项目与意义。

能力目标

能掌握生物药物的一般杂质检查原理与实验方法。

二、实验原理

药物的一般杂质是指在自然界中分布较广泛，在多种药物的生产和贮存过程中容易引入的杂质，如酸、碱、水分、氯化物、硫酸盐、砷盐、铁盐、重金属等。

比色法（colorimetry）是通过比较或测量有色物质溶液的颜色深度来确定待测组分含量的方法。比浊法是指以测量透过悬浮质点介质的光强度来确定悬浮物质浓度的方法，主要用于测定能形成悬浮体的沉淀物质。

酸碱度检查是指用药典规定的方法对药物中的酸度、碱度等酸碱性杂质进行检查。检查时应以新沸并放冷至室温的水为溶剂。不溶于水的药物，可用中性乙醇等有机溶剂溶解。常用的方法有酸碱滴定法、指示剂法及 pH 测定法。

氯化物检查法利用的是氯化物在硝酸溶液中与硝酸银作用，生成氯化银沉淀而显白色浑浊，与一定量的标准氯化钠溶液和硝酸银在同样条件下生成的氯化银浑浊程度相比较，测定供试品中氯化物的限量。

反应离子方程式：

$$Cl^- + Ag^+ \longrightarrow AgCl\downarrow \text{（白色）}$$

铁盐检查法，是将三价铁盐在盐酸酸性溶液中与硫氰酸盐生成红色可溶性的硫氰酸铁络离子，与一定量标准铁溶液用同样条件处理后进行比色。

反应离子方程式：

$$Fe^{3+} + 3SCN^- \longrightarrow Fe(SCN)_3 \text{（红棕色）}$$

限量计算：

$$\text{杂质限量}\% = \frac{V_{\text{标准}} \times C_{\text{标准}}}{W_{\text{样}}} \times 100\%$$

式中，$V_{\text{标准}}$为标准液体积，mL；$C_{\text{标准}}$为标准液浓度，g/mL；$W_{\text{样}}$为样品取样量，g。

三、实验材料、试剂与仪器、设备

1. 材料与试剂

葡萄糖（纯度是 99%）、酚酞指示液（酚酞 1 g 加乙醇配成 100 mL 溶液）、氢氧化钠滴定液（0.02 mol/L）、乙醇、稀硝酸（浓硝酸 10.5 mL 加水稀释至 100 mL）、稀盐酸（浓盐酸 23.4 mL 加水稀释至 100 mL）、硝酸银溶液（0.1 mol/L）、氯化钠原料药（纯度 99%）、肾上腺素（1 mg/mL）。

2. 仪器与设备

25 mL/50 mL 纳氏比色管、刻度吸管、电子天平、紫外分光光度计等。

四、操作步骤

1. 葡萄糖

1）酸度

取葡萄糖 2.0 g，加水 20 mL 溶解后，再加 3 滴酚酞指示液与 0.20 mL 氢氧化钠滴定液（0.02 mol/L），应显粉红色。

2）乙醇溶液的澄清度

取葡萄糖 1.0 g，加 90%乙醇溶液 30 mL，置水浴上加热回流约 10 min，溶液应澄清。

3）氯化物

取葡萄糖 0.6 g，加水溶解为 25 mL，再加稀硝酸 10 mL；溶液如不澄清，应滤过。

将溶液置于50 mL纳氏比色管中，加水使成约40 mL，摇匀，即得供试溶液。另取标准氯化钠溶液6.0 mL，置于50 mL纳氏比色管中，加稀硝酸10 mL，再加水使成约40 mL，摇匀，即得对照溶液。于供试溶液与对照溶液中分别加入硝酸银试液1.0 mL，用水稀释，使成50 mL，摇匀，在暗处放置5 min，同置于黑色背景上，从比色管上方向下观察、比较。供试溶液所显浑浊度不得较对照液更浓（0.01%）。

4）干燥失重

取葡萄糖，在105℃干燥至恒重，减失质量不得过9.5%。

5）硫酸盐

取葡萄糖2.0 g，加水溶解使成约40 mL溶液如不澄清，应滤过；置于50 mL纳氏比色管中，加稀盐酸2 mL，摇匀，即得供试溶液。另取标准硫酸钾溶液2.0 mL，置于50 mL纳氏比色管中，加水使成约40 mL，再加稀盐酸2 mL，摇匀，即得对照溶液。于供试溶液与对照溶液中分别加入25%氯化钡溶液5 mL，用水稀释至50 mL，充分摇匀，放置10 min，同置于黑色背景上，从比色管上方向下观察、比较。供试溶液所显浑浊度不得较对照溶液更浓（0.01%）。

6）亚硫酸盐与可溶性淀粉

取葡萄糖1.0 g，加水10 mL溶解后，加碘试液1滴，应即显黄色。

7）铁盐

取葡萄糖2.0 g，加水20 mL溶解后，加硝酸3滴，缓缓煮沸5 min，放冷，加水稀释使成45 mL，加硫氰酸铵溶液（30 g硫氰酸铵加水配制成100 mL溶液）3 mL，摇匀；如显色，与标准铁溶液2.0 mL用同一方法制成的对照溶液比较，不得更深（0.001%）。

8）蛋白质

取葡萄糖1.0 g，加水10 mL溶解后，加磺基水杨酸溶液（1 g磺基水杨酸加水配制成5mL溶液）3 mL，不得发生沉淀。

2. 氯化钠杂质检查

1）溶液的澄清度

取氯化钠5.0 g，加水25 mL溶解后，溶液应澄清。

2）碘化物

取氯化钠的细粉5.0 g，置于瓷蒸发皿内，滴加适量的新配制的淀粉混合液使晶粉湿润，置于日光下（或日光灯下）观察，5 min内晶粒不得显蓝色痕迹。

3）硫酸盐

取氯化钠5.0 g，加水溶解成约40 mL（溶解如显碱性，可滴加盐酸使成中性），溶液如不澄清，应滤过，置于50 mL纳氏比色管中，加稀盐酸2 mL，摇匀，即得供试溶液。另取标准硫酸钾溶液1.0 mL置于50 mL纳氏比色管中，加水使成约40 mL，加稀盐酸2 mL，摇匀，即得对照溶液。于供试溶液与对照溶液中，分别加入25%氯化钡溶液5 mL，用水稀释使成50 mL，充分摇匀，放置10 min，同置于黑色背景上，从比色管上方向下观察、比较，供试品管不得更浑浊（0.002%）。

4）钡盐

取氯化钠 4.0 g，加水 20 mL，溶解后过滤。将滤液分为两等份，一份中加稀硫酸 2 mL，另一份中加水 2 mL，静置 15 min 后观察，两份溶液应同样澄清。

3. 肾上腺素中酮体的检查

1）方法原理

肾上腺素是由肾上腺酮经氢化还原制成的。若氢化不完全，可能引进酮体杂质，所以药典规定应检查酮体。其检查原理是利用酮体杂质在 310 nm 波长处有最大吸收峰，而肾上腺素药物本身在此波长处几乎没有吸收。根据杂质的吸光度，可控制肾上腺素中酮体的限量。

2）测定方法

取肾上腺素，加盐酸溶液（浓盐酸 9 mL 加水配制成 2 000 mL 溶液）制成每1 mL 中含 2.0 mg 肾上腺素的溶液，依照紫外吸收法，在 310 nm 波长处测定吸光度值，其值不得大于 0.05。

五、注意事项

（1）比色管的正确使用——选择配对的两支纳氏比色管，用清洁液荡洗除去污物，再用水冲洗干净。采用旋摇的方法使管内液体混合均匀。

（2）平行操作——标准品与样品必须同时进行实验，加入试剂量等均应一致。观察时，两管受光照的程度应一致，使光线从正面照入，比色时置于白色背景上，比浊时置于黑色背景上，从上向下观察。

六、思考题

（1）《中国药典》（2015 年版）中葡萄糖检查部分提出了 12 项杂质检查内容，是根据什么原则制定的？目的何在？

（2）重金属与砷盐检查的原理是什么？如何计算其限量？

生物药物分析实验二　维生素 C 片的质量分析

一、实验目的

通过对维生素 C 片进行质量分析，掌握碘量法的原理和操作方法，掌握常用辅料对制剂含量测定的影响和排除方法，掌握制剂的含量计算方法。

能力目标

能掌握常用辅料对制剂含量测定的影响和排除方法。

二、实验原理

维生素C又称抗坏血酸，分子式为$C_6H_8O_6$。维生素C具有还原性，可被I_2定量氧化，因而可用I_2标准溶液直接滴定。其滴定反应式为：

$$C_6H_8O_6+I_2 = C_6H_6O_6+2HI$$

用直接碘量法可测定药物中维生素C的含量。

由于维生素C的还原性很强，较易被溶液和空气中的氧氧化，在碱性介质中这种氧化作用更强，因此滴定宜在酸性介质中进行，以减少副反应的发生。考虑到I^-在强酸性溶液中也易被氧化，故一般选在pH为3～4的弱酸性溶液中进行滴定。

三、主要试剂与药品

25 mL棕色滴定管、50 mL移液管、刻度吸管、100 mL量瓶、维生素C片、维生素C注射液、I_2溶液、淀粉指示液。

I_2溶液（0.05 mol/L）：称取3.3 g I_2和5 g KI置于研钵中，加少量水，在通风橱中研磨。待I_2全部溶解后，将溶液转入棕色试剂瓶中，加水稀释至250 mL，充分摇匀，放在暗处保存。

四、操作

维生素C片颜色为白色或略带淡黄色，维生素C含量应为标示量的93.0%～107.0%。

1. 维生素C片

取维生素C片适量（约相当于维生素C 1.0 g），加水20 mL，振摇溶解；将溶液滤过，取滤液，按照紫外吸收法，在420 nm波长处测定吸光度值，不得超过0.07。

取维生素C片20片，精密称定、研细，精密称取适量（约相当于维生素C 0.2 g），置于100 mL量瓶中，加新沸过的冷水100 mL与2 mol/L稀醋酸10 mL的混合液适量，振摇使维生素C溶解并稀释至刻度，摇匀，经干燥滤纸迅速滤过，精密量取滤液50 mL，加淀粉指示液1 mL，用0.05 mol/L碘滴定液滴定，至溶液显蓝色并持续30 s不褪色为止。每1 mL碘滴定液对应于8.806 mg的维生素C。

2. 维生素C注射液

维生素C注射液为维生素C的灭菌水溶液，为无色或微黄色的澄明液体，所含维生素C应为标示量的90.0%～110.0%。维生素C注射液中可添加适量的焦亚硫酸钠作为稳定剂。

精密量取维生素C注射液（约相当于维生素C 0.2 g），加入15 mL水、2 mL丙酮，摇匀，放置5 min后加入4 mL稀醋酸、1 mL淀粉指示液，用碘滴定液(0.05 mol/L)滴定，至溶液显蓝色并持续30 s不褪色为止。每1 mL碘滴定液对应于8.806 mg的维生素C。

五、注意事项

由于维生素C在空气中易被氧化，过滤、滴定等操作应迅速。

六、思考题

(1) 溶解 I_2时，加入过量 KI 的作用是什么？
(2) 溶解维生素 C 固体试样时，为什么要加入新煮沸并冷却的蒸馏水？
(3) 碘量法的误差来源有哪些？应采取哪些措施减小误差？

生物药物分析实验三　胃蛋白酶片的活力测定

一、实验目的

掌握紫外吸收法测定胃蛋白酶片中胃蛋白酶的效价的方法。

能力目标

能掌握紫外吸收法测定蛋白酶活力的方法。

二、实验原理

用血红蛋白作为底物，在规定的实验条件下，胃蛋白酶可以催化水解血红蛋白生成不被三氟醋酸沉淀的水解产物（小肽及酪氨酸等氨基酸），用酪氨酸作对照，用直接紫外吸收法确定胃蛋白酶的效价。一个胃蛋白酶活力单位为每分钟催化水解血红蛋白生成 1 μmol 酪氨酸的酶量。

三、实验材料、试剂与仪器、设备

1. 材料与试剂

5%三氟醋酸溶液（由高纯三氟乙酸直接添加离子水稀释）、盐酸溶液（量取 65 mL 1 mol/L 盐酸溶液，加水至 1 000 mL）、胃蛋白酶片、L-酪氨酸、血红蛋白试液（将 1.0 g 牛血红蛋白加酸溶液溶解成 100 mL）、滤纸。

2. 仪器与设备

紫外可见分光光度计等。

四、操作步骤

1. 对照品溶液的制备

精密称取 L-酪氨酸对照品，加盐酸溶液制成每 1 mL 中含 0.5 mg L-酪氨酸的溶液，作为对照品溶液。

2. 供试品溶液的制备

(1) 取胃蛋白酶片 5 片，置于研钵中研磨均匀。

(2) 准确称取胃蛋白酶片粉末(质量记为 W),移至 250 mL 量瓶中,加盐酸溶液稀释至刻度,摇匀,制成每 1 mL 中含 0.2~0.4 活力单位的溶液(按胃蛋白酶片标示量计),作为供试品溶液。

3. 供试品的测定

(1) 取大小相同的试管 6 支,其中 3 支准确加入对照品溶液 1 mL,另 3 支准确加入供试品溶液 1 mL,置于 (37±0.5)℃水浴中,保温 5 min;准确加入预热至 (37±0.5)℃的血红蛋白试液 5 mL,摇匀,并准确计时,在 (37±0.5)℃水浴中反应 10 min,立即准确加入 5%三氟醋酸溶液 5 mL,摇匀、过滤,取滤液备用。

(2) 另取试管 2 支,准确加入血红蛋白试液 5 mL,置于 (37±0.5)℃水浴中保温 10 min,再准确加入 5%三氟醋酸溶液 5 mL,其中一支加供试品溶液 1 mL,另一支加盐酸溶液 1 mL,摇匀、过滤,取滤液,分别作为供试品和对照品的空白对照。

(3) 按照紫外吸收法,在 275 nm 波长处以空白对照调零,分别测定 3 支对照品和 3 支供试品滤液的吸光度值,并求取对照品和供试品的平均值,按下列公式计算,即得每克蛋白酶片含有的蛋白酶活力单位数:

$$\frac{\overline{A} \times W_s \times n}{\overline{A}_s \times W \times 10 \times 181.19}$$

式中,$\overline{A}$ 为供试品滤液的平均吸收度,$\overline{A}_s$ 为对照品滤液的平均吸收度,W_s 为 1 mL 对照品溶液中含酪氨酸对照品的量 (μg),n 为供试品稀释倍数,W 为供试品的取样量 (g),10 为酶反应时间 10 min,181.19 为酪氨酸的分子量。

五、注意事项

(1) 注意酶反应结束后立刻加入三氟醋酸,摇匀时不能剧烈振荡。

(2) 注意酶反应时间计时要准确,以减少实验误差。

六、结果观察及分析的原则

制表(见表 7-1),记录 3 支供试品滤液于 275 nm 波长处测得的吸光度值 A_1、A_2、A_3,3 支对照品滤液的吸光度值 A_{s1}、A_{s2}、A_{s3},计算平均吸光度值,计算每克胃蛋白酶片含有的胃蛋白酶活力单位数。

表 7-1 吸光度值记录表

样品	A_1	A_2	A_3	A_{s1}	A_{s2}	A_{s3}
吸光度值						

七、思考题

(1) 胃蛋白酶活力测定有哪些常见方法?

(2) 为什么要使用盐酸溶液溶解血红蛋白和胃蛋白酶片?

参考文献

[1] 苏玉永，徐楚鸿，吕永宁. 多酶微片胶囊中胃蛋白酶的活力测定 [J]. 中国医院药学杂志，2004，24 (4)：214－215.

[2] 国家药典委员会. 中华人民共和国药典（1～4 部）[M]. 2015 版. 北京：中国医药科技出版社，2015.

[3] 张怡轩. 生物药物分析 [M]. 3 版. 北京：中国医药科技出版社，2019.

[4] 孙春艳，定天明，陈宁林，等. 维生素 C 注射液质量评价及现行标准分析 [J]. 中国现代应用药学，2014，31 (7)：853－857.

第8章 药剂学实验

药剂学实验是研究药物制剂配制的基本理论、生产技术、质量控制与合理应用等内容的综合性技术学科。本课程是生物制药工程与制药工程专业重要的实践课程，内容涉及片剂、栓剂、注射剂、丸剂、微囊等主要剂型，能够培养学生的药剂学专业技能和综合实践素质，掌握和熟悉各类剂型的特点、制备原理和操作技术；掌握药剂学实验的基本内容与方法，培养严谨的科学作风、团队协作精神与开发新药的基本能力。通过本课程学习，学生能够应用制药工程领域专业基础知识分析生产工艺中出现的问题，并提出解决的途径；能够基于专业理论知识，选择研究路线，设计可行的实验方案；能够基于工程相关背景知识，合理分析和评价在制药过程中出现的复杂问题。

药剂学实验一　乙酰水杨酸片的制备

乙酰水杨酸片是能解热、镇痛、消炎、抗风湿以及抑制血小板聚集的药品，主要用于治疗发热、疼痛、风湿病，以及预防暂时性脑缺血发作、心肌梗死或其他手术后的血栓形成。本实验主要介绍如何制备乙酰水杨酸片。

一、实验目的

通过制备乙酰水杨酸片，熟悉和掌握湿法制粒压片的工艺过程和检查片剂质量的方法，了解压片机的性能和使用方法。

能力目标

（1）能掌握湿法制粒压片的工艺过程。
（2）能掌握检查片剂质量的方法。

（3）能了解压片机的性能和使用方法。

二、实验原理

（1）原辅料的处理：制片用原料一般应先经粉碎、过筛、混合操作。乙酰水杨酸有多种晶形，除粒状结晶可直接压片外，针状结晶或鳞片状结晶均需粉碎成细粉，并与其他成分混合（大量混合在混合机中进行，小量混合于广口器皿或盘中进行）。小剂量药物的片剂，主药与赋形剂混合时必须采用逐级稀释法（递加混合法）混匀。

（2）制湿粒：物料混匀后，加入适量黏合剂制成软材（以用手握之可成团块，以手指轻压时又能散裂而不成粉状为度），用手挤压过筛，所得颗粒应无长条、块状物及细粉。大量生产时通过颗粒机滚筒（或刮板）的挤压，使软材通过筛孔，制得湿粒。

（3）湿粒干燥：应根据药物和辅料的性质选用适宜温度尽快干燥。小量制备时，可用电热烘箱等干燥；大量生产时，可通过蒸汽烘房等干燥。阿司匹林用淀粉浆制粒，由于乙酰水杨酸在湿热条件下容易分解，故应将其他原辅料（包括其他药物）用淀粉浆制粒，于70℃干燥；干燥后颗粒往往结团粘连，需进行过筛整粒，再与粒状的乙酰水杨酸结晶混匀；最后加入润滑剂等辅料，混匀后即可压片。

（4）压片机的保养：压片完毕，用毛刷刷去多余药粉，再用废纱头揩拭机件，使压片机干燥清洁，最后加润滑油。下次使用前，仍应用手缓缓转动转轮，仔细观察压片机是否出现故障。当一切顺利、正常后，方可使用压片机。若需拆卸压片机，拆卸的次序与安装次序恰好相反即可。

三、实验材料、试剂与仪器、设备

1. 材料与试剂

乙酰水杨酸、淀粉、枸橼酸（或酒石酸）、滑石粉。

2. 仪器与设备

粉碎机、小型旋转压片机、槽型混合机、药筛（16目）、小型摇摆式颗粒机、片剂四用仪、恒温鼓风干燥箱、托盘等。

四、操作步骤

1. 处方

乙酸水杨酸片的处方见表8－1。

表8－1　乙酸水杨酸片的处方

处方组分	每片用量	300片用量
乙酰水杨酸	0.100 0 g	30.0 g
淀粉	0.010 0 g	3.0 g
枸橼酸	0.000 7 g	0.2 g

续表

处方组分	每片用量	300片用量
10%淀粉浆	—	适量
滑石粉	—	1.5 g

2. 制法

(1) 10%淀粉浆的制备：将0.2 g枸橼酸（或酒石酸）溶于约20 mL纯化水中，再加入约2 g淀粉分散均匀，加热糊化，制成10%的淀粉浆。

(2) 制粒：取处方量乙酰水杨酸与淀粉混合均匀，加适量10%淀粉浆制软材，过16目筛制粒，将湿粒于40℃～60℃干燥，用16目筛整粒并与滑石粉混匀。

(3) 在不同压力下压片：将上述颗粒分别在高低两个不同压力下压片，测定各压力下片剂的硬度。

五、注意事项

(1) 乙酰水杨酸在润湿状态下遇铁器易变为淡红色。因此，应尽量避免与铁器接触，如过筛时选用尼龙筛网，并应迅速使其干燥。且干燥时温度不宜过高，以免水解。

(2) 在实验室中配制淀粉浆，可用直火加热，也可用水浴加热。如用直火，需不停搅拌，防止淀粉浆焦化致使片面产生黑点。

(3) 加浆的温度要适宜，温度太高不利于药物稳定，温度太低则不利于药物分散均匀。

(4) 乙酰水杨酸在湿热条件下易水解成水杨酸与醋酸，会增加对胃肠黏膜的刺激，严重者可发生溃疡和出血。因此在淀粉浆中加入枸橼酸，以形成酸性环境，降低乙酰水杨酸的降解率。制好的淀粉浆，务必待完全冷却再使用。淀粉浆的浓度可以提高到14%～17%。实际生产中亦可直接粉末压片，以完全避免湿热影响。

六、结果观察及记录

(1) 记录实验步骤中观察到的现象。

(2) 记录压力对片剂硬度和崩解性能的影响（见表8-2）。

表8-2 压力对片剂硬度和崩解性能的影响

编号	压力	硬度（kg）	崩解时限（min）
		1 2 3 4 5 6 平均	1 2 3 4 5 6 平均
1	高		
2	低		
结论			

注：若崩解时间大于15 min，记为“>15”即可。

七、思考题

（1）试分析乙酰水杨酸片处方中各辅料成分的作用。
（2）配制10%的淀粉浆，为何先将淀粉加热，稍冷后再使用？

药剂学实验二　阿司匹林片溶出度测定

溶出度指药物从片剂或胶囊剂等固体制剂中在规定溶剂中溶出的速度和程度，其测定是一种模拟口服固体制剂在胃肠道中崩解和溶出的体外试验法。口服固体制剂在体内胃肠液中需经崩解和溶出才能通过生物膜被机体吸收，对许多药物而言，其吸收量通常与该药物从剂型中溶出的量成正比，即溶出的药物量越大，吸收量就越大，药效就越强。本实验将介绍阿司匹林片溶出度的测定方法。

一、实验目的

掌握溶出度测定的基本操作和处理数据的方法，了解测定固体制剂溶出度的意义。

能力目标

（1）能了解测定固体制剂溶出度的意义。
（2）能掌握溶出度测定的基本操作和处理数据的方法。

二、实验原理

药物溶出原理可用Noyes-Whitney方程来表示：

$$\frac{dC}{dt}=KS(C_s-C_t) \tag{8-1}$$

式中，$\frac{dC}{dt}$为溶出速率，K为溶出速率常数，S为固体药物与溶出介质接触表面积，C_s为药物的溶解度，C_t为任一时刻的溶液浓度。

假设溶出的药物立即被吸收，C_t远小于C_s，式（8—1）可简化为

$$\frac{dC}{dt}=KSC_s \tag{8-2}$$

式（8—2）表明药物的溶出速率与K、S、C_s成正比，增加药物的表面积可增加药物在体内的吸收量。

对难溶性药物（溶解度小于0.1～1.0 mg/mL）而言，溶解是其主要过程，崩解时限往往不能作为判断其制剂的吸收指标。因此，对口服固体制剂，尤其是在体内吸收不良的难溶性药物的固体制剂、缓控释制剂，以及治疗量与中毒量接近的药物固体制剂，均应做溶出度测定。

三、实验材料、试剂与仪器、设备

1. 材料与试剂

阿司匹林片（0.3 g）、稀盐酸、0.4%氢氧化钠、稀硫酸。

2. 仪器与设备

溶出度测定仪、量瓶（1 000 mL、500 mL）、吸量管（5 mL）、微孔滤膜（不大于 0.8 μm）、滤器、滴管、电炉、水浴、紫外可见分光光度计等。

四、操作步骤

本阿司匹林片含阿司匹林应为标示量（0.3 g）的 95%～105%。

取阿司匹林片，按照溶出度测定法，以盐酸 24 mL 加水至 1 000 mL 为溶出介质，离心转速为 100 rpm，依法操作；30 min 后取溶液 10 mL 过滤；准确量取滤液 3 mL 注入50 mL容量瓶中，加 5 mL 0.4%氢氧化钠溶液，置水浴上煮沸 5 min，放冷；加 2.5 mL稀硫酸，并加水稀释至刻度，摇匀。以紫外可见分光光度法测定在 303 nm 波长处的吸光度值，按 $C_7H_6O_3$的吸收系数（吸光物质的溶液浓度为 1 g/100mL）为 265 计算，再乘以 1.304，计算每片的溶出量，限度 Q 为标示量的 80%，应符合规定。

五、结果观察及记录

根据 $A_{样}$（UV 测试液）$=ECL$，当 $L=1$ cm 时，测试液的浓度为

$$C\%=\frac{A_{样}}{E^{1\%}} \tag{8-3}$$

将实验中测得的吸光度值及根据式（8−3）计算所得的结果填入表 8−3。

表 8−3　阿司匹林片中乙酰水杨酸溶出度测定数据表

片号	$A_{样}$	$C\%$	总溶出量	限度 Q	溶出度结果
1					
2					
3					
4					
5					
6					

六、思考题

（1）对固体制剂进行体外溶出度测定有何意义?

（2）溶出度测定主要针对什么样的药物和制剂?

药剂学实验三　微囊的制备

微型胶囊（简称微囊）是利用天然或合成的高分子材料（通称囊材）作为囊膜壁壳，将固体或液体药物（通称囊心物）包裹而成药库型微胶囊，简称微囊。本实验将介绍微囊的制备方法。

一、实验目的

通过将药物制成微囊，了解制备微型胶囊的复凝聚法工艺，学习微型胶囊制备工艺及影响微囊形成的因素，了解制备微型胶囊的常用方法。

能力目标

（1）能掌握制备微型胶囊的复凝聚法工艺。
（2）能掌握影响微型胶囊制备工艺及影响微囊形成的因素。
（3）能了解制备微型胶囊的常用方法。

二、实验原理

药物制成微囊后，具有缓释（按零级、一级或 Higuchi 方程释放药物）作用，具有提高药物的稳定性，掩盖不良口味，降低胃肠道的副反应，减少复方的配伍禁忌，改善药物的流动性与可压性、液态药物制成固体制剂等特点。

微囊的制备方法很多，可归纳为物理化学法、化学法及物理机械法，可按囊心物和囊材的性质、设备与要求微囊的大小等选用不同的方法。在实验室常采用物理化学法中的复凝聚工艺制成微囊。

本实验采用以水作介质的复凝聚工艺，操作简易、重现性好，为将难溶性药物微胶囊化的经典方法。以液状石蜡（或鱼肝油）为液态囊心物或以吲哚美辛为固态囊心物，可分别用明胶-阿拉伯胶为囊材，通过复凝聚工艺制备液状石蜡（或鱼肝油）微囊与吲哚美辛微囊。前者可减少胃肠道的副反应，后者可掩盖药物的不良口味。

明胶-阿拉伯胶复凝聚成囊工艺的机理，可由静电作用来解释。明胶系蛋白质，在水溶液中分子链上含有—NH_2与—COOH 及其相应解离基团—NH_3^+与—COO^-，但其正负离子的多少受介质的 pH 影响，当 pH 低于等电点时，—NH_3^+数目多于—COO^-；反之，pH 高于等电点时—COO^-数目多于—NH_3^+。明胶在 pH 为 4.0～4.5 时，其正电荷达到最高量。阿拉伯胶为多聚糖，分子链上含有—COOH 和—COO^-，带负电荷。因此，在明胶和阿拉伯胶的混合水溶液中，将 pH 调节至明胶的等电点以下，即可使明胶与阿拉伯胶因电荷相反而中和形成复合物（即复合囊材），溶解度降低，在搅拌的条件下自体系中凝聚成囊而析出。但是这种凝聚是可逆的，一旦解除形成凝聚的这些条件，就可解除凝聚，使形成的囊消失。在实验过程中，可以利用这种可逆性使凝聚过程多次反复，直到凝集成囊为止。最后应加入固化剂甲醛与明胶进行胺缩醛反应，且介质在 pH 为 8.0～9.0 时可以使反应完全，明胶分子交联成网状结构，微囊能长久地保持囊形，不粘连、不凝固，成为不可逆的微囊。若囊心物不宜用碱性介质时，可用 25％戊二醛或丙酮醛在中性介质中使明胶交联完全。

三、实验材料、试剂与仪器、设备

1. 材料与试剂

液状石蜡、A 型明胶、阿拉伯胶、NaOH、醋酸、37％甲醛溶液、pH 试纸、冰块。

2. 仪器与设备

研钵、托盘天平、恒温水浴锅、生物显微镜、载玻片、盖玻片、擦镜纸、滤纸、烧杯（250 mL、1 000 mL）、量筒（100 mL）、试剂瓶（50 mL）、容量瓶（50 mL）、滴管、玻璃棒等。

四、操作步骤

1. 处方

液体石蜡复凝聚法的处方见表 8－4。

表 8－4　液体石蜡复凝聚法处方

成分	质量
液状石蜡	3.0 g
A 型明胶	3.0 g
阿拉伯胶	3.0 g
5％NaOH 溶液	适量
10％醋酸溶液	适量
37％甲醛溶液	适量
纯化水	适量

2. 液状石蜡复凝聚微囊的制备

（1）明胶溶液的制备：称取明胶，用纯化水适量浸泡待膨胀后，加纯化水至 100 mL，搅拌溶解（必要时可微热助其溶解），并测定其 pH，用 5％ NaOH 溶液调节 pH 至 8.0，即得明胶溶液。

（2）液状石蜡乳的制备：称取阿拉伯胶 2.0 g，加水 90 mL，在 60℃水浴中加热，搅拌溶解，备用。另称取阿拉伯胶 1.0 g ，在乳钵中研细，加液状石蜡 3.0 g、水 2 mL，急速研磨成初乳，然后分次加入上述阿拉伯胶液，边加边研，使成均匀的乳剂。此时在显微镜下检查，记录检查结果（绘图），并测定乳剂的 pH。

(3) 混合：在搅拌下，往上述液状石蜡乳中加入前面所配的 100 mL 明胶溶液，取此混合液在显微镜下观察（绘图），同时测定混合液的 pH。此过程中混合液温度要始终保持在 50℃左右。

(4) 调 pH 成囊：在不断搅拌下，用 10%醋酸溶液调节混合液的 pH 至 4.0 左右，同时在显微镜下观察是否成为微囊，并绘图观察，其与未调 pH 前比较有何不同。

(5) 固化：在不断搅拌下，往微囊液中加入预热至 40℃左右的水 400 mL，将微囊液自水浴中取出，不断搅拌，降温至 10℃以下。加入 37%甲醛溶液 2 mL，搅拌。15 min后以 5% NaOH 溶液调节 pH 至 7.0～8.0，继续搅拌 1 h，于显微镜下观察，绘图表示结果（测定微囊大小）。

(6) 过滤干燥：从冰浴中取出微囊液，静置等微囊下沉，抽滤，用蒸馏水冲洗甲醛，于 50℃以下干燥、称重，计算收率。

五、注意事项

(1) 操作过程中的水均为纯化水或去离子水，否则因有离子存在可干扰凝聚成囊。

(2) 制备微囊的搅拌速度应以产生泡沫少为度，必要时可加入几滴戊醇或辛醇消泡，提高收率。在固化前切勿停止搅拌，以免微囊粘连成团。

(3) 加入 40℃左右的纯化水 400 mL 的目的：①使微囊吸水膨胀，囊形较好；②便于固化剂均匀分散。

六、思考题

(1) 复凝聚法制备微囊的关键是什么？

(2) 请说明调节 pH 前后，以显微镜观察到的混合液的变化情况，并说明变化原因。

药剂学实验四　丸剂的制备

中药丸剂俗称丸药，是指药材细粉或药材提取物加适宜的黏合剂或其他辅料制成的球形或类球形制剂，主要供内服。丸剂是我国传统剂型之一，我国早期医籍《黄帝内经》中就有丸剂的记载。丸剂按辅料分为蜜丸、水蜜丸、水丸、糊丸、浓缩丸、蜡丸等，按制法分为泛制丸、塑制丸及滴制丸等。本实验主要介绍丸剂的制备方法。

一、实验目的

通过学习搓丸法或泛丸法来掌握丸剂制备的基本方法。

能力目标

能掌握丸剂的制备方法。

二、实验原理

中药丸剂的主体由药材粉末组成，为便于其成型，常加入润湿剂、黏合剂、吸收剂等辅料。此外，还可用辅料控制溶散时限、影响药效。中药丸剂常用搓丸法或泛丸法制备。

三、操作步骤

1. 大山楂丸处方

大山楂丸处方见表8−5。

表8−5　大山楂丸处方

材料	质量
山楂	200 g
六神曲（麸炒）	30 g
麦芽（炒）	30 g

2. 大山楂丸的制备

取表8−5中三味，粉碎成细粉，过五号筛，混匀。另取蔗糖120 g，加入沸水54 mL溶解，与蜂蜜260 g混匀。煮沸，滤过，滤液继续炼至相对密度约为1.38（70℃），116℃时离火，等炼蜜温度降至60℃时，分次加入上述细粉并充分混匀，制丸块（又称和药、合坨），按搓丸板规定量分坨，搓丸条，制丸粒，每丸重7～9 g，即得大山楂丸。

3. 六味地黄丸处方

六味地黄丸处方见表8−6。

表8−6　六味地黄丸处方

材料	质量
熟地黄	160 g
山茱萸（制）	80 g
牡丹皮	60 g
山药	80 g
茯苓	60 g
泽泻	60 g

4. 六味地黄丸的制备

(1) 取表 8-6 中六味，除熟地黄、山茱萸外，其余四味共研成粗粉，取其中一部分与熟地黄、山茱萸共研成不规则的块状，放入烘箱内于 60℃以下温度烘干，再与其他粗粉混合研成细粉，过 80 目筛混匀备用。

(2) 炼蜜：取适量生蜜置于适宜容器中，加入适量清水，加热至沸后，用 40～60 目筛过滤，除去死蜂、蜡、泡沫及其他杂质。然后，继续加热炼制，至蜜表面起黄色气泡，手拭之有一定黏性，但两手指离开时无长丝出现（此时蜜温约为 116℃）即可。

(3) 制丸块：将药粉置于搪瓷盘中，每 100 g 药粉加入炼蜜（70℃～80℃）90 g 左右，混合揉搓制成均匀滋润的丸块。

(4) 搓条、制丸：根据搓丸板的规格将以上制成的丸块用手掌或搓条板做前后滚动搓捏，搓成适宜长短粗细的丸条，再置于搓丸板的沟槽底板上（需预先涂少量润滑剂），手持上板使两板对合，然后由轻至重前后搓动数次，直至丸条被切断且搓圆成丸，使每丸约重 9 g。

四、注意事项

(1) 炼蜜时应不断搅拌，以免溢锅。炼蜜程度应恰当，过嫩含水量高，会使粉末黏合不好，成丸易霉坏；过老则丸块发硬，难以搓丸，成丸难崩解。

(2) 药粉与炼蜜应混合均匀，以保证搓条、制丸的顺利进行。

(3) 为避免丸块、丸条黏着搓条、搓丸工具及双手，操作前可在手掌和工具上涂抹少量润滑油。

药剂学实验五　栓剂置换价的测定及制备

栓剂指由药物与适宜基质制成的供腔道给药的固体制剂。能发挥局部作用或全身作用的药物均可做成此剂型。目前常用的有肛门栓和阴道栓等。本实验主要介绍栓剂置换价的测定及制备方法。

一、实验目的

通过学习栓剂置换价的测定及制备，了解各类栓剂基质的特点及适用情况，进一步学习热熔法制备栓剂的工艺，进而了解置换价的测定及在栓剂制备中的应用。

能力目标

(1) 能了解各类栓剂基质的特点及适用情况。

(2) 能掌握热熔法制备栓剂的工艺。

(3) 能掌握置换价测定及在栓剂制备中的应用。

二、实验原理

栓剂的基质可分为油脂性基质（如可可豆脂、半合成脂肪酸甘油酯、氢化植物油等）、水溶性和亲水性基质［如甘油明胶、聚乙二醇类、聚氧乙烯单硬脂酸脂类（S-40）、泊洛沙姆等］两类。某些基质中还可加入表面活性剂使药物易于释放吸收。

对于制备栓剂用的固体药物，除另有规定外，应制成细粉。

栓剂的制法有搓捏法、冷压法与热熔法三种，搓捏法虽然简便，但成型规格、质量难以控制。冷压法对基质与混合方法要求高，现已极少使用。而热熔法既适用于脂溶性基质也适用于水溶性基质，小量生产可用手工，大量生产采用机械操作。热熔法制备栓剂的工艺流程如图 8－1 所示。

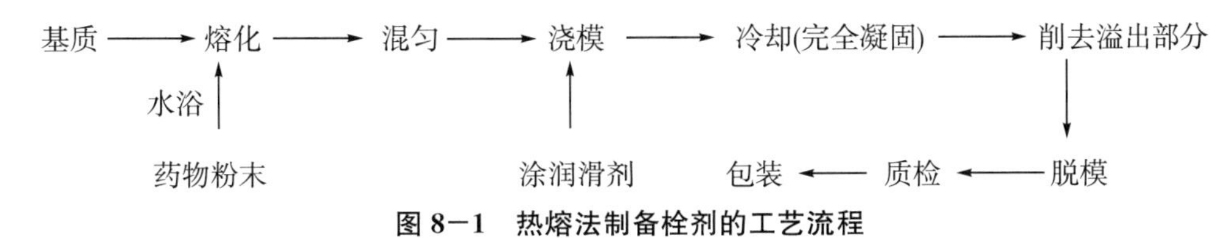

图 8－1　热熔法制备栓剂的工艺流程

为了使栓剂冷却后易从栓剂模型中推出，模型应涂以润滑剂。根据基质的性质，可选用：

（1）油性润滑剂：用于水溶性基质，如液状石蜡等。

（2）水性润滑剂：用于油溶性基质，如肥皂、甘油等的混合物，软皂、甘油各 1 份及 90％乙醇 5 份的混合液。

热熔法制备栓剂都要使用栓剂模型，同一模型所制栓剂的体积虽然相同，但其质量会随基质与药物的密度不同而有差别。为了确定基质用量，以保证栓剂主药剂量的准确，常需预测药物对基质的置换价，对于主药含量较大的栓剂，尤具实际意义。

置换价（displacement value，DV）定义为药物的质量与同体积基质量的比值。由此可见，置换价实际是药物的密度与基质密度的比值。因此固定药物对固定基质的置换价是一个固定不变的常数，这个常数与栓剂中所含药物与基质的比例无关，即：

$$\frac{\text{药物质量}}{\text{同体积基质质量}}=\frac{\text{药物质量}/V}{\text{同体积基质质量}/V}=\frac{\text{药物密度}}{\text{基质密度}}=\text{常数} \qquad (8-4)$$

式中，V 为药物体积。当基质和药物的密度未知时，可经置换价测定实验求得药物对基质的置换价，并通过求得的置换价进一步计算出制备这种含药栓（每粒含药物剂量为 y）需要基质的质量 x。

我们可以用同一个栓剂模型先后制备出两个体积、形状都相同的栓剂：一个纯基质栓、一个含药量为 W 的含药栓，并称定两粒栓剂的质量分别为 G 和 M，如图 8－2 所示。

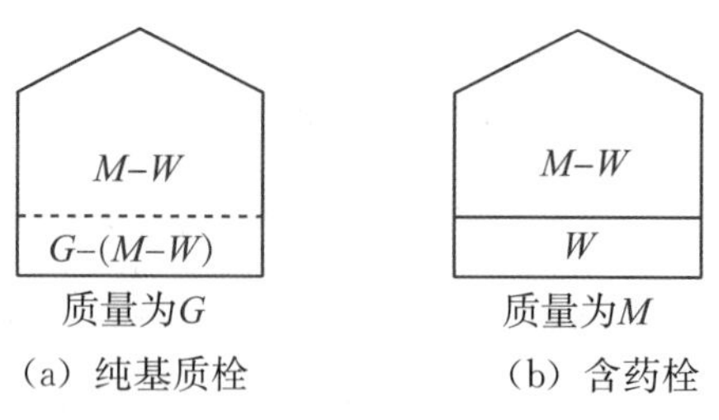

(a) 纯基质栓　　(b) 含药栓

图 8−2　纯基质栓与含药栓示意图

药物在整个含药栓中均匀分布，假设药物均沉淀在栓剂的底部，并占有一定的体积，则上部均为基质，如图 8−2（b）所示，因为该含药栓的质量 M 和药物的质量 W 均为已知值，故其上部基质的质量应为 $M-W$，则图 8−2（a）中纯基质栓与图 8−2（b）含药栓中的上部基质体积相同，质量为 $M-W$，图 8−2（a）下部基质体积与图 8−2（b）中药物 W 所体占体积相同，其基质质量为 $G-(M-W)$。

根据置换价的定义：

$$DV=\frac{\text{药物质量}}{\text{同体积基质质量}}=\frac{W}{G-(M-W)} \tag{8-5}$$

根据求得的置换价，计算出每粒栓剂中应加的基质的质量 x 为

$$x=M-W=G-\frac{W}{DV}=G-\frac{y}{DV} \tag{8-6}$$

栓剂的质量评定包括外形、质量差异、主药含量、融变时限和体外释放试验等内容。

三、实验材料、试剂与仪器、设备

1. 材料与试剂

半合成脂肪酸、乙酰水杨酸、肥皂、甘油。

2. 仪器与设备

栓剂模型、蒸发皿、研钵、水浴锅、架盘天平、电子天平、融变时限检查仪、刀片、温度计、药筛（100 目）等。

四、实验步骤

1. 置换价的测定

以乙酰水杨酸为模型药物，用半合成脂肪酸为基质，进行置换价测定。

（1）纯基质栓的制备：称取半合成的脂肪酸 8 g 置于蒸发皿中，于水浴上加热，待大约 2/3 的基质熔化时停止加热，搅拌使全熔，倾入涂有润滑剂的栓剂模型中；冷却凝固后削去溢出部分，脱模，得到完整的纯基质栓数粒；小心擦干表面黏附的润滑剂，称重，求得纯基质的平均质量 G（g），回收使用。

（2）含药栓的制备：取乙酰水杨酸置于干燥研钵中研细，称取 3 g 备用。另称取半合成脂肪酸酯 6 g 置于蒸发皿中，于水浴上加热，待大约 2/3 的基质熔化时停止加热，

搅拌使全熔，加入乙酰水杨酸粉末搅匀后，立即倾入涂有润滑剂的栓剂模型中，冷却固化；削去溢出部分，脱模，得到完整的含药栓数粒；称重，求得含药栓的平均质量 M (g)，含药量 $W=M\times p\%$，$p\%$为含药百分数。

（3）置换价的计算：将上述得到的 G、M、W 代入式（8−5），求得乙酰水杨酸对半合成脂肪酸酯的置换价。

2. 乙酰水杨酸栓剂的制备

（1）处方：乙酰水杨酸栓剂处方见表 8−7。

表 8−7 乙酰水杨酸栓剂处方

成分	质量/数量
乙酰水杨酸（100 目）	4.0 g
半合成脂肪酸酯	适量

（2）操作：根据测定得到的乙酰水杨酸对半合成脂肪酸酯的置换价，按式（8−6）计算 10 粒栓剂需用的基质量及 12～13 粒栓剂需用的基质量（因需削去溢出部分，故制备 10 粒需增加 2～3 粒的用量，注意此时药物的量应相应增加）。取计算量的乙酰水杨酸和半合成脂肪酸酯，按上述含药栓的制备方法操作，得到栓剂数粒。

（3）操作注意：浇模时应注意混合物的温度，温度太高混合物稠度小，栓剂易发生中空和顶端凹陷，故宜在混合物稠度较大时浇模，浇至模口稍有溢出为度，且要一次完成。浇好的模型应置于适宜的温度下冷却一定时间，冷却的温度不足或时间短，易发生黏模；相反，冷却温度过低或时间过长，又会产生栓剂破碎。

3. 质量检查与评定

（1）外观与药物分散状况：检查栓剂的外观是否完整，表面亮度是否一致，有无斑点和气泡。将栓剂纵向剖开，观察药物分散是否均匀。

（2）质量差异检查：取栓剂 10 粒，精确称总重，求得平均粒重后，再分别精确称定各粒的质量，每粒质量与平均质量相比，超出质量差异限度的栓剂不得多于 1 粒，并不得超出限度的 1 倍。

（3）融变时限检查。

①仪器装置，由透明的套筒与金属架组成。透明套筒为玻璃或适宜的塑料材料制成，高为 60 mm，内径为 52 mm，壁厚适当。金属架由两片不锈钢的金属圆板及 3 个金属挂钩焊接而成。每个圆板直径为 50 mm，具 39 个孔径为 4 mm 的圆孔；两板相距 30 mm，通过 3 个等距的挂钩焊接在一起。

②检查：取供试品 3 粒，在室温放置 1 h 后，分别放在 3 个金属架的下层圆板上，装入各自的套筒内，并用挂钩固定。将上述装置分别浸入盛有不少于 4 L 的（37.0±0.5)℃水的容器中，其上端位置应在水面下 90 mm 处。容器中装一个转动器，每隔 10 min在溶液中转动该装置一次。

③结果判定：3 粒脂肪性基质的栓剂均应在 30 min 内全部融化、软化或触压时无硬心；3 粒水溶性基质的栓剂均应在 60 min 内全部溶解。如有 1 粒不符合规定，应另

取 3 粒复试，直到全部符合规定为止。

五、思考题

（1）乙酰水杨酸栓剂的制备原理是什么？操作时的注意事项有哪些？

（2）什么是栓剂的置换价？测定置换价的意义是什么？

药剂学实验六　维生素 C 注射液稳定性加速实验

维生素 C 注射液的主要成分是维生素 C，是一种用来补充维生素 C 的药物。其对于人体的正常生理功能是很重要的，能参与氨基酸的代谢、神经递质的合成、胶原蛋白的合成等多种生理过程。目前，维生素 C 注射液在临床上主要用于治疗各种由维生素 C 缺乏导致的疾病，还有一些急慢性的传染病也可以用维生素 C 来进行辅助治疗。本实验主要介绍测定维生素 C 注射液的贮存期的方法。

一、实验目的

通过学习维生素 C 注射液的化学稳定性，了解应用化学动力学方法预测注射液稳定性的原理。

能力目标

（1）能了解应用化学动力学方法预测注射液稳定性的原理。

（2）能掌握应用恒温加速实验法测定维生素 C 注射液的贮存期的方法。

二、实验原理

在研究制剂的稳定性以确定其有效期（或贮存期）时，室温留样考察法虽然结果可靠但所需时间较长（一般考察 2～3 年），而加速试验法（如恒温加速试验法等）可以在较短时间内对有效期或贮存期做出初步估计。

维生素 C 的氧化降解反应已由实验证明为一级反应。一级反应的速度方程为：

$$-\frac{\mathrm{d}C}{\mathrm{d}t}=kC \qquad (8-7)$$

式中，$-\frac{\mathrm{d}C}{\mathrm{d}t}$表示维生素 C 浓度减少的瞬时速度，$k$ 为维生素 C 的氧化降解速率常数，C 表示维生素 C 在瞬时 t 的浓度。

对式（8－7）积分，以 C_0表示反应开始时（$t=0$）维生素 C 的浓度，则得

$$\lg C=-\frac{k}{2.303}t+\lg C_0 \qquad (8-8)$$

由式（8－8）可知，以 $\lg C$ 对 t 作图呈一直线，其斜率为 $-k/2.303$，截距为

$\lg C_0$，由斜率可求出维生素C的氧化降解速率常数 k。

维生素C的氧化降解速率常数 k 和绝对温度 T 之间的关系，可用Arrhenius公式表示：

$$k = Ae^{\frac{-E_a}{RT}} \tag{8-9}$$

或

$$\lg k = -\frac{E_a}{2.303R} \cdot \frac{1}{T} + \lg A \tag{8-10}$$

式中，A 为频率因子；E_a 为活化能；R 为气体常数，计为1.987卡·度$^{-1}$·摩尔$^{-1}$。

由式（8-10）可知，以 $\lg k$ 对 $1/T$ 作图呈一条直线，其斜率为 $-E_a/2.303R$，截距为 $\lg A$，由此可求出反应活化能 E_a 和斜率因子 A。将 E_a 和 A 再代回式（8-10），可求出室温（25℃）或任何温度下的维生素C的氧化降解速率常数和贮存期。

三、实验材料、试剂和仪器、设备

1. 材料和试剂

维生素C注射液（0.25 g/2mL）、0.1 mol/L碘液、丙酮、稀醋酸、淀粉指示液等。

2. 仪器和设备

恒温水浴锅、酸式滴定管（25 mL）、锥形瓶（50～250 mL）等。

四、操作步骤

1. 试验方法

（1）放样：将同一批号的维生素C注射液样品（2 mL∶0.25 g）分别置于4个不同温度（如70℃、80℃、90℃和100℃）的恒温水浴锅中，间隔一定时间（如70℃间隔24 h，80℃间隔12 h，90℃间隔6 h，100℃间隔3 h）取样，每个温度的间隔取样次数均为5次。样品取出后，立即冷却或置于冰箱保存，供含量测定。

（2）维生素C含量测定：准确量取样品液1 mL，置于150 mL锥形瓶中，加蒸馏水15 mL与丙酮2 mL，摇匀，放置5 min后加稀醋酸4 mL与淀粉指示液1 mL，用碘液（0.1 mol/L）滴定，至溶液显蓝色并持续30 s不褪色。每1 mL碘液（0.1 mol/L）相当于8.806 mg的维生素C（$C_6H_8O_6$），分别测定各样品中维生素C的含量，同时测定未经加热试验的原样品中维生素C的含量，记录消耗碘液的毫升数。

2. 实验数据处理

（1）数据整理。由于维生素C含量测定使用的是同一种碘液，故不必考虑碘液的精确浓度，只要比较消耗碘液的毫升数即可。将未经加热的样品（表8-8中时间项为0）所消耗碘液的毫升数（即初始浓度）作为100％相对浓度，以各加热时间间隔的样品所消耗碘液的毫升数与其相比，得出各自的相对浓度百分数 $C_{相}$（％）。实验数据见表8-8。

表 8-8 70℃恒温加速试验各时间间隔样品的测定结果

加热间隔时间（h）	消耗碘液（mL）				$C_{相}$（%）	lg $C_{相}$（%）
	1	2	3	平均		
0					100	
24						
48						
72						
96						
120						

在其他温度下考察的实验数据，均按表（8-8）的格式记录并计算。

（2）用回归方法求各温度的 k 值时，先将各加热时间（x）与其对应的相对浓度对数值（y）列表，见表 8-9。

表 8-9 加热时间及其相对浓度（%）对数值的回归计算表（70℃/80℃/90℃/100℃）

x——加热时间	0	24	48	72	96	120
y——lg $C_{相}$（%）						

用具有回归功能的计算器，将 x 和 y 值回归，直接得出截距、斜率和相关系数。

由斜率 b 即可计算出维生素 C 的氧化降解速率常数 k，如在 70℃：

$$k_{70}=b\times(-2.303) \tag{8-11}$$

同上，求出各温度的 k 值。

（3）根据 Arrhenius 公式求维生素 C 的氧化降解活化能（E_a）和频率因子（A），将计算得到的维生素 C 的氧化降解速率常数 k 和对应温度（T）记录在表 8-10 中。

表 8-10 不同温度下维生素 C 注射液的氧化降解速率常数

T	343.15 K（70℃）	353.15 K（80℃）	363.15 K（90℃）	373.15 K（100℃）
x'——$\frac{1}{T}\times10^3$	2.915	2.833	2.755	2.681
y'——lg k				

以 x'为横坐标、y'为纵坐标，进行回归计算。计算出直线斜率 b'、截距 a'和相关系数 r'，故维生素 C 的氧化降解活化能为

$$E_a=b'\times(-2.303)\times R \tag{8-12}$$

式中，R 为气体常数，频率因子即为直线截距的反对数。

（4）求室温（25℃）时的氧化降解速度常数（k_{25}），根据式（8-10）有：

$$\lg k_{25}=-\frac{E_a}{2.303R}\times\frac{1}{298}+\lg A \tag{8-13}$$

$$\lg \frac{k_{25}}{k}=-\frac{E_a}{2.303R}\times\left(\frac{T-298}{298T}\right) \tag{8-14}$$

代入 E_a、A、R 或已知温度 T 及对应的氧化降解速率常数 k，即可计算 k_{25}。该值亦可将 $\lg k$-$\frac{1}{T}$ 图中的直线外推至室温求出。

（5）求室温贮存期 $t_{0.9}$（损失10%所需的时间）由式（8－15）计算：

$$t_{0.9}=\frac{0.1054}{k_{25}} \tag{8-15}$$

五、思考题

（1）药物制剂稳定性研究的范围是什么？

（2）留样观察法的特点有哪些？

（3）经典恒温加速试验法的理论依据是什么？设计实验时的步骤及注意事项有哪些？

药剂学实验七　软膏剂的制备

软膏剂由药物与基质两部分组成，基质是软膏剂形成和发挥药效的重要组成部分。本实验主要介绍软膏剂的制备方法。

一、实验目的

通过制备软膏剂，了解制备不同类型、不同基质软膏剂的方法以及药物的加入方法等。

能力目标

（1）能掌握各种不同类型、不同基质软膏剂的制法、操作要点及操作注意事项。

（2）能掌握软膏剂中药物的加入方法。

二、实验原理

软膏剂的制备方法按照形成的软膏类型、制备量及设备条件的不同而不同，溶液型或混悬型软膏剂常采用研和法或熔和法制备，乳化法是乳膏剂制备的专用方法。制备软膏剂的基本要求是使药物在基质中分布均匀、细腻，以保证药物剂量与药效。

三、实验内容

1. 油脂性基质软膏的制备

1）冻疮膏的制备

冻疮膏处方见表8－11。

表8－11　冻疮膏处方

成分	质量
苯酚	0.20 g
樟脑	0.50 g
薄荷脑	0.60 g
间苯二酚	0.05 g
羊毛脂	1.00 g
凡士林	7.65 g
总和	10.00 g

2）制法

取苯酚、樟脑、薄荷脑、间苯二酚置于干燥乳钵中研磨至液化，加入羊毛脂及凡士林至足量研匀，即得。

3）附注

（1）苯酚、樟脑、薄荷脑、间苯二酚一起研磨时，熔点下降，产生共熔混合物，可溶于基质，形成溶液型软膏，故共熔应完全，防止有颗粒存在对局部皮肤产生刺激性。

（2）忌用于已破的冻疮，以免刺激或腐蚀皮肤组织。

（3）本品制备与贮存时忌与饮器接触。

2. 单软膏的制备

1）单软膏处方

单软膏处方见表8－12。

表8－12　单软膏处方

成分	质量
羊毛脂	50 g
石蜡	100 g
凡士林	850 g
总和	1 000 g

2）制法

取石蜡在水浴上加热熔化后，逐渐加入羊毛脂与凡士林，继续加热，使其完全融合，不断搅拌冷却，即得。

3）附注

本品可以代替由蜂蜡（330 g）和花生油（670 g）制得的单软膏。

3. 乳剂型基质软膏的制备

1）霜剂基质Ⅰ号的处方

霜剂基质Ⅰ号的处方见表8－13。

表8－13　霜剂基质Ⅰ号的处方

成分	质量
硬脂酸	500 g
蓖麻油	500 g
液体石蜡	500 g
三乙醇胺	40 g（=36 mL）
甘油	200 g（=160 mL）
对羟基苯甲酸乙酯	4 g
蒸馏水	2 260 g
总和	4 000 g

2）制法

取三乙醇胺、甘油、蒸馏水于烧杯中，水浴加热至65℃左右，取硬脂酸、蓖麻油、液体石蜡于蒸发皿中水浴加热熔化，温度为45℃～65℃；将水相加入油相中，边加边搅至皂化完全，趁热加入适量防腐剂搅拌至冷凝。

3）附注

两相（水相、油相）混合时，温度要相近，否则成品中易出现粗细不匀的颗粒。

4. 雪花膏的制备

1）处方

雪花膏处方见表8－14。

表8－14　雪花膏处方

成分	质量
硬脂酸	20.0 g
氢氧化钾	1.4 g
甘油	5.0 mL
香精	适量
蒸馏水	适量
总和	100.0 g

2）制法

将硬脂酸置于蒸发皿中，水浴加热至80℃，再将氢氧化钾溶于水中，并与甘油混合，加热至相同温度，逐渐加入熔化的硬脂酸中，不断搅拌至皂化完全，再经约15 min搅拌至冷却，加入香精，搅匀即得.

3）附注

（1）氢氧化钾可用其他碱性试剂代替，以氢氧化钾制得的成品细腻，硼砂制得的成品色白。

（2）搅拌越久成品颜色越白。

5. w/o 型乳膏基质的制备

1）处方

w/o 型乳膏基质处方见表 8−15。

表 8−15　w/o 型乳膏基质处方

成分	质量
单硬脂酸甘油酯	4.000 g
石蜡	4.000 g
液体石蜡	20.000 g
白凡士林	2.000 g
司盘-80	0.100 g
乳化剂 OP	0.200 g
醋酸洗必泰	0.001 g
蒸馏水	10.000 g

2）制法

将单硬脂酸甘油酯、石蜡置于蒸发皿中，水浴加热熔化，加入白凡士林、液体石蜡、司盘-80、待完全熔化后，保持温度为 70℃～80℃；将同温的乳化剂 OP、醋酸洗必泰水溶液加入上述油相溶液中，边加边向同一方向搅拌，至呈乳白色半固体状，即得。

3）附注

（1）单硬脂酸甘油酯是单与双硬脂酸甘油酯的混合物，为白色蜡状固化物。该混合物乳化能力弱，为 w/o 型辅助乳化剂，常用作乳剂基质的稳定剂或增稠剂，并使产品滑润。

（2）乳化剂 OP 的主要化学成分是烷基酚与环氧乙烷的缩合物，系非离子型表面活性剂，为 o/w 型乳化剂，易溶于水。

四、思考题

（1）冻疮膏能否用热熔法制备？为什么？

（2）冻疮膏与铁器接触有何反应？

（3）试分析冻疮膏每种成分在处方中起什么作用。

（4）分析霜剂基质Ⅰ号的处方组成，说明每种组分的作用。

（5）w/o 型乳膏基质中主要的乳化剂有哪些？

（6）计算 w/o 型乳膏基质的 HLB 值。

参考文献

［1］方亮. 药剂学［M］. 8版. 北京：人民卫生出版社，2016.
［2］崔福德. 药剂学［M］. 7版. 北京：人民卫生出版社，2011.
［3］潘卫三. 工业药剂学［M］. 3版. 北京：中国医药科技出版社，2015.
［4］国家药典委员会. 中华人民共和国药典（1～4部）［M］. 2015版. 北京：中国医药科技出版社，2015.

第9章 专业综合实验

专业综合实验在生物制药专业实验中是一个能够体现生物制药专业特色的代表性实验。实验内容包括生物药物从核酸水平转变为功能性蛋白质药物的完整过程，其实验过程涉及生物化学、基因工程、微生物学、免疫学以及发酵制药学等专业领域。开设专业综合实验是学生检验与巩固所学专业理论知识的重要手段，也是学生将专业课知识融会贯通并与实际运用相结合的良好契机。通过专业综合实验的实践学习，学生的专业素质及综合能力能够得到极大提升。

专业综合实验针对生物制药相关专业学生进行引物设计、DNA 聚合酶链式扩增反应（PCR）、重组载体的构建、目的基因的表达、重组蛋白药物的纯化及功能检测等实验的指导训练，帮助学生掌握扩增目的基因片段和构建重组表达载体的基本原理及方法，了解目的产物表达、纯化及功能检测等实验的基本手段，熟悉重组蛋白药物制备的基本流程，培养专业知识的综合运用能力以及逻辑思维能力。

专业综合实验一　重组蛋白药物的基因克隆与表达

一、实验目的

通过以水蛭素作为实验对象，对其基因进行克隆和表达，学生可进一步掌握基因扩增原理和引物设计的基本原则，掌握构建重组载体、载体导入宿主、诱导和鉴定基因表达的方法，理解载体的基本结构及诱导基因表达的基本原理，学习荧光显微镜的使用方法、蛋白质电泳和蛋白质印迹等技术。

能力目标

能掌握通过大肠杆菌表达目的蛋白的原理和方法。

二、实验原理

大肠杆菌生长周期短，遗传背景清楚，实验操作简单，通过其原核表达系统，人们能够快速、大量获得所需目的蛋白或多肽产品。

三、实验材料、试剂与仪器、设备

1. 材料与试剂

含有重组质粒 pET32a-EGFP 的大肠杆菌、ECL 化学发光检测试剂盒、DNA 分子量标准品（DNA Marker）、蛋白质分子量标准品（蛋白质 Marker）、胶回收试剂盒、质粒提取试剂盒、大肠杆菌感受态细胞（Top10 或 DH5α）、大肠杆菌感受态细胞（BL21）、考马斯亮蓝染色液、快速蛋白电泳凝胶制备试剂盒、PVDF 膜（0.22 μm）、琼脂糖、PCR 扩增试剂盒、蛋白质上样缓冲液、DNA 连接试剂盒、DNA 上样缓冲液。

2. 仪器与设备

高压灭菌锅、恒温培养箱（常用 37℃）、超净工作台、电子天平、培养皿、移液器和吸头、PCR 仪、核酸电泳装置、蛋白质电泳装置、蛋白质转膜仪、凝胶成像仪、化学发光检测仪、制冰机、荧光显微镜、恒温加热仪等。

3. 所需试剂配制

（1）LB 液体培养基：称取 5.0 g Tryptone、2.5 g Yeast extract、5.0 g NaCl，加去离子水溶解并定容至 500 mL，于 121℃灭菌后在 4℃贮存备用。

（2）LB 固体培养基：称取 5.0 g Tryptone、2.5 g Yeast extract、5.0 g NaCl、10.0 g 琼脂粉，加去离子水溶解并定容至 500 mL，于 121℃灭菌 20 min，待温度降到 40℃～50℃后倒入平板冷却，在 4℃贮存备用。

（3）氨苄青霉素：将 0.5 g 氨苄青霉素钠盐溶解于 10 mL 去离子水中，使用 0.22 μm滤器过滤除菌。将过滤溶液分装成每份 1 mL 置于−20℃冰箱贮存。使用浓度通常为 50 μg/mL。

（4）10×蛋白质电泳缓冲液（25 mmol/L Tris、250 mmol/L 甘氨酸、0.1% SDS）：称取 30.29 g Tris、144.15 g 甘氨酸、10.00 g SDS 加去离子水溶解，定容至 1 000 mL，使用时稀释到 1×，于室温保存。

（5）膜转移缓冲液（39 mmol/L 甘氨酸、48 mmol/L Tris、0.037% SDS、20%甲醇）：称取 2.90 g 甘氨酸、5.80 g Tris、0.37 g SDS，加入 600 mL 去离子水，充分搅拌溶解，用去离子水定容至 800 mL 后加入 200 mL 甲醇，于室温保存。

（6）Western 杂交膜清洗液（20 mmol/L Tris-HCl、150 mmol/L NaCl、0.05%吐温 20）：量取 1 mol/L Tris-HCl 溶液（pH 8.0）20 mL，吐温 20 0.5 mL，并称取

8.76 g NaCl 溶于去离子水中并定容至 1 000 mL，于室温保存。

（7）Western 杂交膜封闭液（20 mmol/L Tris-HCl、150 mmol/L NaCl、0.05%吐温 20、5% BSA）：称取 5.00 g BSA，加入 80 mL Western 杂交膜清洗液溶解，定容至 100 mL 备用。

（8）考马斯亮蓝染色液：量取 100 mL 醋酸、50 mL 乙醇，用去离子水定容至 1 000 mL，于室温保存。

四、操作步骤

1. 水蛭素基因的 PCR 扩增

（1）根据 NCBI（https://www.ncbi.nlm.nih.gov）收录的水蛭素（hirudin）基因序列信息，通过输入登录号 M26762.1 获取目的基因序列。

（2）根据目的基因序列信息，选择序列中的蛋白质编码区（CDS）作为模板设计上下游引物，分别命名为 hirudin-F 和 hirudin-R，并将引物序列交由生物公司合成。引物设计参考图 9−1，其中保护碱基根据所选择的酶切位点来决定；引物的互补序列长度应根据 Tm 值大小（一般 60℃时较为理想）选择合适长度（限制性内切酶根据载体多克隆位点处的酶切位点分布来进行选择），此时重点注意三个问题：

①目的片段 CDS 序列内部不能包含所选择的限制性内切酶切割位点；

②若翻译目的基因时的起始密码子存在于载体之上，要注意目的片段插入后是否会发生移码突变；

③若需要在目的蛋白 C 端添加标签，则去除 CDS 序列中的终止密码子序列（TAA、TAG 或 TGA）。

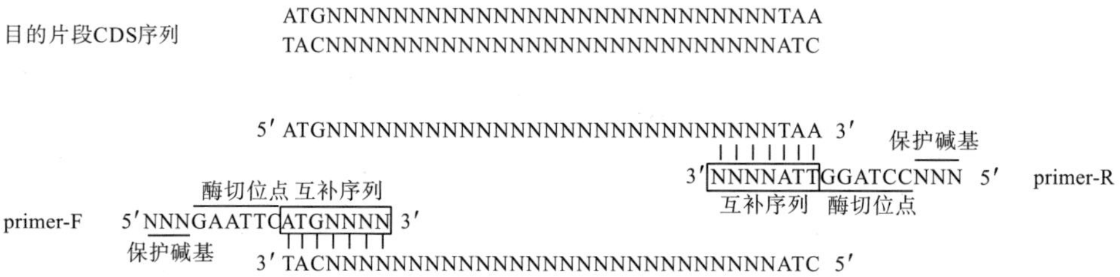

目的片段CDS序列
ATGNNNNNNNNNNNNNNNNNNNNNNNNNNNNNNTAA
TACNNNNNNNNNNNNNNNNNNNNNNNNNNNNNNATC

5′ ATGNNNNNNNNNNNNNNNNNNNNNNNNNNNNNNTAA 3′
保护碱基
3′NNNNATTGGATCCNNN 5′ primer-R
互补序列 酶切位点
酶切位点 互补序列
primer-F 5′NNNGAATTCATGNNNN 3′
保护碱基
3′ TACNNNNNNNNNNNNNNNNNNNNNNNNNNNNNNATC 5′

图 9−1 PCR 引物设计示意

（3）以含有水蛭素基因序列的质粒作为模板，按表 9−1 配制 100 μL 的 PCR 反应体系，并选择 PCR 仪的热盖模式进行扩增。

PCR 反应程序为：

94℃预变性 2 min

变性：94℃，60 s
退火：55℃，30 s
延伸：72℃，30 s
（以上 30 个循环）

最后于 72℃延伸 7 min。

表 9-1 100 μL 的 PCR 反应体系

反应组分	体积（μL）
超纯水	70.5－x μL
模板 DNA	x μL（100～200 ng）
hirudin-F（10 μmol/L）	5 μL
hirudin-R（10 μmol/L）	5 μL
10×扩增缓冲液	10 μL
$MgCl_2$（25 mmol/L）	6 μL
dNTP 混合物（10 mmol/L）	3 μL
Taq 酶（5 U/μL）	0.5 μL（2.5 U）

（4）PCR 反应结束后，取 5 μL 扩增产物与 1 μL 6×DNA 上样缓冲液混匀后用 1.2%的琼脂糖凝胶进行电泳分析，根据 DNA Marker 确认扩增产物大小是否与预期相符。

2. 重组载体的构建

（1）若扩增产物大小符合预期，应重新配制琼脂糖凝胶，再将所有扩增产物进行电泳分离。电泳结束后，将凝胶放置于凝胶成像仪中，在紫外光下用刀片将含有目的条带的胶块切下，并使用胶回收试剂盒回收胶块中的 DNA 片段。回收步骤如下：

①将含有目的条带的胶块切下放入 1.5 mL 的离心管内，在其中加入 Binding Buffer（加入体积视胶块质量而定，一般为 600 μL/100mg 胶块），置于 58℃恒温加热仪中摇晃溶解，直至胶块消失；

②将胶块溶解后的溶液加入套有收集管的核酸吸附柱内（不超过 750 μL，否则分两次加入），静置 5 min 后，以 12 000 g 离心 1 min；

③将收集管中的滤液去除，往吸附柱中加入 700 μL Washing Buffer 后静置 2 min，再以 12 000 g 离心 1 min；

④重复步骤③；

⑤去除滤液后将套有吸附柱的收集管放入离心机内，以 12 000 g 室温离心 3 min；

⑥将吸附柱放入新的 1.5 mL 离心管，向柱子中央加入提前 65℃孵育的超纯水（至少 25 μL），置于室温 5 min 后，以 12 000 g 离心 3 min，滤液即为目的片段；

⑦测量回收后的 DNA 片段浓度，标记浓度、名称及日期后置于－20℃冰箱保存。

（2）取适量目的基因片段与质粒载体 pET32a-EGFP 进行限制性内切酶消化（快切酶消化 0.5 h，慢切酶消化 8 h），50 μL 反应体系见表 9-2。

表 9-2　50 μL 反应体系

反应组分	体积（μL）
超纯水	41−x μL
限制性内切酶 1	2 μL
限制性内切酶 2	2 μL
10×酶切缓冲液	5 μL
DNA 片段/质粒	x μL（2 μg）

（3）待酶切反应结束后，通过琼脂糖凝胶电泳将酶切后的线性化质粒进行回收（电泳时用未进行酶切的同一质粒作为对照，若酶切后的质粒电泳速率明显减慢，说明质粒已经被成功切割）。酶切后的目的片段只需与 300 μL Binding Buffer 混匀后直接回收片段，回收后的片段需测定核酸浓度后置于−20℃保存。回收方法见步骤（1）。

（4）取适量酶切过后的目的片段与载体置于 50 μL 离心管中，于 16℃连接 4～6 h，其中载体与目的片段的摩尔比约为 1∶3。20 μL 反应体系见表 9−3。

表 9−3　20 μL 反应体系

反应组分	体积（μL）
超纯水	13−x μL
T4 DNA 连接酶	1 μL
10×T4 DNA 连接酶缓冲液	2 μL
目的片段	x μL
载体	4 μL

3. 转化与鉴定

（1）从−80℃冰箱中取出装有大肠杆菌感受态细胞的离心管（克隆菌株），将其放置于冰上溶解（5～10 min），然后将连接好的产物加入感受态细胞中，用移液器吸头轻轻混匀（此过程应为无菌操作）。

（2）将混合了质粒的感受态细胞放置于冰上 30 min。

（3）于水浴锅上对感受态细胞进行 42℃热击处理 60～90 s，然后迅速将其放回冰上静置 2 min。

（4）向离心管中加入 500 μL 不含抗生素的 LB 液体培养基，放置于 37℃摇床中培养 1 h。

（5）从离心管中取 100 μL 培养后的菌液加入具氨苄青霉素抗性的 LB 固体培养基培养皿中，然后用消毒后的三角涂布棒将菌液涂布均匀，正置于 37℃培养箱中培养 1 h 后倒置过夜培养，直至长出肉眼可见的菌落。

（6）待培养皿中长出肉眼明显可见的菌落后，用无菌牙签将菌落挑取至含有 500 μL氨苄青霉素抗性的 LB 液体培养基的离心管中（挑取约 5 个），放置于 37℃摇床中培养至培养基浑浊（约 4 h）。

（7）取 2 μL 浑浊的菌液作为扩增模板，使用载体多克隆位点两侧通用引物进行 PCR 反应，该步骤可将 PCR 反应体系缩小至 20 μL，具体方法参考“1. 水蛭素基因的 PCR 扩增”的步骤（3）。

（8）配制 1%的琼脂糖凝胶对扩增产物进行电泳检测，根据扩增条带的大小确定载体中是否插入目的片段（载体多克隆位点处若插入外源片段，扩增产物将会变大）。

（9）选择阳性样品，吸取部分菌液送至生物公司进行测序，并吸取部分菌液加入甘油混匀后冻存于−80℃冰箱中（甘油终浓度为 10%～20%，甘油较为黏稠，可提前配制 50%甘油用于冻存实验），剩余菌液保存于 4℃冰箱中备用。

（10）根据测序结果，选择目的片段序列正确的样品进行后续实验。至此，重组载体构建完成。

4. 重组质粒的提取

（1）将最终获得的包含重组质粒载体的菌液以 1∶（50～100）的比例接种于 10 mL 含氨苄青霉素的 LB 液体培养基中，置于 37℃摇床中培养过夜。

（2）使用质粒提取试剂盒提取重组质粒，方法如下：

①通过离心沉降的方法将过夜培养的大肠杆菌收集至 1.5 mL 离心管中，尽量去除培养基后用 250 μL 溶液 1 进行重悬；

②加入 250 μL 溶液 2 进行裂解，轻缓上下颠倒混匀，室温裂解不超过 5 min，以免基因组被打断；

③加入 350 μL 溶液 3 中和裂解液，轻缓上下颠倒混匀，以 12 000 g 离心 10 min；

④将离心后的上清液加入套有收集管的质粒吸附柱中，静置 5 min 使质粒被充分吸附；

⑤以 12 000 g 离心 1 min，弃过滤液，再向吸附柱中加入 600 μL 洗涤液，以 12 000 g离心 1 min，弃过滤液，重复洗涤一次；

⑥以 12 000 g 离心 3 min，彻底去除洗涤液，将收集管更换为 1.5 mL 离心管，加入适量（30～60 μL）60℃预热的超纯水至吸附柱的膜中央（切勿用移液器枪头触碰），静置5 min待质粒充分溶解后以 12 000 g 离心 1 min，滤液即为质粒溶液，对质粒进行质量和浓度测定后置于−20℃冰箱保存备用。

5. 水蛭素基因的表达

（1）根据重组质粒的浓度，取 1～10 μL 转化大肠杆菌感受态细胞（表达菌株 BL21），并最终获得转化重组载体的表达菌株（同时转化未发生重组的质粒 pET32a-EGFP 作为后续实验的阴性对照，因此，该步骤需要分别转化两个质粒至两管感受态细胞），方法参见步骤（3）。

（2）将水蛭素表达菌株与对照菌株分别按 1∶（50～100）的比例接种于 5 mL 含氨苄青霉素的 LB 液体培养基中，放置于 37℃摇床中振荡培养至浑浊（约 8 h）。

（3）取四支含有 5 mL LB 液体培养基（含氨苄青霉素）的玻璃培养管，各接种两管实验组菌液（转化重组质粒的 BL21 菌株）和对照组菌液 50 μL（转化 pET32a-EGFP

的 BL21 菌株)，放置于 37℃摇床中振荡培养至 OD_{600} 为 0.6（测量过程需为无菌操作)。

（4）分别向实验组和对照组的一支培养管中加入 IPTG 至终浓度为 1 mmol/L，然后继续培养 6 h 进行目的基因的诱导表达；向另一支培养管中加入超纯水作为对照。

（5）用 1.5 mL 离心管离心收集上述四管菌液中的菌体，加入 1 mL 超纯水重悬，然后以 12 000 g 离心 1 min 后去除 900 μL 上清液，此时将剩余的菌液混匀，一方面吸取 1 μL 菌液均匀涂抹在载玻片上后盖上盖玻片，在荧光显微镜下观察大肠杆菌的绿色荧光蛋白表达情况；另一方面向剩余的菌液中加入 100 μL 2×SDS-PAGE 上样缓冲液，轻缓混匀后于沸水浴中处理 10 min（也可使用金属浴)。

（6）将处理好的样品以 12 000 g 离心 3 min，取上清液作为蛋白质电泳样品备用，置于−20℃冰箱保存备用。

（7）在进行蛋白质电泳前，配制两块浓缩胶浓度为 5%、分离胶浓度为 12%的聚丙烯酰胺凝胶，每块需要浓缩胶 1 mL、分离胶 5 mL。10 mL 12%的分离胶配方见表 9−4。

表 9−4　10 mL 12%的分离胶配方

组分	体积
超纯水	3.3 mL
30%丙烯酰胺溶液	4 mL
1.5 mol/L Tris-HCl（pH 8.8）	2.5 mL
10% SDS	100 μL
10%过硫酸铵	100 μL
TEMED	4 μL

（8）将配制好的分离胶用 1 mL 移液器枪头缓慢注入 0.75 mm 胶板中间，至胶板高度 3/4 处停止，然后逐滴加入异丙醇覆盖在凝胶表面，等待胶块出现明显的凝固痕迹。按照表 9−5配制 5%的浓缩胶 3 mL。

表 9−5　5%的浓缩胶配方

组分	体积
超纯水	2.1 mL
30%丙烯酰胺溶液	500 μL
1 mol/L Tris-HCl（pH 6.8）	380 μL
10% SDS	30 μL
10%过硫酸铵	30 μL
TEMED	3 μL

（9）待分离胶凝固后，将胶板倒置除去异丙醇，然后用去离子水冲洗三次，用滤纸吸收多余水分，再缓慢均匀加入浓缩胶；之后插入与胶板相对应的梳子，并避免产生气泡（也可使用快速蛋白质凝胶制备试剂盒)。

(10) 将配制好的胶块安装在蛋白质电泳装置中，向装置中加入蛋白质电泳缓冲液至电泳槽上标记的刻度线，拔出梳子后向胶孔中依次加入 4 个样品各 10 μL（两块胶按照相同的方式加样）；先以 30～60 V 的恒压进行电泳，当样品进入分离胶后，将电压调至 120 V，直至指示剂跑到离胶块 1 cm 处停止电泳；将其中一块凝胶放入考马斯亮蓝染色液中染色 30 min，再进行脱色观察（染色后的胶块放入考马斯亮蓝脱色液中轻柔晃动即可脱色，一般脱色时间为 30～60 min）蛋白质条带，另一块凝胶用于蛋白质印迹（Western-Blot）检测。

6. 重组蛋白药物的 Western-Blot 检测

(1) 将“5. 水蛭素基因的表达”步骤（10）中电泳完成的另一块凝胶取出放于膜转移缓冲液中平衡 2 min，同时将大小合适的聚偏氟乙烯（PVDF）膜用甲醇浸泡 2 min，按负极夹板—滤纸—胶块—PVDF 膜—滤纸—正极夹板的顺序将膜与胶块放置妥当，避免胶块与膜之间产生气泡；冰浴条件下以恒定电流 300 mA 转膜 50 min。

(2) 将转膜完成的 PVDF 膜取出，正面朝上放置于杂交盒中（与胶块接触的一面为正面），加入 10 mL Western 杂交膜封闭液封闭 1 h。

(3) 去除封闭液，加入以 1∶10000 稀释的小鼠抗 His 标签单克隆抗体（使用 Western 杂交膜封闭液稀释，稀释比例见抗体使用说明书），在室温条件下置于脱色摇床上孵育 1 h。

(4) 收集上述的抗体稀释液，做好标记后保存于−20℃以便后续重复使用（重复次数根据实验结果决定）；杂交盒中加入 10 mL Western 杂交膜清洗液洗涤 10 min，然后去除清洗液；洗涤步骤重复三次。

(5) 加入以 1∶5000 稀释的 HRP（辣根过氧化物酶）标记的抗小鼠 IgG 抗体（使用 Western 杂交膜封闭液稀释，稀释比例见抗体使用说明书），在室温条件下置于脱色摇床上孵育 1 h。

(6) 去除抗体稀释液，在杂交盒中加入 10 mL Western 杂交膜清洗液洗涤 10 min，然后去除清洗液；洗涤步骤重复三次。

(7) 按照 ECL 化学发光检测试剂盒说明书的要求在杂交盒中各加入 1 mL 显色液 A、B，于室温混匀反应 2 min（此过程需避光），用镊子取出 PVDF 膜放入化学发光成像仪中进行化学发光检测，拍照并保存结果。

五、注意事项

(1) 实验过程中多个步骤涉及溶液的微量吸取和无菌操作，需集中注意力并细心操作。

(2) 实验过程中每一个步骤的完成情况决定了下一个步骤是否能够继续进行，因此必须对每一个实验结果做认真分析后再开始下一个步骤。

(3) 实验过程中部分试剂对人体有害，需谨慎处理并加强自身防护（如正确佩戴口罩和手套等）。

(4) 实验过程持续时间较长，学生在开展实验之前需提前预习，对整个实验过程有一个基本了解。

（5）实验过程中涉及的试剂较多，应严格按照操作步骤进行，并对常规试剂的储存有一定了解（如酶类需存放于－20℃或－80℃，菌液未加甘油前不能存放于－20℃或更低的温度，SDS溶液需常温存放等）。

六、结果观察及分析的原则

（1）当我们成功构建出能够表达目的基因的菌株后，可通过SDS-PAGE明显地观察到在预期位置出现了与对照组有差异的蛋白质条带；同时，通过蛋白质印迹实验也能够看到实验组中出现了特异性的条带（预期蛋白质大小可根据平均每个氨基酸的分子量为110进行计算，图9－1为SDS-PAGE后，通过考马斯亮蓝染色显示出一条大小约为48 kD的目的蛋白；图9－2为蛋白质印迹检测结果）。

（2）若通过考马斯亮蓝染色法和蛋白质印迹都不能检测到目的蛋白的表达，可进一步分析以下问题：

①是否在构建载体时选择了错误的酶切位点，导致目的基因发生移码突变。

②是否在使用诱导剂IPTG诱导表达时，菌液的OD_{600}值过高。

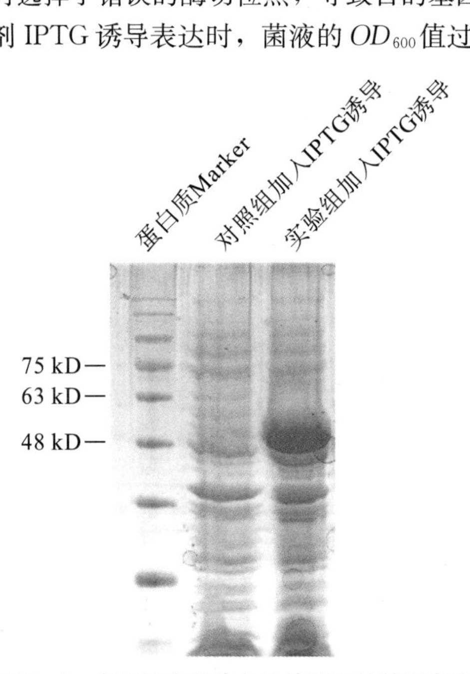

图9－1　考马斯亮蓝染色法检测目的基因表达

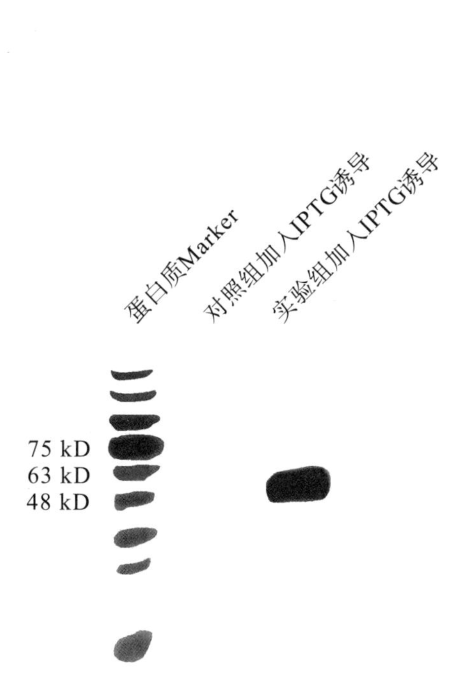

图 9-2　蛋白质印迹检测目的基因表达

七、思考题

(1) IPTG 诱导大肠杆菌表达目的蛋白的原理是什么?

(2) 某个基因的 CDS 区域长度为 900 bp，那么其编码的蛋白质大小约为多少?

(3) SDS-PAGE 实验中，蛋白质在聚丙烯酰胺凝胶中移动的原理是什么? 向哪个电极方向移动?

(4) 为什么要在 Western 杂交膜封闭液中加入 BSA?

专业综合实验二　重组蛋白药物的分离纯化与功能检测

一、实验目的

通过大肠杆菌大量表达目的蛋白并对其进行体外纯化和功能鉴定，学生可以掌握菌种扩大培养的方法；了解蛋白质纯化的一般原理及亲和层析在重组蛋白分离过程中的重要运用。

能力目标

能掌握使用亲和层析纯化蛋白质的方法。

二、实验原理

Ni-IDA 琼脂糖树脂中螯合了大量镍离子，可与含有多聚组氨酸标签的重组蛋白结合，通过咪唑与镍离子的竞争性结合将重组蛋白洗脱下来。

三、实验材料、试剂与仪器、设备

1. 材料与试剂

含有重组质粒 pET32a-GFP-hirudin 的大肠杆菌 BL21 菌种、考马斯亮蓝染色液、快速蛋白电泳凝胶制备试剂盒、Ni-IDA 琼脂糖纯化树脂、透析袋、蛋白质上样缓冲液、PMSF。

2. 仪器与设备

高压灭菌锅、恒温摇床、超净工作台、电子天平、摇菌管、锥形瓶、牙签、移液器和吸头等。

3. 所需试剂配制

（1）LB 液体培养基：称取 5.0 g Tryptone、2.5 g Yeast extract、5.0 g NaCl，加去离子水溶解并定容至 500 mL，于 121℃灭菌 20 min 备用。

（2）氨苄青霉素溶液（50 mg/mL）：将 0.5 g 氨苄青霉素钠盐溶解于去离子水中并定容至 10 mL，使用 0.22 μm 滤器过滤除菌。将过滤液分装成每份 1 mL 于－20℃贮存，工作浓度通常为 50 μg/mL。

（3）10×结合缓冲液（50 mmol/L NaH_2PO_4、300 mmol/L NaCl、10 mmol/L 咪唑）：称取 7.80 g $NaH_2PO_4 \cdot 2H_2O$、17.53 g NaCl、0.68 g 咪唑溶于 100 mL 去离子水中，用 NaOH 调节 pH 至 8.0，0.22 μm 滤器过滤后于 4℃贮存，使用时稀释 10 倍。

（4）10×洗涤缓冲液 1（50 mmol/L NaH_2PO_4、300 mmol/L NaCl、20 mmol/L 咪唑）：称取 7.80 g $NaH_2PO_4 \cdot 2H_2O$、17.53 g NaCl、1.36 g 咪唑溶于 100 mL 去离子水中，用 NaOH 调节 pH 至 8.0，0.22 μm 滤器过滤后于 4℃贮存，使用时稀释 10 倍。

（5）10×洗脱缓冲液 1（50 mmol/L NaH_2PO_4、300 mmol/L NaCl、250 mmol/L 咪唑）：称取 7.80 g $NaH_2PO_4 \cdot 2H_2O$、17.53 g NaCl、17.00 g 咪唑溶于 100 mL 去离子水中，用 NaOH 调节 pH 至 8.0，0.22 μm 滤器过滤后于 4℃贮存，使用时稀释 10 倍。

（6）Tris-HCl 溶液（1 mol/L，pH 8.0）：称取 121.1 g Tris 溶于 800 mL 去离子水中，用盐酸调节 pH 至 8.0，待溶液冷却至室温后确定 pH 是否正确，最后加去离子水定容至 1 000 mL，高压灭菌后于 4℃贮存备用。

（7）洗涤缓冲液 2（20 mmol/L Tris-HCl、8 mol/L 尿素、500 mmol/L NaCl、5 mmol/L咪唑）：量取 1 mol/L Tris-HCl 溶液（pH 8.0）20 mL，称取 29.20 g NaCl、480.00 g 尿素、0.34 g 咪唑溶于去离子水中并定容至 1 000 mL，0.22 μm 滤器过滤后于 4℃贮存备用。

（8）洗脱缓冲液 2（20 mmol/L Tris-HCl、8 mol/L 尿素、500 mmol/L NaCl、500 mmol/L咪唑）：量取 1 mol/L Tris-HCl 溶液（pH 8.0）2 mL，称取 2.92 g NaCl、48.00 g 尿素、3.40 g 咪唑溶于去离子水中并定容至 100 mL，0.22 μm 滤器过滤后于 4℃贮存备用。

（9）包涵体洗涤液（20 mmol/L Tris-HCl、2 mol/L 尿素、2% Triton X-100）：量

取 1 mol/L Tris-HCl 溶液（pH 8.0）2 mL、Triton X-100 2 mL，称取尿素12.00 g溶于去离子水中并定容至 100 mL，0.22 μm 滤器过滤后于 4℃贮存备用。

（10）IPTG 溶液（0.1 mol/L）：称取 2.38 g IPTG 粉末，加入 100 mL 去离子水充分溶解，使用 0.22 μm 滤器过滤除菌。过滤液分装成每份 1 mL 于−20℃冰箱贮存。

（11）透析液 1（50 mmol/L NaH_2PO_4、300 mmol/L NaCl）：称取 7.80 g $NaH_2PO_4 \cdot 2H_2O$和 17.53 g NaCl 溶于去离子水中，用 NaOH 调节 pH 至 8.0，并定容至 1 000 mL，0.22 μm 滤器过滤后于 4℃贮存。

（12）透析液 2（20 mmol/L Tris-HCl、500 mmol/L NaCl、6 mol/L 尿素、5%甘油）：量取 1 mol/L Tris-HCl 溶液（pH 8.0）20 mL、甘油 50 mL，称取 29.20 g NaCl、360.00 g 尿素，溶于去离子水中并定容至 1 000 mL，0.22 μm 滤器过滤后于 4℃贮存备用。

（13）透析液 3（20 mmol/L Tris-HCl、500 mmol/L NaCl、4 mol/L 尿素、5%甘油）：量取 1 mol/L Tris-HCl 溶液（pH 8.0）20 mL、甘油 50 mL，称取 29.20 g NaCl、240.00 g 尿素，溶于去离子水中并定容至 1 000 mL，0.22 μm 滤器过滤后于 4℃贮存备用。

（14）透析液 4（20 mmol/L Tris-HCl、500 mmol/L NaCl、3 mol/L 尿素、5%甘油）：量取 1 mol/L Tris-HCl 溶液（pH 8.0）20 mL、甘油 50 mL，称取 29.20 g NaCl、180.00 g 尿素，溶于去离子水中并定容至 1 000 mL，0.22 μm 滤器过滤后于 4℃贮存备用。

（15）透析液 5（20 mmol/L Tris-HCl、500 mmol/L NaCl、2 mol/L 尿素、5%甘油）：量取 1 mol/L Tris-HCl 溶液（pH 8.0）20 mL、甘油 50 mL，称取 29.20 g NaCl、120.00 g 尿素，溶于去离子水中并定容至 1 000 mL，0.22 μm 滤器过滤后于 4℃贮存备用。

（16）透析液 6（20 mmol/L Tris-HCl、500 mmol/L NaCl、1 mol/L 尿素、5%甘油）：量取 1 mol/L Tris-HCl 溶液（pH 8.0）20 mL、甘油 50 mL，称取 29.20 g NaCl、60.00 g 尿素，溶于去离子水中并定容至 1 000 mL，0.22 μm 滤器过滤后于 4℃贮存备用。

（17）透析液 7（20 mmol/L Tris-HCl、500 mmol/L NaCl）：量取 1 mol/L Tris-HCl 溶液（pH 8.0）40 mL，称取 58.40 g NaCl 溶于去离子水中并定容至2 000 mL，0.22 μm 滤器过滤后于 4℃贮存备用。

（18）10×蛋白质电泳缓冲液（25 mmol/L Tris、250 mmol/L 甘氨酸、0.1% SDS）：称取 30.29 g Tris、144.15 g 甘氨酸、10.00 g SDS，加去离子水溶解，定容至 1 000 mL，使用时稀释到 1×，置于室温保存。

（19）膜转移缓冲液（39 mmol/L 甘氨酸、48 mmol/L Tris、0.037% SDS、20%甲醇）：称取 2.90 g 甘氨酸、5.80 g Tris、0.37 g SDS，加入 600 mL 去离子水，充分搅拌溶解，用去离子水定容至 800 mL 后加入 200 mL 甲醇，置于室温保存。

（20）Western 杂交膜清洗液（20 mmol/L Tris-HCl、150 mmol/L NaCl、0.05%吐温 20）：量取 1 mol/L Tris-HCl 溶液（pH 8.0）20 mL、吐温 20 0.5 mL，并称取

8.76 g NaCl 溶于去离子水中，定容至 1 000 mL，置于室温保存。

（21）考马斯亮蓝染色脱色液：量取醋酸 100 mL、乙醇 50 mL，用去离子水定容至 1 000 mL，置于室温保存。

四、操作步骤

（1）由于外源蛋白在大肠杆菌中表达后容易错误折叠形成包涵体，因此在大量诱导目的基因表达之前，我们需先确认目的蛋白是否以包涵体形式存在，或者正确折叠形成可溶性蛋白质；取专业综合实验一构建成功的表达菌株 100 μL 接种至 1 mL 含氨苄青霉素的 LB 液体培养基中进行活化（过夜培养）。

（2）取活化好的表达菌株 500 μL 接种至 5 mL 含氨苄青霉素的 LB 液体培养基中，置于 37℃摇床培养至 OD_{600} 为 0.6 左右。

（3）将步骤（2）培养的菌液全部加入 500 mL 含氨苄青霉素的 LB 液体培养基中，置于 37℃摇床培养至 OD_{600} 为 0.6 左右，加入 IPTG 至终浓度为 1 mmol/L，继续培养6 h。

（4）取出诱导完成的表达菌株置于冰上，先取出 50 mL 菌液，于 4℃离心收集菌体，然后用结合缓冲液漂洗一遍，去除上清液；菌体沉淀用结合缓冲液重悬（5～10 mL/g沉淀），加入 PMSF 至终浓度为 1 mmol/L，混匀后于冰浴条件下超声裂解大肠杆菌。裂解条件为：工作 10 s，间隔 10 s，总时长 10 min，300 W 左右，重复 3～4 次。

（5）将裂解后的菌液于 4℃、12 000 g 离心 2 min，分离上清液与沉淀（上清液保留），沉淀用结合缓冲液漂洗一遍，按同样的条件离心去除上清液，沉淀用与保留的上清液等体积的结合缓冲液重悬；各取 30 μL 重悬后的沉淀与保留的上清液，分别加入 30 μL 2×SDS-PAGE 上样缓冲液混匀后，于 100℃处理 10 min。

（6）按同样的条件离心，取上清液作为样品做 SDS-PAGE 检测，方法见专业综合实验一“5. 水蛭素基因的表达”步骤（7）～步骤（10）。

（7）根据步骤（6）的实验结果，如果目的蛋白在沉淀中，则跳至步骤（23），否则开始步骤（8）。

（8）将步骤（3）诱导完成的 450 mL 菌液离心收集并超声裂解，方法同步骤（4）。

（9）将步骤（8）的裂解液于 4℃、12 000 g 离心 10 min 收集上清液，上清液使用 0.22 μm 滤器进行过滤。

（10）加入适量的 Ni-IDA 琼脂糖树脂到离心管中，然后以 3 000 g 离心 2 min 去除上清液（转速过大会破坏树脂）。

（11）加入两倍树脂体积的结合缓冲液与树脂混匀，然后以 3 000 g 离心 2 min 去除上清液。

（12）将步骤（9）获得的上清液与树脂混匀，上清液的体积约为树脂体积的 2 倍，缓慢振荡混匀 30 min（低温处理，可适当延长振荡时间使目的蛋白与树脂充分结合）。

（13）以 3 000 g 离心 2 min 去除上清液（上清液先保留）。

（14）用 2 倍树脂体积的洗涤缓冲液 1 清洗树脂，然后以 3 000 g 离心 2 min 去除上清液（上清液先保留）。按照相同方法对树脂进行重复洗涤，通过测量上清液在 280 nm

处的吸光度，待上清液中无蛋白质残留后结束（重复步骤中蛋白质含量较低则不保存上清液）。

（15）用1倍树脂体积的洗脱缓冲液1洗脱树脂中的重组蛋白，然后以3 000 g离心2 min，吸取上清液并保存；重复该步骤一次，两管上清液分别保存。

（16）测定步骤（9）、步骤（13）、步骤（14）和步骤（15）留存的上清液中蛋白质浓度，然后各取20 μL与相同体积的2×SDS-PAGE上样缓冲液混匀，于100℃处理10 min。

（17）同步骤（6）。

（18）通过观察凝胶块中蛋白质条带的分布分析纯化效果。

（19）将步骤（15）洗脱的重组蛋白溶液装入透析袋中，夹好袋口后放入透析液1中，于4℃过夜透析。

（20）更换新的透析液1，重复步骤（19）。

（21）先将透析袋内的溶液使用超滤管进行浓缩处理，然后测量浓缩后的蛋白质浓度并于−20℃保存备用（同时可通过考马斯亮蓝染色法分析浓缩后的蛋白质纯度）。

（22）取两个1.5 mL离心管，分别加入20 μL浓缩后的重组蛋白和20 μL透析液1，再加入50 μL新鲜血液，观察两个离心管中血液的凝固情况，并记录结果（实验结束）。

（23）将步骤（3）裂解后的菌液于4℃、12 000 g离心10 min，收集沉淀。

（24）将沉淀用包涵体洗涤液进行洗涤，然后于4℃、12 000 g离心10 min，收集沉淀。

（25）将沉淀用去离子水进行洗涤，然后于4℃、12 000 g离心10 min，收集沉淀。

（26）用5倍沉淀体积的洗涤缓冲液2溶解包涵体（可4℃过夜溶解），后续步骤同步骤（9）～步骤（18），只需将结合缓冲液和洗涤缓冲液1替换为洗涤缓冲液2，洗脱缓冲液1替换为洗脱缓冲液2。

（27）将洗脱缓冲液2洗脱下来的重组蛋白溶液装入透析袋中（控制透析袋中蛋白浓度在0.1～1.0 mg/mL之间），夹好袋口后放入透析液2中于4℃过夜透析。

（28）将透析液2更换为透析液3，继续透析。

（29）将透析液3更换为透析液4，继续透析。

（30）将透析液4更换为透析液5，继续透析。

（31）将透析液5更换为透析液6，继续透析。

（32）将透析液6更换为透析液7，继续透析。

（33）重复一次步骤（32）。

（34）同步骤（21）和步骤（22）。

五、注意事项

（1）目的蛋白错误折叠形成包涵体往往是由于蛋白质翻译过快，来不及正确折叠，而包涵体形式的蛋白复性程序较为烦琐且不一定能够复性成功，因此可考虑改变诱导表达的条件或更换载体来使目的蛋白可溶性表达（如诱导温度、诱导时间、诱导剂浓度和摇床转速等)。

(2) 蛋白质常温易降解，因此纯化过程尽量在低温环境下进行（如冬天)。

(3) 生物体通常含有丰富的蛋白酶，因此在处理菌体过程中需要加入蛋白酶抑制剂以防止目的蛋白被降解。

(4) 涉及有毒物质的实验操作应在生物安全柜中进行，如配制聚丙烯酰胺凝胶，使用 PNSF 等。

六、结果观察及分析的原则

(1) 纯化后的重组蛋白电泳后通过考马斯亮蓝染色后应该呈现单一条带；水蛭素是凝血酶的抑制剂，因此加入重组蛋白的新鲜血液将难以凝固或凝固时间延长。

(2) 若纯化后的蛋白纯度不高，含有多个蛋白条带，则需要改变洗脱液中咪唑的浓度，选择最适咪唑浓度进行洗脱；若重组蛋白不能延缓或阻止新鲜血液凝固，则可能是由于重组蛋白浓度过低或者重组蛋白没有复性成功，也可能是由于目的蛋白分子量较小，与其融合的蛋白较大，影响了目的蛋白的功能。

七、思考题

(1) 在大量培养表达菌株时为什么需要逐级接种，而不是直接将菌株接种到 500 mL培养基中?

(2) 包涵体是如何形成的?

(3) 通过 Ni-IDA 琼脂糖树脂纯化重组蛋白的原理是什么?

参考文献

[1] J. 萨姆布鲁克，D. W. 拉塞尔. 分子克隆实验指南［M]. 3 版. 黄培堂，等译. 北京：科学出版社，2016.

[2] Robert F Weaver. 分子生物学［M]. 5 版. 郑用琏，等译. 北京：科学出版社，2023.

创新拓展篇

第10章 生物制药创新实验

生物制药创新实验，包括中药发酵菌种筛选、黑曲霉固体发酵生产纤维素酶、EMSA检测技术、同源重组杆粒的构建、氨基酸的分离纯化、面包酵母催化还原反应、酵母双杂交实验等。该部分是学生选做实验，是学生参加创新创业大赛等的技术训练和综合运用的实验基础。创新拓展实验的训练能培养学生基于生物制药专业理论知识独立设计实验方案，综合运用基础知识分析和解决工程实践过程中的复杂问题，全面提升学生的创新实践能力。

生物制药创新实验一　中药发酵菌种筛选

一、实验目的

中药提取后废弃的药渣不仅会产生环境污染，也会增加生产企业的处理成本，怎样合理利用药渣，已成为政府和企业都关注的问题。本实验利用各类菌种发酵中药，观察发酵对中药提取物活性成分的影响，旨在筛选出可以用于实际生产的适合中药发酵的菌种。

能力目标

能掌握标准曲线的制备以及固体培养基和液体培养基的接种方法。

二、实验原理

使用菌种发酵中药常常会改变中药的某些活性成分，使中药发生减毒、药性改变、功效改变等。本实验通过微生物发酵中药药渣，比较发酵前后各活性成分的变化，筛选发酵中药的优势菌种组合，为中药药渣的合理开发利用提供实验支撑，以期将发酵中药与发酵工程学、微生物学、药理学等相关学科进行有机结合。

三、实验材料与仪器

1. 试验菌种

红曲霉、根霉、康宁木霉、酵母菌、嗜酸乳杆菌、醋酸杆菌、干酪乳杆菌、副干酪乳杆菌、鼠李糖乳杆菌。

2. 材料与试剂

盐酸、氢氧化钠、浓硫酸、硫酸铜、硫酸镁、磷酸二氢钠、氯化钠、3,5-二硝基水杨酸、芦丁标准品、葡萄糖标准品、苯酚、牛肉膏、酵母粉、蛋白胨、琼脂、硝酸铝、γ-氨基丁酸标准品、无水乙醇 2 L，麦冬、三七粉、赤小豆、薏仁、黄芪各 300 g。

3. 仪器与设备

电子天平 3 台，培养箱 2 台，6 孔水浴锅 3 台，pH 计 3 台，电热恒温干燥箱 1 台，凯氏定氮仪 3 套，摇床 2 台，3 L 发酵玻璃罐 12 个，10～30 量程糖度计 2 台，长25 cm 玻棒 12 根，5 mL、2 mL、1 mL 移液管各 15 根，100 mL、250 mL、1 000 mL 容量瓶各 24 个，紫外可见分光光度计 5 台，抽滤瓶、布氏漏斗 5 套，真空泵 5 套。

四、实验分组

全班同学分成若干组，每组 2 人，每组必须完成对照组、单菌种组、混合菌种组实验项目。

五、实验内容

（1）还原糖测定：DNS 显色法。
（2）蛋白含量测定：凯氏定氨法。
（3）pH 测定：pH 计。
（4）总固形物测定：糖度计。
（5）菌种培养基配制。

①霉菌培养平板：土豆去皮切块，取 20 g 土豆块，加少量水煮沸，纱布过滤，取滤液加蒸馏水定容至 100 mL；再加入 2 g 葡萄糖和 2 g 琼脂，于 121℃灭菌 20 min，配制培养基。

②酵母菌液体培养基：土豆去皮切块，取 20 g 土豆块，加少量水煮沸，纱布过滤，取滤液加蒸馏水定容至 100 mL，再加入 2 g 葡萄糖，于 121℃灭菌 20 min，配制培养基。

③发酵培养基配方（麦冬、三七粉、赤小豆、薏仁、黄芪几种中药材，由各实验小组自由选择，下面以黄芪和赤小豆为例进行介绍）。

黄芪：药渣 10 g、硫酸铵 0.600 g、磷酸氢二钾 0.020 g、磷酸二氢钾 0.025 g、硫酸镁 0.005 g、氯化钠 0.005 g，固液比为 1∶3（含水量为 75%）。

赤小豆：药渣 10 g、硫酸铵 0.400 g、磷酸氢二钾 0.020 g、磷酸二氢钾 0.025 g、硫酸镁 0.005 g、氯化钠 0.005 g，固液比为 2∶3（含水量为 60%）。

（6）灭菌：制备好的培养基立即于 121℃灭菌 30 min。

（7）培养条件：将孢子液/种子液按一定比例接入固体培养基，置于 30℃恒温培养箱中培养。

（8）菌种筛选。

①单菌筛选。

黄芪药渣：分别接入某种菌株（各实验组选择一种菌株进行实验），每隔 4 h 取一次样，取 12 个点（2 天），每个点取 3 个平行样。通过测定还原糖、总酸、总黄酮、粗蛋白、真蛋白含量，得到接种菌株的生长代谢趋势线，根据结果进行最优菌种筛选。

赤小豆药渣：分别接入某种菌株（各实验组选择一种菌株进行实验），每隔 4 h 取一次样，取 12 个点（2 天），每个点取 3 个平行样。通过测定还原糖、总酸、总黄酮、粗蛋白、真蛋白含量，得到接种菌株的生长代谢趋势线，根据结果进行最优菌种筛选。

②混菌发酵：由各实验组学生从霉菌、乳酸杆菌中分别选出一个菌种，进行组合实验。

（9）对照实验：参照上述实验步骤和内容，只往药渣中加入水调节含水量，而不添加任何其他营养盐，进行对照实验。发酵样品烘干保存，必要时再进行产物成分分析（可先不分析样品）。

六、注意事项

（1）所有实验应同时进行，节约时间。

（2）药渣及营养盐的添加要称量准确，以减少误差。

（3）认真记录实验数据，课后完成实验数据整理与分析，并撰写实验小论文。

七、思考题

菌种发酵前后，药物的哪些成分发生了变化？哪些是有利变化？

生物制药创新实验二　黑曲霉固体发酵生产纤维素酶

一、实验目的

本实验旨在观察黑曲霉固体发酵产纤维素酶的情况，并测定酶活性。

能力目标

能掌握微生物固体发酵操作技术和酶活性定性测定方法。

二、实验原理

纤维素酶是降解纤维素的一组酶的总称，是起协同作用的多组分酶系，属于诱导酶，其产生需要纤维素类物质的诱导。

三、实验材料、试剂与仪器、设备

1. 材料与试剂

黑曲霉培养管1支、土豆500 g、稻草500 g、麸皮500 g、硫酸铵500 g、羧甲基纤维素钠（CMC）500 g。

2. 仪器与设备

培养箱2台、灭菌锅1台、三角瓶50个、摇床2台、离心机2台、天平3台、平板打孔器3个、20 mL试管50支、1 000 mL烧杯20个、50 mL试剂瓶5个、10 mL移液器3把（配枪头200个）、培养平板50个、200 μL移液器3把（配200个吸头）、1 000 μL移液器3把（配200个吸头）。

四、实验分组

全班同学分成若干组，每组2人，每组规范地完成黑霉菌活化、培养、接种等实验室操作，注意防止污染实验室的事件发生。

五、实验内容

（1）黑曲霉菌种活化。

①配制PDA斜面培养基：称取200 g马铃薯，洗净去皮切碎，加水1 000 mL煮沸30 min，纱布过滤，再加20 g葡萄糖和20 g琼脂，充分溶解后趁热以纱布过滤，将滤液分装试管，每试管为5~10 mL（视试管大小而定）；将试管以蒸汽灭菌法于121℃灭菌20 min后取出摆斜面，冷却后贮存备用。

②在超净工作台上将保藏的黑曲霉接种于PDA斜面培养基，于28℃培养5~7 d，至斜面上长满孢子。

（2）配制发酵培养基：取15 g麸皮和10 g稻草粉，加入0.2 g KH_2PO_4、0.2 g $(NH_4)_2SO_4$，再加16 mL水（加水量为40%~60%），拌匀，装瓶。

（3）灭菌：将配置好的发酵培养基于121℃灭菌30 min，灭菌结束后静置冷却至室温。

（4）黑曲霉孢子悬浮液制备：取已培养好的黑曲霉孢子斜面1支，加入约10 mL无菌水，洗下孢子，制成孢子悬液。

（5）接种：用移液管在无菌条件下吸取一定量的悬液，移入灭菌好的固体培养基中，于30℃下培养96 h，期间每隔12 h摇动三角瓶一次。

（6）提取粗酶液：向接种瓶中加入无菌去离子水约50 mL，浸泡固体曲1 h；过滤得粗酶液。

（7）酶活性测定。

①配制 1% CMC 底物平板：称取 1.0 g 羧甲基纤维素钠、1.8 g 琼脂，加入 100 mL去离子水，待琼脂完全溶解后加入 0.03 g 曲利苯蓝，倒平板，每皿约 15 mL。

②打孔：将打孔器用酒精燃烧灭菌后对平板打孔。每平板打 4 孔，并以酒精灯火焰稍稍加热打孔处，使孔周围的培养基微融，然后平放冷却。

③加样：往孔内加入适量粗酶液（约 100 μL），同时设置对照组。

④培养（反应）：将加样后的平板小心平端放入 30℃培养箱，培养约 20 h。

⑤观察结果：可直接观察平板上有无透明圈，并测定透明圈的直径。

六、实验结果

（1）仔细观察固体培养基发酵前后的状态，并做描述。

（2）仔细观察底物平板酶解前后的现象，并测量透明水解圈的大小。

七、思考题

（1）纤维素是自然界最丰富的资源，请从理论角度分析如何利用酶法最大限度地生产纤维素。实际操作时存在什么问题？

（2）目前对纤维素降解的研究进展有哪些？

生物制药创新实验三　EMSA 检测技术

转录水平调控是基因表达调控中极其重要的一个环节，探究基因转录水平的调控模式，通常需要对特定转录因子及基因启动子区域相结合进行验证。电泳迁移率变动分析（electrophoretic mobility shift assay，EMSA）是一种典型的体外研究蛋白质与 DNA 相互作用的凝胶电泳技术，首次建立于 1981 年，最初用于鉴定大肠杆菌乳糖操纵子与其 DNA 结合位点的相互作用研究。由于该技术在研究蛋白与核酸互作上具有简捷灵敏等优点，被许多研究者广泛采用，成为当前研究转录因子及其结合位点的一个重要手段。

一、实验目的

通过蛋白的原核表达手段，外源表达转录因子蛋白，并设计合适的启动子 DNA 探针。在非变性聚丙烯酰胺凝胶电泳中进行检测，探究转录因子蛋白与 DNA 探针是否发生结合。

能力目标

（1）能综合应用重组蛋白原核表达技术及核酸电泳迁移技术等分子生物学实验技术。

（2）能简单分析常规蛋白与核酸互作实验结果。

二、实验原理

EMSA 的检测原理是 DNA 在凝胶电泳中的迁移速率会因空间结构改变而发生变化。非特异 DNA 探针（不与转录因子蛋白发生结合的 DNA 探针）在凝胶中的迁移速率较快，而与转录因子蛋白发生相互作用的 DNA 探针（通常用^{32}P、DIG、辣根过氧化物 HRP 或生物素等对探针进行标记）会形成复合物改变空间构象而降低电泳迁移速率。在进行凝胶电泳后对标记的 DNA 探针进行显影检测，会发现发生蛋白质和 DNA 结合的实验组具有条带滞后现象（迁移速率降低），这种现象的发生是由于蛋白质与 DNA 结合，在通过凝胶孔道时发生复合物聚集，这种聚集阻碍了 DNA 的迁移，同时也使得复合物发生更多的聚集，最终有利于显影检测。在进行 ESMA 检测时，通常会加入非特异 DNA 探针以及非标记的特异 DNA 探针进行竞争性结合检测，以验证标记的特异 DNA 探针与蛋白质间的相互作用是特异的。

三、实验材料、试剂与仪器、设备

1. 材料与试剂

大肠杆菌 DH5α 菌株、大肠杆菌 BL21（DE3）菌株、pET-28a 原核表达载体、罗氏试剂盒（Roche DIG Gel Shift Kit）。

2. 仪器与设备

PCR 仪、离心机、超声破碎仪、恒温摇床、脱色摇床、电泳仪、转膜仪等。

3. 所需试剂配制

（1）LB 液体培养基：称取胰蛋白胨 10 g、酵母粉 5 g、NaCl 10 g，加去离子水定容至 1 000 mL，于 121℃灭菌 30 min。

（2）Lysis buffer：在 100 mL 去离子水中加入 1. 038 g 磷酸氢二钠、0. 156 g 磷酸二氢钠、1. 755 g NaCl、6. 88 g 咪唑，配制为 50 mmol/L NaH_2PO_4，用 HCl 调节 pH 至 8. 0。

（3）Wash buffer：含有 20 mmol/L 咪唑的 Lysis buffer。

（4）Elution buffer：分别含有 50 mmol/L、100 mmol/L、150 mmol/L、200 mmol/L、250 mmol/L 咪唑的 Lysis buffer。

（5）TEN buffer（pH 8. 0）：10 mmol/L Tris（加入 10 mL 1 mol/L 的 Tris-HCl，pH 为 8. 0）；1 mmol/L EDTA（加入 2 mL 0. 5 mol/L 的 EDTA，pH 为 8. 0）；0. 1 mol/L NaCl（加入 5. 844 g NaCl），加去离子水定容至 1 000 mL。

（6）5×Binding buffer（500 mL）：称取 1.19 g HEPES、0.73 g EDTA、3.3 g $(NH_4)_2SO_4$、0.386 g DTT、5.588 g KCl 以及 5 mL 吐温 20，用去离子水定容至 500 mL。

（7）10×TBE（pH 8.0，1 L）：称取 108 g Tris、55 g 硼酸，量取 20 mL 0.5 mol/L EDTA（pH 8.0），加去离子水定容至 1 000 mL。

（8）马来酸缓冲液（1 L）：称取 11.6 g 马来酸、8.76 g NaCl，配制为 100 mmol/L 马来酸、150 mmol/L NaCl，用固体 NaOH 调节 pH 至 7.5。

（9）Washing buffer：往 1 L 马来酸缓冲液中加入 5 mL 吐温 20。

（10）10×TBS：称取 24.2 g Tris、80.0 g NaCl，加蒸馏水定容至 1 000 mL，用 HCl 调节 pH 至 7.6，置于室温保存。

（11）1×TBST：量取 100 mL 10×TBS，加 900 mL 蒸馏水、1 mL 吐温 20，混合溶解。

（12）封闭液（现配现用）：量取 100 mL 1×TBST，称取 5 g 脱脂奶粉，混合溶解后于 4℃保存。

（13）Anti-DIG-AP solution：按 1∶20000 的体积比，使用封闭液稀释试剂盒中的 DIG 抗体。

（14）检测缓冲液：称取 1.75 g Tris-HCl、0.58 g NaCl，加去离子水定容至 100 mL，配制为 100 mmol/L Tris-HCl、100 mmol/L NaCl，使用 HCl 调节 pH 至 9.5。

（15）CSPD 工作液：按 1∶100 的体积比，使用检测缓冲液稀释试剂盒中的 CSPD。

四、操作步骤

1. 转录因子的原核表达

（1）根据序列分析，设计特异引物，对转录因子基因进行 PCR 扩增，产物回收后与 pET-28a 载体进行双酶切处理，连接后转化至 BL21 菌株中。

（2）挑取单菌落阳性转化子，接种到 20 mL 含有卡那霉素的 LB 液体培养基中，于 37℃、200 rpm 振荡培养过夜。

（3）吸取 10 mL 接种后的菌液接种于 1 000 mL 含卡那霉素的 LB 液体培养基中，于 37℃、230 rpm 振荡培养到 OD_{600} 为 0.4～0.6（培养时间一般为 2～3 h），加入 IPTG 至终浓度为 0.2 mmol/L，于 28℃、200 rpm 振荡培养 4 h。

（4）于 4℃、5 000 rpm 离心收集菌体，用 Lysis buffer（2～5 mL/g 菌体）重悬菌体，再加入 40 μL 蛋白酶抑制剂 PMSF，在冰浴条件下进行超声破碎（300 W，超声 3 s，间隔 5 s，共 10 min）。

（5）于 4℃、12 000 rpm 离心 15 min，将上清液收集到新的离心管中，取适量上清液和沉淀用于蛋白检测。

（6）在含有上清液的离心管中加入 1 mL 50% Ni-NTA，在 4℃ 中缓慢摇晃孵育 60 min。转移混合物至层析柱，收集析出的液体。

（7）加入 4 mL Wash buffer 清洗两次，收集析出的液体。

（8）用含有 50 mmol/L、100 mmol/L、150 mmol/L、200 mmol/L、250 mmol/L 咪唑的 Elution buffer 各 2 mL 对层析柱进行洗脱，收集洗脱液分装于离心管，每管0.5 mL。

（9）用 10 mL 含有 250 mmol/L 咪唑的 Elution buffer，洗脱 Ni-NTA，用 Lysis buffer（含有 10 mmol/L 咪唑）平衡柱子，置于 4℃保存。

（10）对洗脱液进行 SDS-PAGE 电泳，检测并优化蛋白的洗脱条件。

2．蛋白透析

将透析袋一端封闭，从另一端将待纯化蛋白加入，并夹紧透析袋赶走气泡。将透析袋放入含有 1 L Binding buffer 的烧杯中，于 4℃透析 1 h。更换透析缓冲液，共 4 次。将透析纯化后的蛋白分装于小离心管中，置于−80℃备用。

3．DNA 探针制备

（1）根据生物信息分析，设计合适的启动子序列引物，以靶基因全基因组 DNA 为模板，进行 PCR 扩增，回收产物后用紫外可见分光光度计测定含量。

（2）向 25 ng 核苷酸中加入试剂盒中的标记物：1 μL 标记缓冲液、1 μL $CoCl_2$ 溶液、0.25 μL DIG-ddUTP、0.25 μL 末端转移酶，混匀后在 37℃中孵育标记 30 min。

（3）向核酸标记管中加入 0.5 μL 0.2 mol/L 的 EDTA 终止反应，得到标记后的 DNA 探针。探针可稀释 10～50 倍后使用。

4．蛋白与 DNA 结合反应

（1）在 PCR 管中加入试剂盒中的试剂：4 μL Binding buffer、1 μL Poly[d(I-C)]、1 μL Poly L-lysine、2 μL DNA 探针、0～250 ng 蛋白质，加 ddH_2O 至 20 μL。

（2）在 25℃中反应 30 min（以 250 ng BSA 作为阴性对照蛋白）。

（3）在结合反应体系中加入 5 μL 含有溴酚蓝的上样缓冲液。

5．电泳胶的制备

（1）准备好倒胶的模具。可以使用常规的制备蛋白电泳胶的模具（例如 BioRad 的常规用于蛋白电泳的制胶装置）。

（2）按照表 10−1 配制 4%的聚丙烯酰胺凝胶。

表 10−1　4%聚丙烯酰胺凝胶配方

试剂	用量
TBE buffer（10×）	1.0 mL
消毒水	16.2 mL
39∶1 丙烯酰胺/双丙烯酰胺（40%，W/V）	2.0 mL
80%甘油	625 μL
10%过硫酸铵	150 μL
TEMED	10 μL

(3) 按照表 10－1 的顺序依次加入各种试剂（除 TEMED），混匀后再加入 TEMED。加入 TEMED 后立即混匀，并马上倒入制胶的模具中，注意不要产生气泡。最后加上梳齿。

6. 电泳

(1) 用 0.5×TBE 作为电泳液，于 4℃预冷。按照 10 V/cm 的电压预电泳 30 min。

(2) 把混合了上样缓冲液的样品加到上样孔内。在多余的某个上样孔内加入 20 μL 稀释好的 1×的 EMSA/Gel-Shift 上样缓冲液（蓝色），用于观察电泳进行的情况。

(3) 按照 10 V/cm 的电压电泳。确保胶的温度不超过 30℃，在电泳槽外加上冰块进行降温。直到 EMSA/Gel-Shift 上样缓冲液中的蓝色染料溴酚蓝移至胶的下缘 1/4 处，停止电泳。

7. 转膜

(1) 取一张和 EMSA 胶大小相近或略大的尼龙膜，剪角做好标记，用 0.5×TBE 浸泡至少 10 min。

(2) 取两张和尼龙膜大小相近或略大的滤纸，用 0.5×TBE 浸湿。

(3) 把浸泡过的尼龙膜放置在一片浸湿的滤纸上。

(4) 非常小心地取出 EMSA 胶放置到尼龙膜上。

(5) 再把另外一张浸湿的滤纸放置到 EMSA 胶上。

(6) 采用 Western blot 时所使用的湿法电转膜装置，以 0.5×TBE 为转膜液，把 EMSA 胶上的探针、蛋白以及探针和蛋白的复合物等转移到尼龙膜上。对于大小约为 10.0 cm×8.0 cm×0.1 cm 的 EMSA 胶，用 BioRad 常用的 Western blot 转膜装置，电转时可以将电压设置为 30 V，于 4℃过夜。转膜完毕后，小心取出尼龙膜，样品面向上，放置在一张干燥的滤纸上，轻轻吸掉下表面明显残留的液体。立即进入下一步的交联步骤，不可使膜干掉。

8. 交联

(1) 用紫外交联仪（UV-light cross-linker）选择 254 nm 波长，以 120 mJ/cm^2 交联 120 s。

(2) 交联完毕后，可以直接进入下一步检测，也可以用保鲜膜包裹后在室温干燥处存放 3~5 d，然后再进入下一步检测。

(3) 如果检测结果发现交联效果不佳，甚至连 free probe 的条带信号都非常微弱（灰度值低，无特异检测信号），可以考虑在膜干燥后参考步骤（1）的条件再交联一次，以进一步改善交联效果。

9. 显影检测

(1) 将膜取出后，加入 Washing buffer 于室温漂洗 5 min。

(2) 加入 5 mL 封闭液，于室温封闭 30 min。

(3) 加入用封闭液配制的 DIG 抗体，于室温孵育 30 min。

(4) 用 Washing buffer 清洗 2 次，每次 15 min。

（5）先将膜放入检测液中做平衡 5 min 的处理，再用含有 5 μL 发光底物 CSPD 的检测液润洗 5 min。

（6）在 37℃放置 10 min，于暗室压 X 光片后显影。

五、注意事项

（1）通常情况下，用于与 DNA 探针结合所需要的待测蛋白量在 20～2 000 ng 之间，将蛋白与 DNA 的等摩尔比调整为蛋白的摩尔数为 DNA 的 5 倍。

（2）DNA 探针和纯化蛋白需避免多次冻融，以免影响结合效率。

（3）DNA 探针长度应小于 300 bp，以利于非结合探针和探针-蛋白复合物的电泳分离。

六、结果观察及分析的原则

（1）在显影后，观察电泳条带，若发生蛋白与核酸的结合，则具有显著滞后带。

（2）根据条带的滞后情况及条带的明亮程度（显示核酸含量的多少）进行多组别比较，分析蛋白与探针是否发生相互作用。如图 10－1 所示，探针-蛋白-抗体复合物带应最为滞后，其次为探针-蛋白复合物带，游离探针带（未结合蛋白）迁移速率最快。

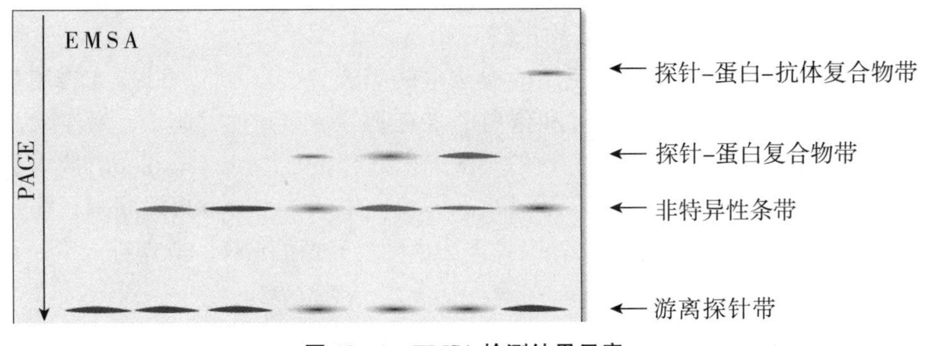

图 10－1　EMSA 检测结果示意

七、思考题

（1）将 EMSA 用来研究蛋白质与 DNA 相互作用的优缺点有哪些？

（2）实验中需要注意的要点有哪些？如何做可以提高实验成功率？

（3）设置对照实验的关键点是什么？

生物制药创新实验四　同源重组杆粒的构建

杆状病毒-昆虫细胞表达系统（简称杆状病毒表达系统）是真核表达系统中重要的一环，可以避免酵母表达系统重组蛋白表达效率低下以及蛋白糖基化修饰存在差异等问题，也可以降低如哺乳动物表达系统昂贵的花费。杆状病毒表达系统已被广泛应用于人类健康、医学、农业等多个领域。同源重组杆粒的构建，是杆状病毒表达系统中一个重要的步骤，该技术是对杆状病毒杆粒进行基因工程改造，实现基因片段定点敲除或插入的快速有效的方法。该技术为功能基因研究带来了极大的便利，并为外源基因利用杆状病毒表达系统进行大规模表达提供了便利。

一、实验目的

将外源目的基因克隆到载体上，转化到特定菌株内，以同源重组形式把表达框整合到杆状病毒的杆粒中，利用杆状病毒的高效侵染能力，在昆虫细胞中实现对外源基因的表达。

能力目标

（1）能初步利用同源重组技术进行病毒杆粒的改造设计。

（2）能简单进行重组杆粒的提取和验证。

二、实验原理

将一个改造后的杆状病毒基因组转化入大肠杆菌，使其能在细菌中复制，改造后的DNA片段称为杆粒（Baculovirus plasmid，将其首尾合写而成为Bacmid），通过位点特异性转座，在大肠杆菌内完成病毒基因组的重组。杆状病毒穿梭载体Bacmid含有细菌单拷贝数mini-F复制子、卡那霉素抗性选择标记基因及编码β-半乳糖苷酶α肽的部分DNA片段。ET同源重组技术在近年来得到了广泛应用，是一种基于噬菌体Red重组酶的同源重组系统。Red重组系统由三种蛋白组成：Exo蛋白是一种核酸外切酶，结合在双链DNA的末端，从5′端向3′端降解DNA，产生3′端突出；Beta蛋白结合在单链DNA上，介导互补单链DNA退火；Gam蛋白可与RecBCD酶结合，抑制其降解外源DNA的活性。由于Rac噬菌体的RecE、RecT蛋白分别具有Exo、Beta蛋白的活性，也可介导重组作用的完成，因此，Red重组又称为ET重组。ET重组技术利用由质粒pBAD-EtY提供的RecE和RecT酶或质粒pBAD提供的Red-α和Red-β使同源重组得以发生。通过单菌斑的培养，抽提得到重组Bacmid基因，随后转染入昆虫培养细胞获得重组病毒，即可进行重组蛋白的表达生产。

三、实验材料、试剂与仪器、设备

1. 材料与试剂

pFastBac质粒、大肠杆菌DH10Bac菌株（内含杆状病毒杆粒及辅助质粒）、Invitrogen公司杆粒提取试剂盒。

2. 仪器与设备

PCR仪、凝胶成像仪、离心机、恒温摇床、37℃恒温培养箱、制冰机、冰盒、水浴锅、超净工作台、培养皿、离心管、微量移液器和吸头等。

3. 所需试剂配制

（1）LB液体培养基：称取10 g胰化蛋白胨、5 g酵母抽提物、10 g NaCl，加800 mL双蒸水，调pH至7.2～7.5，定容至1 000 mL，分装后高压灭菌，冷却后于4℃保存。

（2）LB固体培养基：在LB液体培养基中加入琼脂至终浓度为1.5%，高压灭菌，于40℃保存。

（3）SOC培养基：称取20 g胰化蛋白胨、5 g酵母抽提物、0.5 g NaCl，量取10 mL 250 mmol/L KCl，加800 mL双蒸水，调节pH至7.0，定容至1 000 mL，高压灭菌后加入已灭菌的5 mL 2 mol/L $MgCl_2$和20 mL已过滤除菌的1 mol/L葡萄糖溶液。

（4）L-arabinose贮存溶液：将1 g L-arabinose溶于10 mL ddH_2O中，过滤除菌，分装，于−20℃保存备用。

（5）0.1 mol/L $CaCl_2$：在200 mL ddH_2O中溶解2.2 g $CaCl_2$，用0.22 μm滤器过滤除菌或高压灭菌，于4℃保存备用。

（6）氨苄青霉素储存液：以无菌双蒸水配成浓度为100 mg/mL的溶液，分装，于−20℃保存。使用时每毫升培养基加入1 μL，终浓度为100 μg/mL。

（7）卡那霉素储存液：以无菌双蒸水配成浓度为50 mg/mL的溶液，分装，于−20℃保存。使用时每毫升培养基加入1 μL，终浓度为50 μg/mL。

（8）氯霉素储存液：以无水乙醇配成浓度为20 mg/mL的溶液，分装，于−20℃保存。使用时每毫升培养基加入1 μL，终浓度为20 μg/mL。

（9）四环素储存液：以无水乙醇配成浓度为12.5 mg/mL的溶液，分装，于−20℃保存。使用时每毫升培养基加入1 μL，终浓度为12.5 μg/mL。

（10）庆大霉素储存液：以无菌双蒸水配成浓度为10 mg/mL的溶液，分装，于−20℃保存。使用时每毫升培养基加入1 μL，终浓度为10 μg/mL。

（11）链霉素储存液：以无菌双蒸水配成浓度为30 mg/mL的溶液，分装，于−20℃保存。使用时每毫升培养基加入1 μL，终浓度为30 μg/mL。

四、操作步骤

这里以敲除AcMNPV某基因为例，介绍同源重组杆粒构建的具体操作步骤。

1. 同源重组线性片段的制备（以抗氯霉素基因Cm替代）

（1）以野生型AcMNPV基因组DNA为模板，扩增基因的上游侧翼序列（US）和下游侧翼序列（DS）。

（2）将PCR产物电泳纯化，纯化产物分别克隆至pMD18-T载体，获得重组质粒并送测序；从测序结果正确的重组质粒中酶切回收US、DS片段。

（3）用双酶切对应重组载体，回收US片段与同样双酶切回收的载体片段pUC18-Cm相连，获得重组质粒pUC18-US-Cm。

（4）用双酶切对应的重组载体，回收DS片段与同样双酶切回收的载体与pUC18-US-Cm相连，获得重组质粒pUC18-US-Cm-DS。

（5）用双酶切鉴定正确的 pUC18-US-Cm-DS，凝胶电泳分离双酶切后的 US-Cm-DS 片段，纯化该片段后，测定 DNA 含量，置于−20℃保存，备用。

2. 同源重组感受态细胞 DH10Bac 的制备

（1）从低温保存的大肠杆菌 DH10Bac（含有 AcMNPV Bacimd 即 AcBac、pBAD-gbaA 和提供转座酶的 helper 质粒 pMON7124）划线至新鲜配制的含 Amp、Kan、Tet 抗性的 LB 平板培养基，于 37℃倒置培养过夜。

（2）从平板上挑取一个单菌落于 2 mL 含 Amp、Kan、Tet 抗性的 LB 液体培养基中，于 37℃、250～300 rpm 摇床培养过夜。

（3）次日转接 1 mL 过夜培养的菌液至 100 mL 含 Amp、Kan 和 Tet 抗性的 LB 液体培养基中，于 37℃摇床培养。

（4）当 OD_{600} 达到 0.20～0.25 时（一般需 1.5～2.0 h），加入 1 mL 10%的 L-arabinose（终浓度为 0.1%）诱导 ET 重组酶的表达，接着继续培养至 OD_{600} 达到 0.35～0.45（一般需 45～60 min）。

（5）将培养物冰浴 15～30 mim，用两个 50 mL 预冷离心管分别收取 50 mL 菌液，于 4℃、7 000 rpm 离心 10 min。以下步骤（6）～步骤（8）都在冰上操作，以维持感受态细胞状态的稳定。

（6）弃上清液，向含有菌体沉淀的离心管中分别加入 5 mL 预冷的 10%甘油彻底重悬细胞，再分别加入 25 mL 预冷的 10%甘油离心，于 4℃、7 000 rpm 离心 10 min。

（7）弃上清液，向含有菌体沉淀的离心管中分别加入 5 mL 预冷的 10%甘油彻底重悬细胞，再把两个离心管中的细胞悬液混成一管，加入 15 mL 预冷的 10%甘油，另一管加水作平衡管进行离心，于 4℃、7 000 rpm 离心 10 min。

（8）弃上清液，重复上述步骤（洗涤细胞及离心）。

（9）弃上清液，马上倒扣离心管于滤纸上，让上清液尽可能流尽。

（10）把离心管置于冰上，以剩余的上清液重悬细胞沉淀（约 200 μL）。

（11）分别转移 50 μL 细胞悬液至 EP 管中，置于冰上备用。

3. 电击转化同源重组

（1）取 1 μg US-Cm-DS 线性片段加入制备好的 DH10Bac 感受态细胞中，混匀，然后马上加入预冷的电激杯中，轻甩电击杯，让细胞液沉入电激杯底部，然后置于冰上。

（2）电激参数设定：直径 1 mm，电压 1.8 kV，电阻 200 Ω，电容 25 μF；直径 2 mm，电压 2.3 kV，电阻 200 Ω，电容 25 μF。

（3）进行电激之前，先用吸水纸擦干电激杯电极两端的水滴；然后马上放入设定好参数的电转仪中进行电激；电激结束后，马上向电激杯中加入预冷的 900 μL SOC 液体培养基。

（4）转移电激后的细胞到试管中，在 37℃培养箱中振荡培养约 1 h，然后将细胞涂布于含 Kan、Tet 和 Cm 抗性的 LB 平板培养基上，置于 37℃恒温箱倒置培养 36～48 h，观察菌落生长情况，挑取单菌落鉴定获得 ac76 缺失型重组病毒 $vAc^{gene\text{-}KO}$。

4. 重组杆粒的提取

方法参照 Invitrogen 公司的 Bac-to-Bac 杆状病毒表达载体系统操作手册。

（1）挑取单菌落接种于 3 mL 含 Kan、Tet 和 Cm 抗性的 2 mL LB 液体培养基中，于 37℃、250～300 rpm 摇床培养 24 h。

（2）室温下，以 12 000 rpm 离心 1 min 收集菌体，充分弃上清液。

（3）加入 0.3 mL 溶液Ⅰ，充分重悬菌体沉淀物。

（4）加入 0.3 mL 溶液Ⅱ，轻轻混匀，室温放置 5 min，溶液从浑浊变得澄清。

（5）加入 0.3 mL 溶液Ⅲ，轻轻颠倒混匀，此时有白色絮状沉淀物形成，为蛋白质与大肠杆菌总 DNA 的混合物；冰上放置 10 min。

（6）室温下，以 13 000 rpm 离心 10 min。

（7）转移上清液至另一支盛有 800 μL 异丙醇的 EP 管中，轻轻颠转混匀，于 −20℃放置 10 min。

（8）室温下，以 13 000 rpm 离心 15 min。

（9）弃上清液，加入 70%乙醇 500 μL，清洗沉淀。

（10）除尽上清液，在超净工作台上风干 DNA 5～10 min，加 40 μL 的灭菌 ddH_2O 溶解 DNA，于−20℃保存备用。

5. 外源质粒及 helper 质粒的去除

为了去除重组杆粒中混有的 pBAD-gbaA 以及帮助转座发生的 pMON helper 质粒，将上述不纯的混合 Bacmid DNA 转化进大肠杆菌，筛选只有 Kan 和 Cm 抗性的菌株，获得只有 $vAc^{gene\text{-}KO}$ Bacmid DNA 的菌株。

（1）制备 DH10B 电转感受态细胞。挑取 DH10B 单菌落于 LB 液体培养基中，于 37℃、200 rpm 振荡培养过夜，将过夜培养物按体积比 1∶100 接种到 4×250 mL 的 LB 无盐（无 NaCl）培养基中，于 37℃、200 rpm 振荡培养约 2.5 h，至 OD_{600} 达到 0.6～0.9，将培养物冰浴 15～30 min，然后于 4℃、4 000 rpm 离心 15 min，除尽上清液。沉淀细胞用等体积预冷的无菌水、1/2 体积预冷的无菌水各洗涤一次，20 mL 10%甘油洗一次，最后用 2～3 mL 10%甘油重悬，分装成 200 μL/管。制好的感受态细胞可立即使用，也可冻存于−70℃备用。

（2）把前述不纯的 Bacmid DNA 电转到 DH10Bac 感受态细胞中（同前）。电转后的细胞涂布于含 Kan 和 Cm 抗性的 LB 平板培养基中，置于 37℃恒温箱倒置培养 24 h，观察菌落生长情况。

（3）挑取平板上长出的单菌落 10 个，做好标号，分别接种于含 Amp、Kan 和 Cm 的三抗 LB 平板培养基中，含 Kan、Tet 和 Cm 的三抗 LB 平板培养基中，以及含 Kan 和 Cm 的二抗 LB 平板培养基中，置于 37℃恒温箱倒置培养 24 h，观察菌落生长情况。

（4）只能在含 Kan 和 Cm 的二抗 LB 平板培养基中生长而不能在三抗平板中生长的菌株，即为所需要的只含有 $vAc^{gene\text{-}KO}$ Bacmid DNA 的菌株。

（5）采用同样的步骤可获得不含有 pBAD-gbaA 和 helper 质粒的野生型 AcBac、只有 Kan 抗性的菌株。

6. 重组杆粒的 PCR 鉴定

为了检测基因片段是否已经被正确敲除，首先进行 PCR 鉴定。分别利用引物以野生型杆粒 vAc^{WT} Bacmid DNA 和敲除型杆粒 vAc$^{gene\text{-}KO}$ Bacmid DNA 为模板，进行 PCR 反应以鉴定基因是否成功敲除，以及 Cm 基因是否在预定位置插入。

五、注意事项

（1）YNB、生物素和 G418 均不能高温灭菌，可以使用灭菌水先将其溶解，再使用滤器过滤除菌。

（2）配制 YPD 培养基时，需要将葡萄糖溶液单独灭菌，再按比例与酵母浸粉和蛋白胨溶液混合（20 g 葡萄糖以去离子水定容至 100 mL，900 mL 酵母浸粉和蛋白胨混合液）。

（3）制备好酵母感受态细胞，需要立即进行转化，不能够在 4℃或－20℃保存。

（4）酵母细胞易被污染，因此实验中需要做好每一步的灭菌工作，并且对转化子进行镜检。

六、结果观察及分析的原则

通过同源重组获得的杆粒，能够在特定的抗性培养基中筛选到单菌落。利用插入位点上下游多种引物设计组合进行 PCR 验证，能获得不同长短大小的 PCR 产物，在经过电泳验证后，显示的条带具有不同的迁移速率，表明产物大小存在差异；而在基因敲除位点内部设计引物无法获得相应的 PCR 产物。对 PCR 产物进行测序验证，可以检测到对应的插入序列；对 PCR 产物进行对应的酶切验证，可以成功地将产物进行酶切分割。

七、思考题

（1）杆状病毒同源重组的应用?

（2）在获得重组杆粒后为什么要去除供体质粒和 helper 质粒?

生物制药创新实验五　氨基酸的分离纯化

氨基酸，是含有碱性氨基和酸性羧基的有机化合物，化学式是 $RCHNH_2COOH$。与羟基酸类似，氨基酸可按照氨基连在碳链上的不同位置而分为 α-氨基酸、β-氨基酸、γ-氨基酸等，但经蛋白质水解后得到的氨基酸都是 α-氨基酸，而且仅有二十二种，包括甘氨酸、丙氨酸、缬氨酸、亮氨酸、异亮氨酸、甲硫氨酸（蛋氨酸）、脯氨酸、色氨酸、丝氨酸、酪氨酸、半胱氨酸、苯丙氨酸、天冬酰胺、谷氨酰胺、苏氨酸、天冬氨酸、谷氨酸、赖氨酸、精氨酸、组氨酸、硒半胱氨酸和吡咯赖氨酸（仅在少数细菌中发现），它们是构成蛋白质的基本单位。混合氨基酸的纯化是利用不同氨基酸的物理化学性质的差异对氨基酸进行纯化，是我们了解、利用氨基酸以及在多肽合成中经常使用的手段。

一、实验目的

根据酸性氨基酸（天冬氨酸）和碱性氨基酸（赖氨酸）的性质不同，对氨基酸进行纯化。

能力目标

（1）能初步利用不同氨基酸的不同性质进行分离纯化方法的设计。
（2）能简单进行氨基酸的分离纯化。

二、实验原理

该实验有多种方法可以达到实验目的，列举以下几种常见方法：

（1）根据不同氨基酸的等电点差异，通过调节 pH，使得不同的氨基酸在不同的 pH 下分别析出，达到分离纯化的目的。氨基酸的等电点是指氨基酸的带电状况取决于所处环境的 pH，改变 pH 可以使氨基酸带正电荷或负电荷，也可使它处于正负电荷数相等，即净电荷为零的两性离子状态。使氨基酸所带正负电荷数相等即净电荷为零时的溶液 pH 称为该氨基酸的等电点（pI）。此时氨基酸在水溶液中的溶解度最低，最终达到分离纯化的目的。20 种常见氨基酸等电点见表 10－2。

表 10－2　20 种常见氨基酸等电点

氨基酸	等电点	氨基酸	等电点	氨基酸	等电点	氨基酸	等电点
甘氨酸	5.97	丝氨酸	5.68	脯氨酸	6.30	缬氨酸	5.97
丙氨酸	6.02	苏氨酸	6.53	色氨酸	5.89	天冬氨酸	2.97
亮氨酸	5.98	酪氨酸	5.66	赖氨酸	9.74	谷氨酸	3.22
异亮氨酸	6.02	半胱氨酸	5.02	精氨酸	10.76	天冬酰胺	5.41
苯丙氨酸	5.48	甲硫氨酸	5.75	组氨酸	7.59	谷氨酸胺	5.65

（2）使用阳离子交换树脂对氨基酸进行分离纯化。离子交换树脂是一种合成的高聚物，不溶于水，能吸水膨胀。高聚物分子由能电离的极性基团及非极性的树脂组成。极性基团上的离子能与溶液中的离子起交换作用，而非极性的树脂本身物性不变。通常离子交换树脂按所带的基团分为强酸（$—RSO_3H$）、弱酸（—COOH）、强碱（$—N^+R_3$）和弱碱（$—NH_2$）。

离子交换树脂用于分离小分子物质（如氨基酸、腺苷、腺苷酸等）是比较理想的。但对生物大分子物质（如蛋白质）是不适当的，因为它们不能扩散到树脂的链状结构中。如分离生物大分子物质，可选用以多糖聚合物如纤维素、葡聚糖为载体的离子交换剂。

（3）利用外加电场的方法对氨基酸进行分离。由于各种氨基酸的相对分子质量和 pI 不同，在相同 pH 的缓冲溶液中，不同的氨基酸不仅带的电荷状况有差异，而且在电场中的泳动方向和速率往往也不同。因此，基于这种差异，可用电泳技术分离氨基酸的混合物。例如，将天冬氨酸和精氨酸的混合物置于电泳支持介质（滤纸或凝胶）中央，调节溶液的 pH 至 6.02（为缓冲溶液）时，天冬氨酸（pI=2.98）带负电荷，在电场中向正极移动，而精氨酸（pI=10.76）带正电荷，向负极移动。

本实验主要采取前两种方法对酸性氨基酸（天冬氨酸）和碱性氨基酸（赖氨酸）进行分离纯化。

三、实验材料、试剂与仪器、设备

1. 材料与试剂

2 mol/L HCl 溶液、2 mol/L NaOH 溶液、0.1 mol/L HCl 溶液、0.1 mol/L NaOH 溶液、pH 为 4.2 的柠檬酸缓冲液（54 mL 0.1 mol/L 柠檬酸加 46 mL 0.1 mol/L 柠檬酸钠）、pH 为 5.0 的醋酸缓冲液（70 mL 0.2 mol/L 醋酸钠加 30 mL 0.2 mol/L 醋酸）、0.2%中性茚三酮溶液（0.2 g 茚三酮加 100 mL 丙酮）。

氨基酸混合液 1：称取天冬氨酸、赖氨酸各 1.0 g，加入 10 mL 0.1 mol/L HCl 溶液，制成混合溶液。

氨基酸混合液 2：称取天冬氨酸、赖氨酸各 0.2 g，加入 10 mL 水，在搅拌下缓慢滴加 2 mol/L NaOH 溶液至溶液澄清，制成混合溶液。

2. 仪器与设备

50 mL 锥形瓶、pH 计、层析柱（外径为 16 mm，长度为 200 mm）、试管及试管架、紫外可见分光光度计、磺酸阳离子交换树脂（Dowex 50）等。

四、操作步骤

（1）等电点分离纯化法。

将氨基酸混合液 1 以预先配制的盐酸及氢氧化钠溶液调节 pH（自行设计调节 pH 顺序），达到某一氨基酸的等电点后静置，待析出固体后过滤，收集滤饼称重，干燥后做好标记和标签。母液继续调节 pH 至另一氨基酸等电点，待析出固体后过滤，收集滤饼称重，干燥后做好标记和标签。

（2）使用阳离子交换树脂对氨基酸进行分离纯化。

①树脂的处理。向 100 mL 烧杯中加入约 10 g 树脂，接着加入 25 mL 12 mol/L HCl 溶液搅拌 2 h，倾弃酸液，用蒸馏水充分洗涤树脂至中性。加 25 mL 12 mol/L NaOH 溶液至上述树脂中，搅拌 2 h，倾弃碱液，用蒸馏水洗涤至中性。将树脂悬浮于 pH 为 4.2 的柠檬酸缓冲液（50 mL）中备用。

②装柱。取直径为 0.8～1.2 cm、长度为 10～12 cm 的层析柱，底部垫玻璃棉或海绵圆垫，自顶部注入经处理的上述树脂悬浮液，关闭层柱出口，待树脂沉降后，放出过量的溶液；再加入一些树脂，至树脂沉积至 8～10 cm 高度即可。于柱子顶部继续加入 pH 为 4.2 的柠檬酸缓冲液洗涤，使流出液 pH 为 4.2 为止，关闭层析柱下端出口，保持液面高出树脂表面 1 cm 左右。

③加样、洗脱及洗脱液收集。打开下端出口使缓冲液流出，待液面几乎平齐树脂表

面时关闭出口（不可使树脂表面干燥）。用长滴管将15滴氨基酸混合液2仔细加到树脂顶部，打开出口使其缓慢流入柱内。当液面与树脂表面刚好齐平时，加入3 mL 0.1 mol/L HCl溶液，以10±1滴/min的流速洗脱，收集洗脱液；每管20滴，逐管收存。当HCl溶液液面与树脂表面刚好齐平时，用1 mL pH为4.2的柠檬酸缓冲液冲洗柱壁一次，接着用2 mL pH为4.2的柠檬酸缓冲液洗脱，保持10±1滴/min的流速，并注意勿使树脂表面干燥。

在收集洗脱液的过程中，逐管用茚三酮检验氨基酸的洗脱情况，方法：于各管洗脱液中加10滴pH为5.0的醋酸缓冲液和10滴中性茚三酮溶液，置于沸水浴中加热1 min，如溶液呈紫蓝色，表示已有氨基酸洗脱下来。显色的深度可代表洗脱的氨基酸浓度。

在用pH为4.2的柠檬酸缓冲液把第一个氨基酸洗脱出来之后，再收集两管茚三酮反应阴性部分，关闭层析柱出口，将树脂顶部剩余的pH为4.2的柠檬酸缓冲液移去。

于树脂顶部加入2 mL 0.1 mol/L NaOH溶液，打开出口使其缓慢流入柱内，按前述操作继续用0.1 mol/L NaOH溶液洗脱并逐管收集（注意仍然保持流速为10±1滴/min），每管20滴。该洗脱液以茚三酮显色剂检验，在第二个氨基酸用0.1 mol/L NaOH溶液洗脱下来以后，再继续收集两管茚三酮反应阴性部分。

五、注意事项

（1）等电点的测定需准确，pH计使用前要确认是否已校正。

（2）在装柱时必须防止气泡、分层及柱子液面在树脂表面以下等现象发生。

（3）使用离子交换树脂进行分离纯化时，要一直保持流速为10±1滴/min，并注意勿使树脂表面干燥。

（4）使用盐酸或氢氧化钠溶液时注意防护。

六、结果分析

两种分离纯化方法对混合氨基酸的分离都有效，但收率及纯化后氨基酸的纯度有较大差异。比较两种方法的优缺点。

七、思考题

（1）还有没有其他对混合氨基酸进行分离的方法？

（2）为什么混合氨基酸能从磺酸阳离子交换树脂上逐个洗脱下来？

（3）实验使用的树脂应如何保存？

（4）在配制混合氨基酸溶液时为什么要加入酸碱调节pH？

生物制药创新实验六　面包酵母催化还原反应

人类利用细胞内酶作为生物催化剂实现生物转化已有几千年的历史。早在两千多年前，我国劳动人民就发明了酿酒、制醋和制酱工艺。但真正对酶的认识和研究还要归功于近现代科学技术的发展。1878 年，Kuhne 第一次提出“Enzyme”，并用以表述催化活性，这个词来自希腊文，其意思“在酵母中”，中文译为“酶”或“酵素”。1894 年，Fisher 提出“钥匙学说”用来解释酶作用的立体专一性。1896 年，Buchner 等发现用石英砂磨碎的酵母细胞或酵母的无细胞抽提液也可以使葡萄糖转化为乙醇和二氧化碳。此项发现促进了酶的分离和对其理化性质的研究，也促进了对有关各种代谢过程中酶的系统研究。为此 Buchner 获得了 1911 年诺贝尔化学奖。虽然当时人们对酶这类具有催化功能的物质究竟属于哪一类物质还没有搞清楚，但这些早期工作为近代酶学研究奠定了基础。1926 年，美国化学家 Sumner 从刀豆中提取了脲酶（urease）并获得结晶，证明酶具有蛋白质性质。

生物催化的手性合成是有机化学、生物化学和微生物化学等多学科交叉的研究领域，主要涉及生物催化剂和反应介质两大要素。一方面，生物催化剂工程运用发酵技术制备大量生物催化剂，或利用生物学、化学和物理学方法对现有生物催化剂进行改造，以满足手性合成的要求。另一方面，介质工程为生物催化过程提供理想的溶剂体系。两者研究的根本目的是保持或提高生物催化的反应活性和稳定性，拓展生物催化剂的手性合成的应用范围。随着非水介质中酶催化反应的研究和应用，一些不利因素如原料与产物的溶解性、产物的分离纯化等正在被克服，生物催化的手性合成正在迅猛发展。

一、实验目的

使用面包酵母，对 2-乙基己醛进行还原。

能力目标

（1）能了解酶促反应的原理以及应用范围。
（2）能使用酶进行简单的酶促反应，了解酶促反应与常规有机反应的差异。

二、实验原理

在生物催化的手性合成反应中，可以用离体酶或完整细胞作为催化剂。离体酶的立体选择性很高而且副反应少。但是许多离体酶在催化过程中都需要一些辅助因子，如 ATP、NADPH 或 NADH 都是常用的辅酶，它们的价格一般都比较昂贵，因此必须采用另一种特殊的酶使它们能够再生从而反复使用。但这需要花费很大代价。为了避免辅酶再生问题，一般采用完整细胞作为生物催化剂，常用的如面包酵母，它易得且价格低廉，含有广泛的非天然底物所接受的多种脱氢酶、所有必需的辅酶和再生途径，这样辅酶循环就可以完成。在进行不对称还原反应时，只需要少量廉价的碳源，如蔗糖和葡萄糖作为辅助底物即可，同时所有的酶都可被保护在天然的细胞中。

三、实验材料、试剂与仪器、设备

1. 材料与试剂

2-乙基己醛、硼氢化钠、无水硫酸镁、甲醇、磷酸二氢钾、磷酸氢二钾、面包酵母、葡萄糖、石油醚、乙酸乙酯、波层层析板、磷钼酸显色液。

2. 仪器与设备

旋转蒸发仪、磁力搅拌器、电热鼓风干燥箱、高速台式离心机、恒温振荡器、电子天平、精密 pH 计、层析柱（外径为 80 mm，长度为 300 mm）等。

四、操作步骤

1. 2-乙基己醇的合成（产物标准品）

取 50 mL 单口烧瓶，于烧瓶内将 0.87 g（6.8 mmol）2-乙基己醛溶于 10 mL 甲醇，室温下用磁力搅拌，一次性加入硼氢化钾 1.10 g（20.0 mmol），加入完毕后继续搅拌 30 min，然后加入 10 mL 蒸馏水中止反应。用水泵减压，置于旋转蒸发器上除去甲醇，控制浴温为 25℃～30℃。用 20 mL 乙酸乙酯分两次萃取，合并有机相，用无水硫酸镁干燥 1 h，减压蒸馏除去乙酸乙酯，即得到产物 2-乙基己醇。避光保存待用，产率为 85％～95％。

2. 干酵母催化还原反应

向 100 mL 锥形瓶加入 12.5 mL pH 为 7.0 的磷酸盐缓冲液、12.5 mL 石油醚、0.1 g葡萄糖，待葡萄糖溶解后分别加入 2.0 g 安琪干酵母，并加入 60.0 mg 底物 2-乙基己醛。摇匀后用双层纱布封口，置入恒温振荡器于 30℃下进行反应，恒温振荡器转速为 140 rpm，反应时间为 24 h。完毕后以波层层析板检测反应，待反应结束后取出，以 4 000 rpm 离心 20 min，用 25 mL 乙酸乙酯分两次萃取，萃取时两相间有絮状物产生，分出有机相和絮状物，接着以 4 000 rpm 再次离心 15 min，分出有机相。合并有机相，加入无水硫酸镁干燥。将有机相减压蒸馏，得 2-乙基己醇粗品，称重。经柱层析分离纯化，得产物 2-乙基己醇，称重，与化学还原方法收率进行比较。

五、结果观察

通过 TLC 检测，原料点消失，与以硼氢化钠还原的产物对照点对照，确定底物在干酵母的催化下被还原成 2-乙基己醇。

六、思考题

（1）酶催化反应的优缺点各有哪些？

（2）该催化反应的反应过程是什么？

(3) 酶催化反应可能会受到哪些因素的影响?

生物制药创新实验七 酵母双杂交实验

酵母双杂交一般指酵母双杂交系统 (yeast two-hybrid system), 又称蛋白阱捕获系统, 是由 Fields 和 Song 等根据真核转录调控的特点创建的。利用酵母双杂交系统不仅能够快速、直接地分析已知蛋白之间的相互作用, 还能寻找、分离与已知蛋白相互作用的配体, 在研究抗原和抗体相互作用、发现新蛋白质及其新功能、筛选药物作用位点及药物对蛋白互作影响等方面应用广泛。

一、实验目的

通过学习酵母双杂交系统检测蛋白质相互作用的原理和方法, 了解酵母双杂交系统的原理, 并掌握利用酵母双杂交技术检测蛋白质的相互作用的方法。

能力目标

(1) 能了解酵母双杂交系统的原理。
(2) 能掌握利用酵母双杂交技术检测蛋白质的相互作用的方法。

二、实验原理

酵母双杂交系统是在研究真核基因转录调控中建立的。研究发现, 真核基因的转录因子是由 DNA 结合结构域 (DNA-binding domain, BD) 和转录激活结构域 (transcription-actvaion domain, AD) 两部分组成的, 当 BD 识别并结合在特定的 DNA 序列基因的启动子区域时, 与 AD 接触才能启动蛋白转录。因此将蛋白 X 和 Y 分别连接到含有 BD 和 AD 基因的质粒上 (BD-X 和 AD-Y), 重组质粒共同表达于酵母菌株中, 如果两个蛋白之间不存在相互作用, 则下游基因 (报告基因) 不会转录表达; 如果两个蛋白之间存在相互作用, 则 BD 与 AD 在结构域空间上很接近, 从而下游基因 (报告基因) 得到转录。通过观察报告基因的表达, 判定两个蛋白间是否有相互作用发生。

三、实验材料、试剂与仪器、设备

1. 材料与试剂

酵母感受态细胞、鲑鱼精 DNA、pDEST32-X 重组质粒、pDEST22-Y 重组质粒、YPDA 固体培养基、YPDA 液体培养基、二甲基亚砜 (DMSO)、SC-Leu-Trp 固体培养基、SC-Leu-Trp-Ura 固体培养基、SC-Leu-Trp + 5FOA (0.2%) 固体培养基、1× LiAc、1×TE、40% PEG-3350、Z buffer (pH 7.0)、尼龙膜。

2. 仪器与设备

高压灭菌锅、恒温培养箱（30℃）、超净工作台、电子天平、培养皿、移液器和吸头等。

3. 所需试剂配制

YPDA 固体培养基：称取 20 g 胰蛋白胨、10 g 酵母提取物、20 g 右旋葡萄糖、100 mg硫酸腺嘌呤、20 g 琼脂，加蒸馏水溶解定容至1 000 mL，于 115℃灭菌 20 min，备用。

YPDA 液体培养基：称取 20 g 胰蛋白胨、10 g 酵母提取物、20 g 右旋葡萄糖、100 mg硫酸腺嘌呤，加蒸馏水溶解定容至 1 000 mL，于 115℃灭菌 20 min，备用。

四、操作步骤

1. 质粒 DNA 的转化

（1）取 100 μL 酵母感受态细胞，加入 2 μg pDEST32-X 和 pDEST22-Y 重组质粒、100 μg 鲑鱼精 DNA，轻轻吹打混匀后再加入 700 μL 的 1×LiAc/40% PEG-3350/1×TE，置于 30℃培养箱或水浴锅孵育 30 min。

（2）加入 88 μL 的 DMSO 至上述混合液中，于 42℃热激 7 min。短暂离心后用 100 μL 1×TE重悬沉淀。

（3）吸取 100 μL 菌液涂布于 SC-Leu-Trp 平板上，置于 30℃培养箱倒置培养 2～4 d。

（4）挑取阳性克隆于 SC-Leu-Trp-Ura、SC-Leu-Trp+5FOA 和 YPDA 平板培养基上划线，置于 30℃培养箱倒置培养 3～4 d。

（5）挑取在 SC-Leu-Trp-Ura 平板培养基中生长良好和在 SC-Leu-Trp+5FOA 平板培养基中不生长的单克隆，在 YPDA 平板培养基上划线，置于 30℃培养箱倒置培养 2～3 d，观察生长情况。

2. X-gal 显色实验

（1）称取 10 mg X-gal 溶解于 100 μL 二甲基甲酰胺（DMF）中，再加入 60 μL β-巯基乙醇和 10 mL Z buffer 。

（2）准备两张尼龙膜，一张放入干净培养皿中，用 X-gal 溶液浸润，赶走气泡。

（3）用镊子将另一张干净的尼龙膜置于菌落培养基上，轻轻用镊子压平以便菌落黏附到尼龙膜上。当尼龙膜湿润后，小心地将其从培养基上揭下，放入液氮中完全浸没 15 s；重复 3 次，反复冻融，让菌体充分裂解。

（4）接着将尼龙膜取出，把尼龙膜黏有菌落的一面朝上放置于新的皿盖中，置于 37℃培养箱孵育，在 24 h 内检查是否有蓝色菌斑出现。

五、注意事项

（1）实验过程中需要规范无菌操作，避免污染。

（2）配制 YPDA 培养基时，为避免发生梅拉德反应，应将葡萄糖过滤除菌或分开灭菌后混合。

六、结果观察及分析的原则

将在SC-Leu-Trp-Ura平板培养基中生长良好和在SC-Leu-Trp+5FOA平板培养基中不生长的单克隆进行对比，从中挑取阳性克隆划线接种在YPDA平板培养基上，于30℃培养2 d后，检测细胞裂解后β-半乳糖苷酶的活性，其中变成蓝色的为最终阳性菌落，剩余的为假阳性。

图10－2为阳性克隆的筛选示例，其是将阳性克隆划线接种于SC-Leu-Trp-Ura和SC-Leu-Trp+5FOA平板培养基上，于30℃培养3～5 d，随后进行X-gal显色。

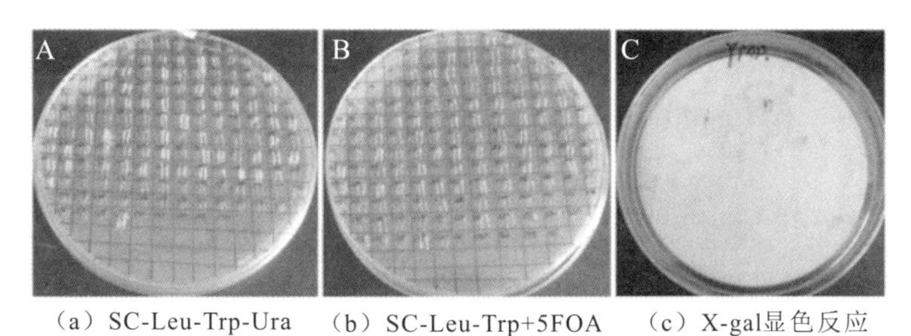

（a）SC-Leu-Trp-Ura （b）SC-Leu-Trp+5FOA （c）X-gal显色反应

图10－2 阳性克隆的筛选示例

七、思考题

（1）检测蛋白质相互作用的方法有哪些？

（2）酵母双杂交技术的优缺点是什么？如何避免不足？

参考文献

[1] 屈青松，李智勋，周晴，等. 发酵中药的研究进展及其“发酵配伍”理论探索[J]. 中草药，2023，54（7）：2262－2273.

[2] 熊艳霞，董梦依，刘文君，等. 现代中药发酵研究现状及思路[J]. 中国当代医药，2022，29（28）：33－37.

[3] 杨新波，张晓轩，蔡亚南，等. 微生物发酵中药的研究现状及其在养殖业中的应用[J]. 中国畜牧兽医，2022，49（1）：169－178.

[4] 屈青松，周晴，石艳双，等. 乳酸菌发酵中药功能及其增效机制的研究进展[J]. 环球中医药，15（9）：1707－1715.

[5] 李雪雁，李杰欣，李浩烽，等. 乳酸菌发酵中药饲料添加剂对肉鸡生长性能的影响[J]. 广东饲料，2020，29（7）：27－30.

[6] Michael Fried，Donald M. Crothers，Equilibria and kinetics of lac repressor-operator interactions by polyacrylamide gel electrophoresis [J]. Nucleic Acids Research，1981，9（23）：6505－6525.

[7] Omura S，Ikeda H，Ishikawa J，et al. Genome sequence of an industrial microorganism Streptomyces avermitilis：deducing the ability of producing

secondary metabolites [J]. Proc Natl Acad Sci U S A，2001，98 (21)：12215－12220.

[8] 王磊，陈芝. 微生物遗传学实验教程 [M]. 北京：科学出版社，2014.

[9] J. 萨姆布鲁克，D. W. 拉塞尔. 分子克隆实验指南 [M]. 3版. 黄培堂，等译. 北京：科学出版社，2016.

[10] Luckow V A，Lee S C，Barry G F，et al. Efficient generation of infectious recombinant baculoviruses by site-specific transposon-mediated insertion of foreign genes into a baculovirus genome propagated in Escherichia coli [J]. Journal of Virology，1993，67 (8)：4566－4579.

[11] Yang M，Wang S，Yue X L，et al. Autographa californica multiple nucleopolyhedrovirus orf132 encodes a nucleocapsid-associated protein required for budded-virus and multiply enveloped occlusion-derived virus production [J]. Journal of Virology，2014，88 (21)：12586－12598.

[12] 胡朝阳. 杆状病毒ac76基因的研究 [D]. 广州：中山大学，2009.

[13] 李国辉. 杆状病毒AcMNPV orf68基因功能的研究 [D]. 广州：中山大学，2008.

[14] Liu Y Y，Chen H Z，Chao Y C. Maximizing baculovirus-mediated foreign proteins expression in mammalian cells [J]. Current Gene Therapy，2010，10 (3)：232－241.

[15] 刘艳梅，周美华. 氨基酸的分离与提纯 [J]. 浙江化工，2004，35 (7)：14－17.

[16] 张伟国，钱和. 氨基酸生产技术及其应用 [M]. 北京：中国轻工业出版社，1997.

[17] 张金龙，王静康，尹秋响. 氨基酸的提取与精制 [J]. 化学工业与工程，2004，21 (2)：101－106.

[18] 仪明君，宋广亮，朱红军，等. 面包酵母催化不对称合成4-氯-(R)-3-羟基丁酸乙酯 [J]. 生物加工过程，2005，3 (2)：27－30.

[19] 杨忠华，姚善泾，夏海峰，等. 酵母催化2-辛酮不对称还原为2-辛醇 [J]. 化工学报，2004，55 (88)：1301－1305.

[20] 王贤慧. 大黄鱼过氧化物酶Ⅳ的抗氧化活性与其互作蛋白的初步研究 [D]. 厦门：集美大学，2014.

[21] 杨齐衡，李林. 酵母双杂交技术及其在蛋白质组研究中的应用 [J]. 生物化学与生物物理学报（英文版），1999，31 (3)：221－225.

[22] 陈谋通，刘建军. 蛋白质相互作用的研究方法 [J]. 生物技术通报，2009 (1)：50－54.

第11章 生物信息学实验

生物信息学（Bioinformatics）是在生命科学的研究中，以计算机为工具对生物信息进行储存、检索和分析的科学，是生命科学和计算机科学相结合形成的一门新学科。它是当今生命科学和自然科学的重大前沿领域之一，同时也是21世纪自然科学的核心领域之一。其研究重点体现在基因组学（Genomics）和蛋白质组学（Proteomics）两方面，具体说就是从核酸和蛋白质序列出发，分析序列中表达的结构功能的生物信息。

20世纪90年代以来，伴随着各种基因组测序计划的展开和分子结构测定技术的突破，数以百计的生物学数据库如雨后春笋般迅速涌出和成长，对生物信息学工作者提出了严峻的挑战：数以亿计的ACGT序列中包含着什么信息？基因组中的这些信息怎样控制有机体的发育？基因组本身又是怎样进化的？生物信息学的另一个挑战是从蛋白质的氨基酸序列预测蛋白质结构。这个难题已困扰理论生物学家达半个多世纪，如今找到问题答案的要求正变得日益迫切。诺贝尔奖获得者W. Gilbert在1991年曾经指出，传统生物学解决问题的方式是实验的。现在，基于全部基因都将知晓，并以电子可操作的方式驻留在数据库中，新的生物学研究模式的出发点应是理论的。一个科学家将从理论推测出发，然后再回到实验中去，追踪或验证这些理论假设。

生物信息学实验一　生物学数据库及其检索

一、实验目的

通过登录了解重要的生物信息站点，如NCBI、EMBI-EBI、EMBnet、国家基因库生命大数据平台（China National GeneBank DataBase，CNGBdb）等，掌握利用数据库检索、下载基因、蛋白质序列的操作方法，并学习基因的引物设计方法。

能力目标

（1）能掌握基因、蛋白质序列检索、下载的操作方法。
（2）能掌握基因的引物设计方法。

二、实验内容

（1）检索、下载新型冠状病毒刺突蛋白（S 蛋白）基因的 DNA、蛋白质序列。
（2）新型冠状病毒刺突蛋白（S 蛋白）基因的 PCR 引物设计。

三、操作步骤

（1）打开生物信息站点 NCBI（https://www.ncbi.nlm.nih.gov/），在输入栏左侧框下拉选择“Nucleotide”，然后在输入栏输入“SARS-CoV-2 spike”，点击“Search”进行检索。

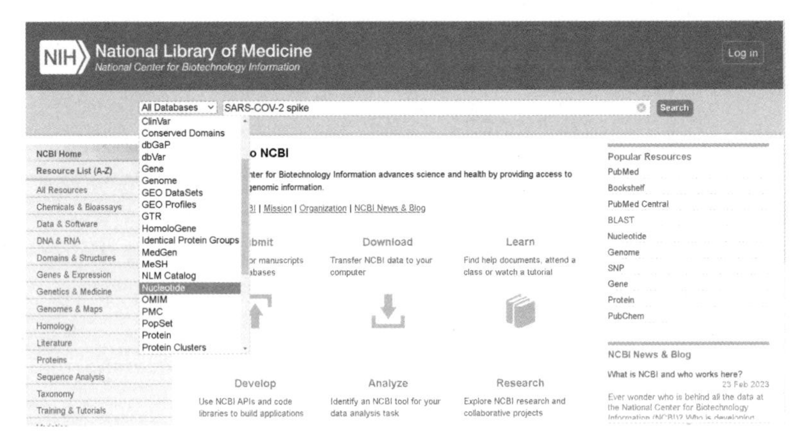

图 11-1

检索后得到如图 11-2 所示界面。

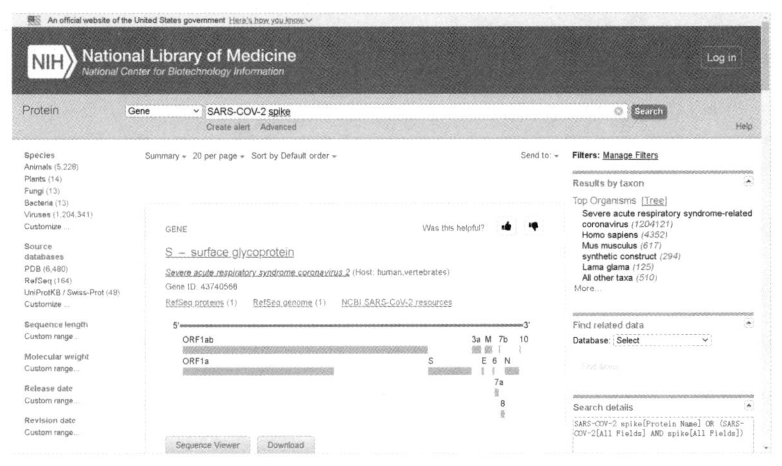

图 11-2

点击“S-surface glycoprotein”，进入如图 11－3 所示界面。

An official website of the United States government Here's how you know

National Library of Medicine
National Center for Biotechnology Information
Log in
Nucleotide
Search
Advanced
Help
Graphics
Send to:
Severe acute respiratory syndrome coronavirus 2 isolate Wuhan-Hu-1, complete genome
NCBI Reference Sequence: NC_045512.2
GenBank FASTA
Link To This View | Feedback
Analyze this sequence
Run BLAST
Pick Primers
NCBI Virus
Retrieve, view, and download SARS-CoV-2 coronavirus genomic and protein sequences.
Related information
Assembly
BioProject
Protein
PubMed
Taxonomy
Full text in PMC
Gene
Find:
Tools Tracks Download
Genes, Loading...
NC_045512.2: 22K..25K (3,822 nt)
Tracks shown: 2/11

图 11－3

点击 FASTA，进入图 11－4 所示界面即可显示 FASTA 格式的新型冠状病毒刺突蛋白（S 蛋白）基因序列。在界面右侧有“Send to:”选项，点击后在“Choose Destination”中选择“Complete record”和“File”，在“Format”中选择“FASTA”，最后点击“Create File”就能下载 FASTA 格式的序列到自定义文件夹，还可以选择下载编码序列（Coding sequences）或基因特征（Gene feature）。

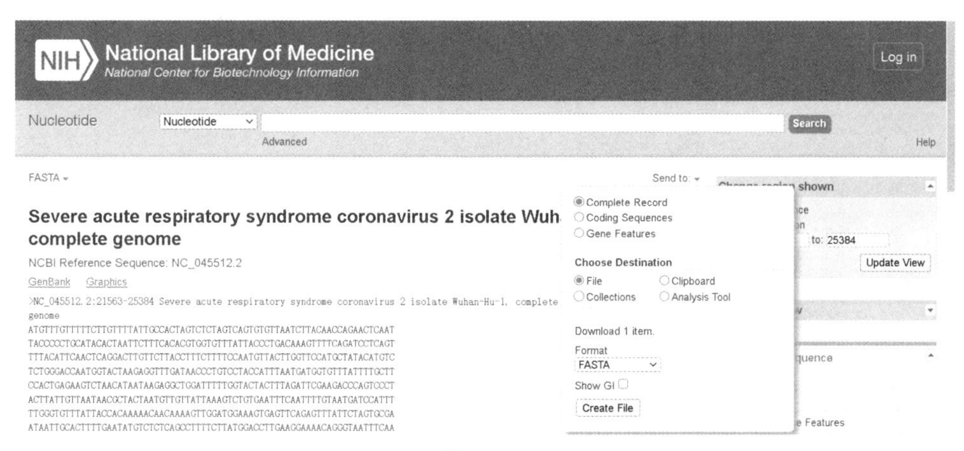

图 11－4

（2）新型冠状病毒刺突蛋白（S 蛋白）的蛋白序列下载。

同样地，在图 11－5 所示输入栏左侧框下拉选择“Protein”，然后在输入栏输入“SARS-CoV-2 spike”，点击“Search”进行检索，进入如图 11－5 所示界面。

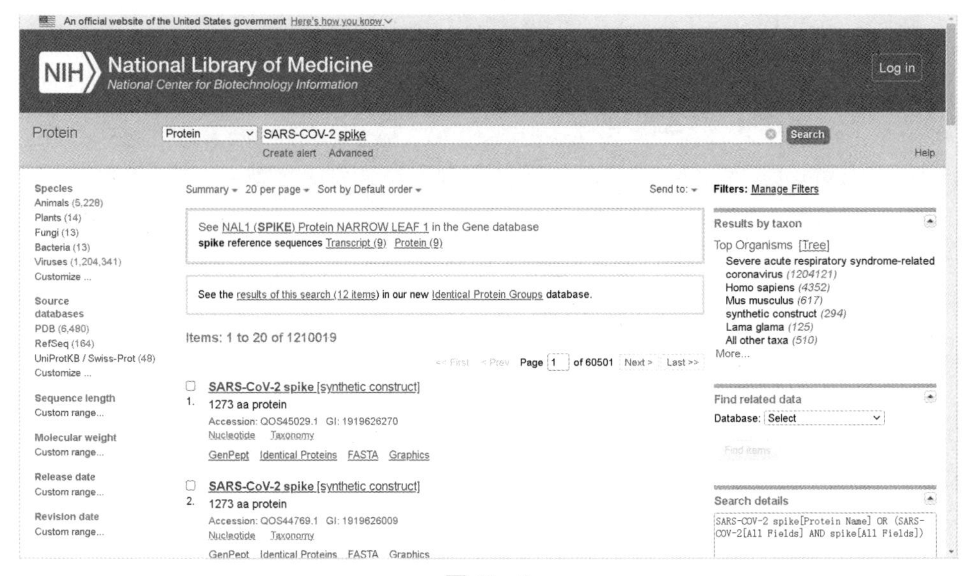

图 11-5

点击结果下的 FASTA，进入如图 11-6 所示界面，即得到新型冠状病毒刺突蛋白（S 蛋白）的蛋白序列。

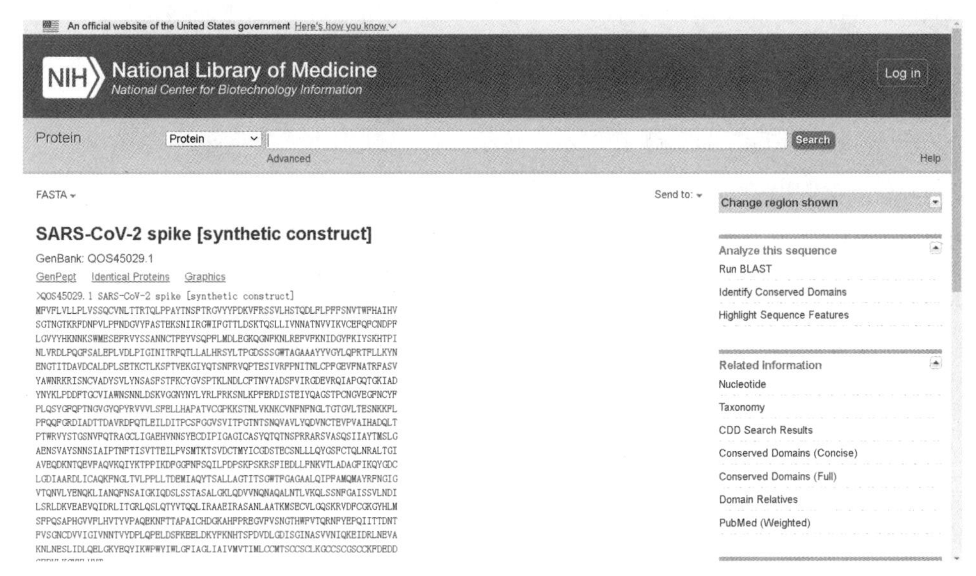

图 11-6

同样地，在图 11-6 所示界面右侧有“Send to:”选项，点击后在“Choose Destination”中选择“File”，在“Format”中选择“FASTA”，点击“Create File”，如图 11-7 所示，即可将蛋白序列下载到自定义文件夹。

图 11—7

打开 primer3 引物设计在线网页（https//primer3. ut. ee），在输入框内输入新型冠状病毒刺突蛋白（S 蛋白）的 DNA 序列，如图 11—8 所示。

Primer3web version 4.1.0 - Pick primers from a DNA sequence.　disclaimer　code　cautions

Select the Task for primer selection　generic

Template masking before primer design (available species)

Select species　Example: Mus musculus　Nucleotides to mask in 5' direction　1

Primer failure rate cutoff　< 0.1　Nucleotides to mask in 3' direction　0

Paste source sequence below (5'->3', string of ACGTNacgtn -- other letters treated as N -- numbers and blanks ignored). FASTA format ok. Please N-out undesirable sequence (vector, ALUs, LINEs, etc.) or use a Mispriming Library (repeat library)　NONE

```
ATGTTTGTTTTTCTTGTTTTATTGCCACTAGTCTCTAGTCAGTGTGTTAATCTTACAACCAGAACTCAAT
TACCCCCTGCATACACTAATTCTTTCACACGTGGTGTTTATTACCCTGACAAAGTTTTCAGATCCTCAGT
TTTACATTCAACTCAGGACTTGTTCTTACCTTTCTTTTCCAATGTTACTTGGTTCCATGCTATACATGTC
TCTGGGACCAATGGTACTAAGAGGTTTGATAACCCTGTCCTACCATTTAATGATGGTGTTTATTTTGCTT
CCACTGAGAAGTCTAACATAATAAGAGGCTGGATTTTTGGTACTACTTTAGATTCGAAGACCCAGTCCCT
ACTTATTGTTAATAACGCTACTAATGTTGTTATTAAAGTCTGTGAATTTCAATTTTGTAATGATCCATTT
```

Pick left primer, or use left primer below　Pick hybridization probe (internal oligo), or use oligo below　Pick right primer, or use right primer below (5' to 3' on opposite strand)

Pick Primers　Download Settings　Reset Form

Sequence Id　A string to identify your output.

Targets　E.g. 50,2 requires primers to surround the 2 bases at positions 50 and 51. Or mark the source sequence with [and]: e.g. ...ATCT[CCCC]TCAT.. means that primers must flank the central CCCC.

Overlap Junction List　E.g. 27 requires one primer to overlap the junction between positions 27 and 28. Or mark the source sequence with -: e.g. ...ATCTAC-TGTCAT.. means that primers must overlap the junction between the C and T.

图 11—8

下拉网页即可看到图 11—9 所示参数设置界面。如没有特殊要求，默认勾选上下游引物，另外在“Primer Size”处可设置引物长度；引物 Tm 值在“Primer Tm”处设置，PCR 产物长度范围在“Product Size Ranges”处设置。

	Min		Opt		Max			
Primer Size	Min	15	Opt	20	Max	30		
Primer Tm	Min	57.0	Opt	59.0	Max	62.0	Max Tm Difference	5.0
Product Tm	Min	-1000000	Opt	0.0	Max	1000000		
Primer GC%	Min	30.0	Opt	50.0	Max	70.0		

Product Size Ranges　100-150

图 11—9

参数设置好后，点击界面下方的“Pick Primers”（见图 11－8），得到引物设计结果。图 11－10 和图 11－11 显示了引物的位置和额外待选的四对引物。

```
1681 CCTTTCCAACAATTTGGCAGAGACATTGCTGACACTACTGATGCTGTCCGTGATCCACAG
                                         >>>>>>>>>>>>>>>>>>>>

1741 ACACTTGAGATTCTTGACATTACACCATGTTCTTTTGGTGGTGTCAGTGTTATAACACCA

1801 GGAACAAATACTTCTAACCAGGTTGCTGTTCTTTATCAGGATGTTAACTGCACAGAAGTC

1861 CCTGTTGCTATTCATGCAGATCAACTTACTCCTACTTGGCGTGTTTATTCTACAGGTTCT

1921 AATGTTTTTCAAACACGTGCAGGCTGTTTAATAGGGGCTGAACATGTCAACAACTCATAT
                        <<<<<<<<<<<<<<<<<<<<
```

图 11－10

```
KEYS (in order of precedence):
>>>>>> left primer
<<<<<< right primer

ADDITIONAL OLIGOS
                   start  len      tm     gc%  any th  3' th hairpin seq

 1 LEFT PRIMER      2983   20   58.64   50.00    0.00   0.00    0.00 AGGTTGATCACAGGCAGACT
   RIGHT PRIMER     3167   20   59.09   55.00    0.00   0.00    0.00 GCTGACTGAGGGAAGGACAT
   PRODUCT SIZE: 185, PAIR ANY_TH COMPL: 10.98, PAIR 3'_TH COMPL: 0.00

 2 LEFT PRIMER       873   20   59.03   55.00    0.00   0.00    0.00 TGCACTTGACCCTCTCTCAG
   RIGHT PRIMER     1046   20   59.47   50.00    0.00   0.00    0.00 GATGCAAATCTGGTGGCGTT
   PRODUCT SIZE: 174, PAIR ANY_TH COMPL: 0.00, PAIR 3'_TH COMPL: 0.00

 3 LEFT PRIMER      1027   20   59.47   50.00    0.00   0.00    0.00 AACGCCACCAGATTTGCATC
   RIGHT PRIMER     1238   20   58.64   55.00    0.00   0.00    0.00 CCTGGAGCGATTTGTCTGAC
   PRODUCT SIZE: 212, PAIR ANY_TH COMPL: 20.98, PAIR 3'_TH COMPL: 2.49

 4 LEFT PRIMER      3148   20   59.09   55.00    0.00   0.00    0.00 ATGTCCTTCCCTCAGTCAGC
   RIGHT PRIMER     3307   20   58.23   45.00    0.00   0.00    0.00 ACCAGTGTGTGCCATTTGAA
   PRODUCT SIZE: 160, PAIR ANY_TH COMPL: 0.00, PAIR 3'_TH COMPL: 0.00
```

图 11－11

四、思考题

（1）如何下载人血红蛋白的 DNA 序列，格式为 FASTA 格式？

（2）请为人血红蛋白的 DNA 序列设计 PCR 引物，要求引物长度为 18～20 bp，PCR 产物长度为 100～200 bp。

生物信息学实验二　序列比对与系统发育树的构建

一、实验目的

学习运用 NCBI 中的 BLAST 进行序列比对，学习使用 MEGA 11.0 自带的

Clustalw 进行多序列比对，并使用 MEGA 11.0 构建系统发育树。

二、实验内容

在 NCBI 数据库搜索下载 16S rDNA（核糖体 DNA 序列），在 NCBI 数据库中使用 Blast 对所下载的核糖体 DNA 序列进行比对。

在 NCBI 数据库搜索下载线粒体基因组序列（人科的人属、黑猩猩属、大猩猩属的物种及近缘外群），多序列比对采用 MEGA 11.0 自带的 Clustalw。

使用 MEGA 11.0 对在 NCBI 数据库搜索下载的线粒体基因组序列建立系统发育树，使用 Models 寻找最佳模型，采用最大似然估计法（Maximum Likelihood，ML）和邻接法（Neighbor-Joining，NJ）建立系统发育树。

三、实验步骤

1. 序列对比

首先，在 NCBI 下载一条 16S 核糖体 DNA 序列，即选择“Nucleotide”，输入“ribosome 16s”，点击“Search”进行检索（见图 11－12）。

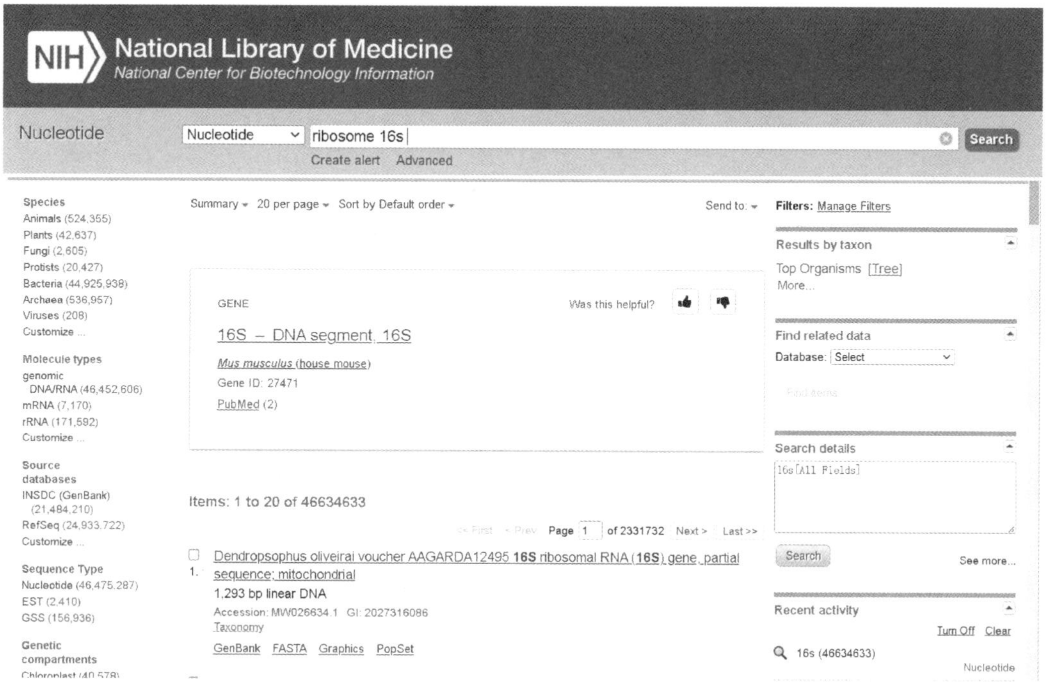

图 11－12

进入 FASTA 格式界面，复制 FASTA 格式的核糖体 16 s 序列。

进入如图 11－13 所示界面后，选择一条序列（例如编号为 MW026634.1），点击“FASTA”。

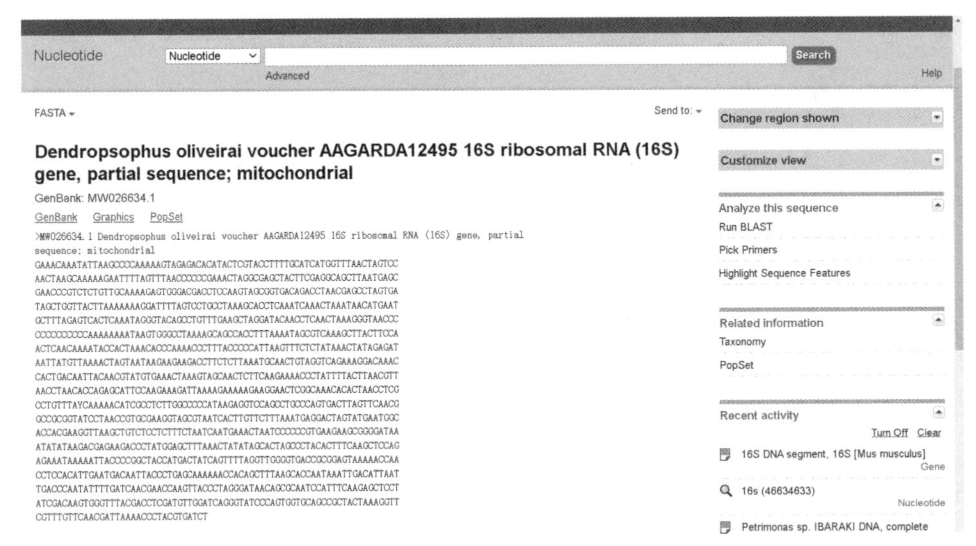

图 11－13

点击右侧“Run BLAST”（见图 11－13），或回到 NCBI 网站首页，点击右侧“BLAST”（见图 11－14）。

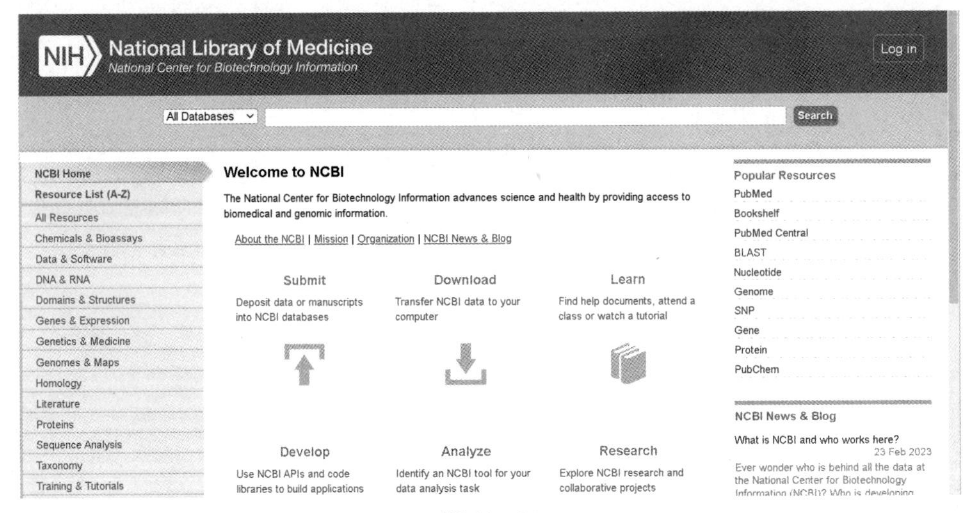

图 11－14

点击“BLAST”后进入下一界面（见图 11－15），有几种 BLAST 选项，这里以核酸序列对比为例，点击“Nucleotide BLAST”方框。

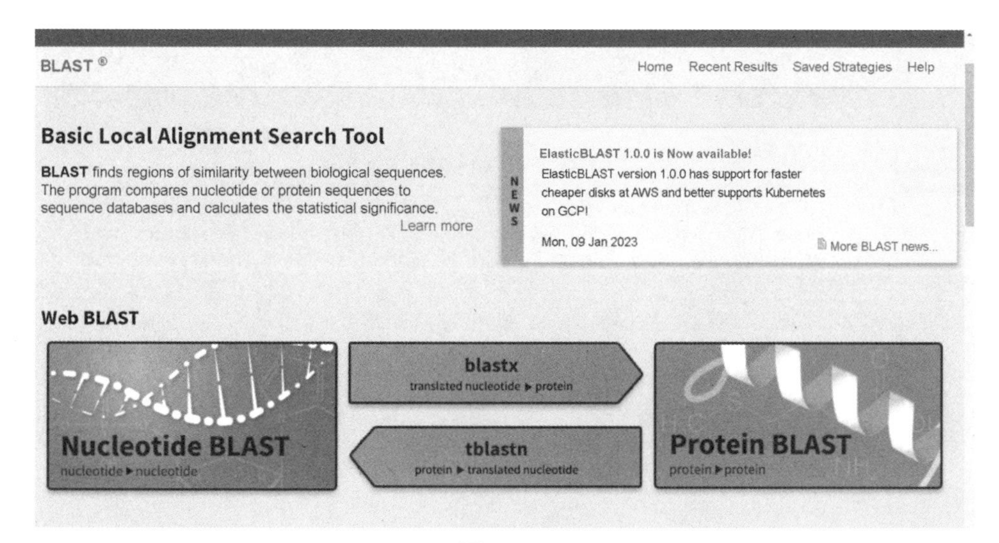

图 11－15

在新打开的界面框内粘贴基因编号或 FASTA 格式序列，“From”“To”框可选择想要用于比对的序列部分，由于我们输入的是 FASTA 格式序列，“Job Title”会自动命名，“Database”选项下可选择比对的数据库，如图 11－16 所示。

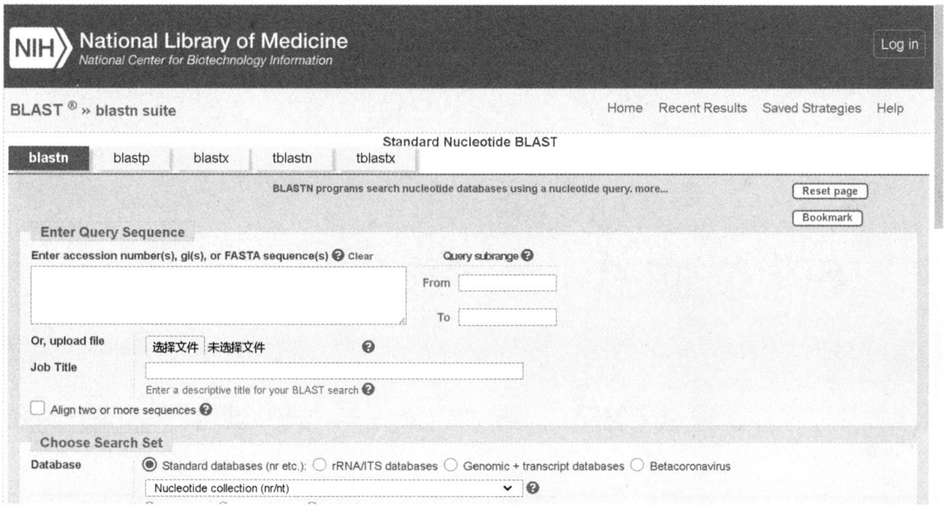

图 11－16

本实验选择“Standard databases（nr etc.）”，下方下拉选项中选择“Nucleotide collection（nr/nt）”，如图 11－17 所示。

NIH National Library of Medicine
National Center for Biotechnology Information
Log in

BLAST ® » blastn suite
Home Recent Results Saved Strategies Help

Standard Nucleotide BLAST

blastn blastp blastx tblastn tblastx

BLASTN programs search nucleotide databases using a nucleotide query. more...
Reset page
Bookmark

Enter Query Sequence

Enter accession number(s), gi(s), or FASTA sequence(s) Clear
Query subrange

>MW026634.1 Dendropsophus oliveirai voucher AAGARDA12495 16S ribosomal RNA (16S) gene, partial sequence; mitochondrial
GAAACAAATATTAAGCCCCAAAAAGTAGAGACACATACTCGTACCTTTTGC
ATCATGGTTTAACTAGTCC

From
To

Or, upload file 选择文件 未选择文件

Job Title MW026634.1 Dendropsophus oliveirai voucher...
Enter a descriptive title for your BLAST search

Align two or more sequences

Choose Search Set

Database Standard databases (nr etc.): rRNA/ITS databases Genomic + transcript databases Betacoronavirus
Nucleotide collection (nr/nt)

图 11－17

点击“Optimize for”可以选择比对算法，当前面都选择好后，最后点击下方蓝色框的“BLAST”，如图 11－18 所示。

Align two or more sequences

Choose Search Set

Database Standard databases (nr etc.): rRNA/ITS databases Genomic + transcript databases Betacoronavirus
Nucleotide collection (nr/nt)

Organism
Optional
Enter organism name or id--completions will be suggested exclude Add organism
Enter organism common name, binomial, or tax id. Only 20 top taxa will be shown

Exclude
Optional
Models (XM/XP) Uncultured/environmental sample sequences

Limit to
Optional
Sequences from type material

Entrez Query
Optional
YouTube Create custom database
Enter an Entrez query to limit search

Program Selection

Optimize for
Highly similar sequences (megablast)
More dissimilar sequences (discontiguous megablast)
Somewhat similar sequences (blastn)
Choose a BLAST algorithm

BLAST
Search database Nucleotide collection (nr/nt) using Megablast (Optimize for highly similar sequences)
Show results in a new window

+ Algorithm parameters

图 11－18

比对结果如图 11－19 所示，可以根据 Max Score、E value、Per. Ident 等值评估比对结果。

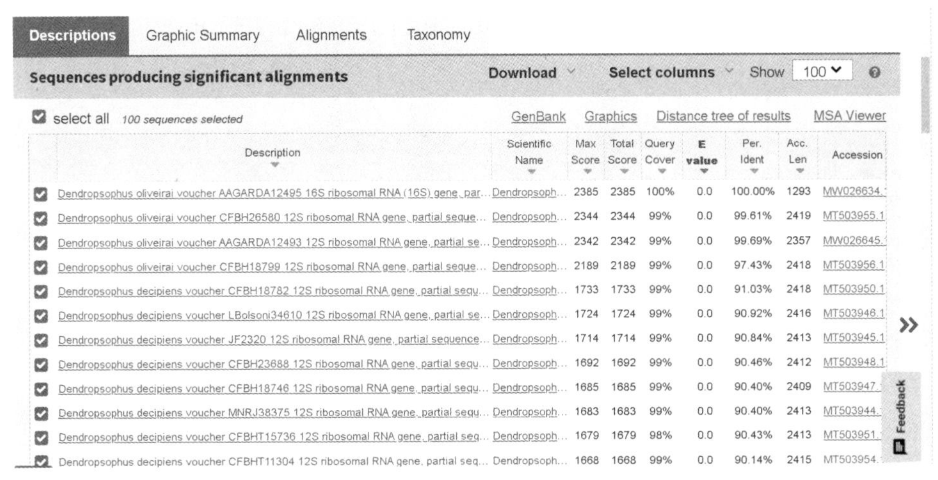

Descriptions　Graphic Summary　Alignments　Taxonomy

Sequences producing significant alignments　Download　Select columns　Show 100

select all　100 sequences selected　GenBank　Graphics　Distance tree of results　MSA Viewer

	Description	Scientific Name	Max Score	Total Score	Query Cover	E value	Per. Ident	Acc. Len	Accession
☑	Dendropsophus oliveirai voucher AAGARDA12495 16S ribosomal RNA (16S) gene, par...	Dendropsoph...	2385	2385	100%	0.0	100.00%	1293	MW026634.1
☑	Dendropsophus oliveirai voucher CFBH26580 12S ribosomal RNA gene, partial seque...	Dendropsoph...	2344	2344	99%	0.0	99.61%	2419	MT503955.1
☑	Dendropsophus oliveirai voucher AAGARDA12493 12S ribosomal RNA gene, partial se...	Dendropsoph...	2342	2342	99%	0.0	99.69%	2357	MW026645.1
☑	Dendropsophus oliveirai voucher CFBH18799 12S ribosomal RNA gene, partial seque...	Dendropsoph...	2189	2189	99%	0.0	97.43%	2418	MT503956.1
☑	Dendropsophus decipiens voucher CFBH18782 12S ribosomal RNA gene, partial sequ...	Dendropsoph...	1733	1733	99%	0.0	91.03%	2418	MT503950.1
☑	Dendropsophus decipiens voucher LBolsoni34610 12S ribosomal RNA gene, partial se...	Dendropsoph...	1724	1724	99%	0.0	90.92%	2416	MT503946.1
☑	Dendropsophus decipiens voucher JF2320 12S ribosomal RNA gene, partial sequence...	Dendropsoph...	1714	1714	99%	0.0	90.84%	2413	MT503945.1
☑	Dendropsophus decipiens voucher CFBH23688 12S ribosomal RNA gene, partial sequ...	Dendropsoph...	1692	1692	99%	0.0	90.46%	2412	MT503948.1
☑	Dendropsophus decipiens voucher CFBH18746 12S ribosomal RNA gene, partial sequ...	Dendropsoph...	1685	1685	99%	0.0	90.40%	2409	MT503947.1
☑	Dendropsophus decipiens voucher MNRJ38375 12S ribosomal RNA gene, partial sequ...	Dendropsoph...	1683	1683	99%	0.0	90.40%	2413	MT503944.1
☑	Dendropsophus decipiens voucher CFBHT15736 12S ribosomal RNA gene, partial seq...	Dendropsoph...	1679	1679	98%	0.0	90.43%	2413	MT503951.1
☑	Dendropsophus decipiens voucher CFBHT11304 12S ribosomal RNA gene, partial seq...	Dendropsoph...	1668	1668	99%	0.0	90.14%	2415	MT503954.1

图 11－19

2．多序列比对和进化树的建立

首先在 NCBI 网站下载几个物种的线粒体 DNA 序列的 FASTA 文件：智人（NC 012920.1）、大猩猩（NC 011120.1）、黑猩猩（NC 001643.1）、倭黑猩猩（NC 001644.1）和猕猴（NC 005943.1）。

打开 MEGA 11.0 软件，在首页点击“ALIGN”，再点击“Edit/Build Alignment”，如图 11－20 所示。

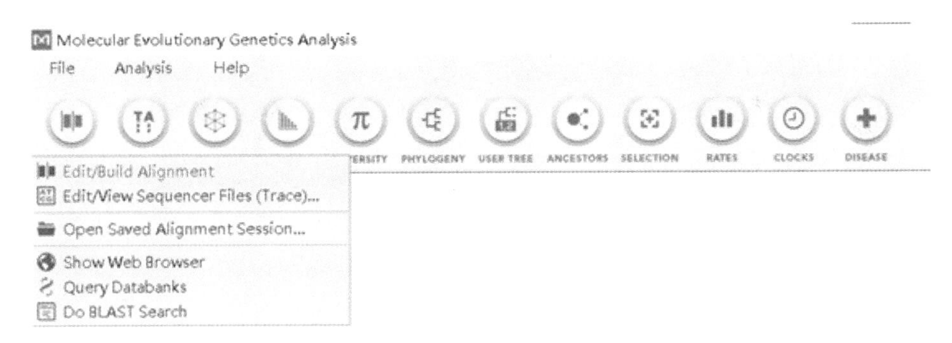

图 11－20

在新的弹窗上选择“Create a new alignment”后点击“OK”，下一个弹窗上选择“DNA”，如图 11－21 所示。

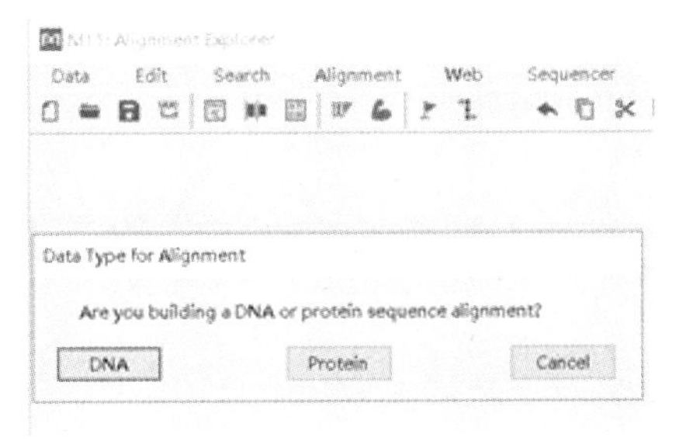

图 11－21

点击“Edit”[见图 11－22（a）]，选择“Insert Sequence From File”，选中准备好的 FASTA 文件 [见图 11－22（b）]，点击打开，打开后显示图 11－22（c）的结果。

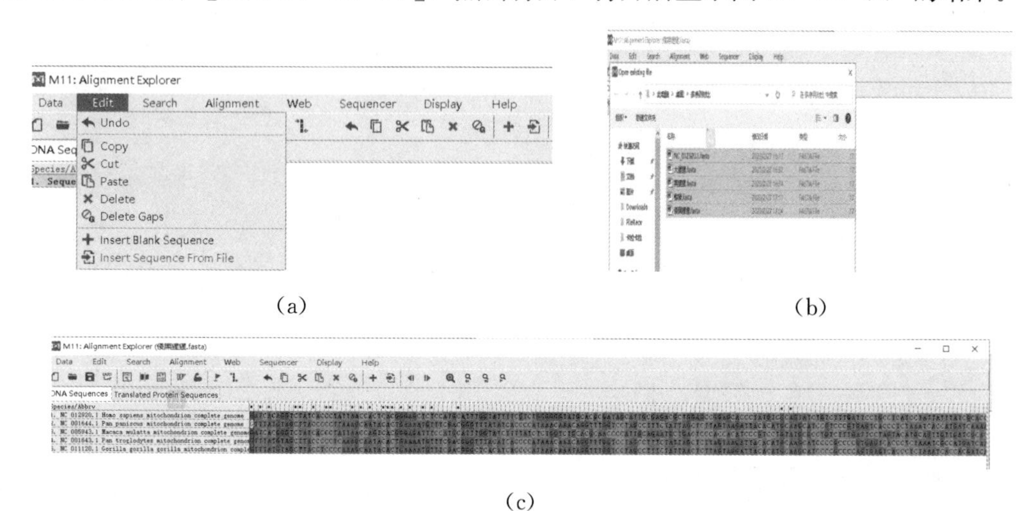

（a）

（b）

（c）

图 11－22

选中多余的空白序列，点击“Edit”，在下拉菜单中点击“Delete”将其删除，否则会影响后面建树，如图 11－23 所示。

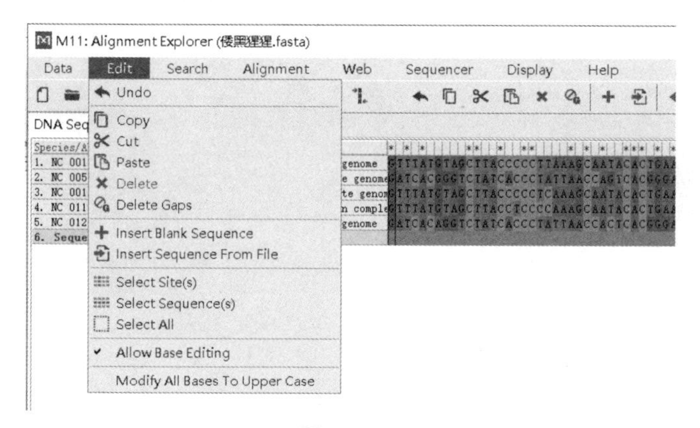

图 11－23

点击软件自带的 ClustalW 即图 11－24 所示工具栏框出的图标，再点击“Align DNA”，如图 11－24 所示。

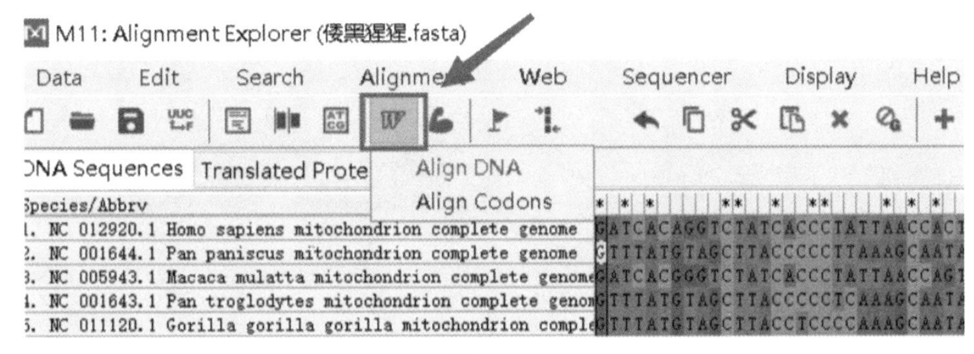

图 11−24

得到多序列比对结果后，点击“Data”，在下拉菜单中选择“Export Alignment”，将多序列结果保存为“MEGA Format”，如图 11−25 所示。

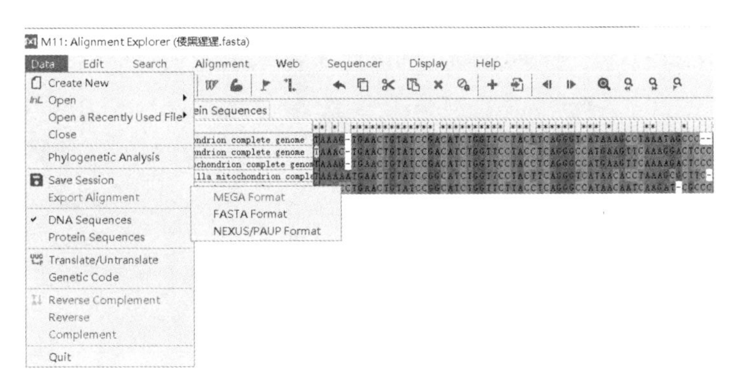

图 11−25

构建系统发育树：首先查看序列比对结果是否两端对齐，如果两端没对齐，点击并拖动选中没有对齐的部分，点击“Edit”下的“Delete”将其删除，如图 11−26 所示。

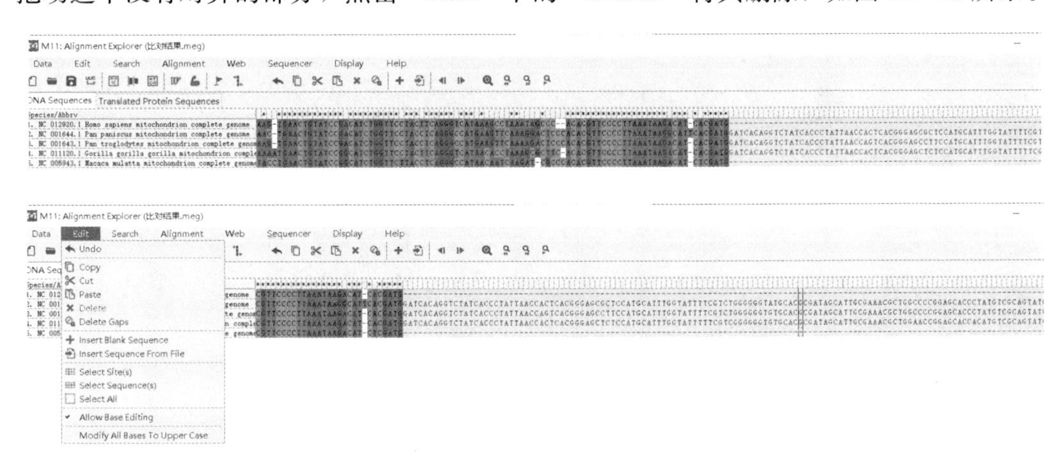

图 11−26

删除未对齐部分后，点击“Data”，选择“Phylogenetic Analysis”进行系统发育分析，如图 11−27 所示。

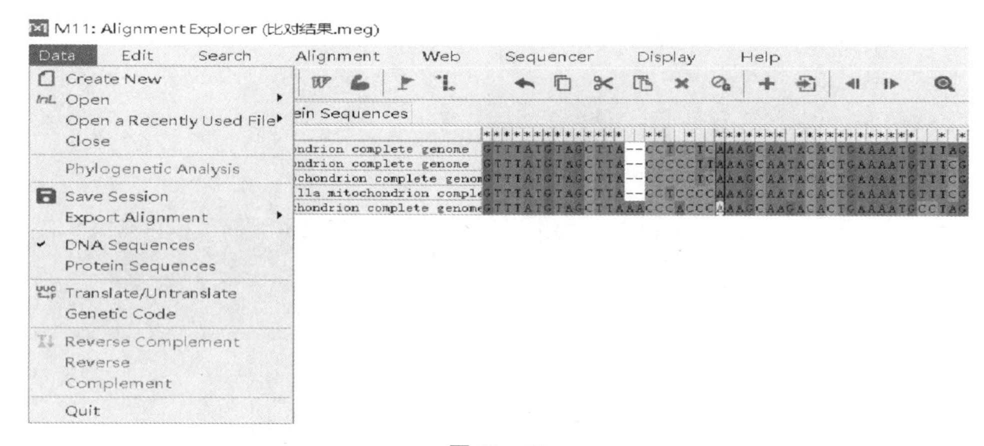

图 11－27

采用最大似然法建树：MEGA 11.0 提供了多种进化模型，如何确定最佳模型？我们可以使用 MEGA 11.0 自带的 Model 计算最佳的核酸/蛋白质模型。

在 MEGA 11.0 首页点击“Model”，选择“Find Best DNA/Protein Models (ML)…”（见图 11－28），在新弹窗点击“OK”，结果如图 11－29 所示。

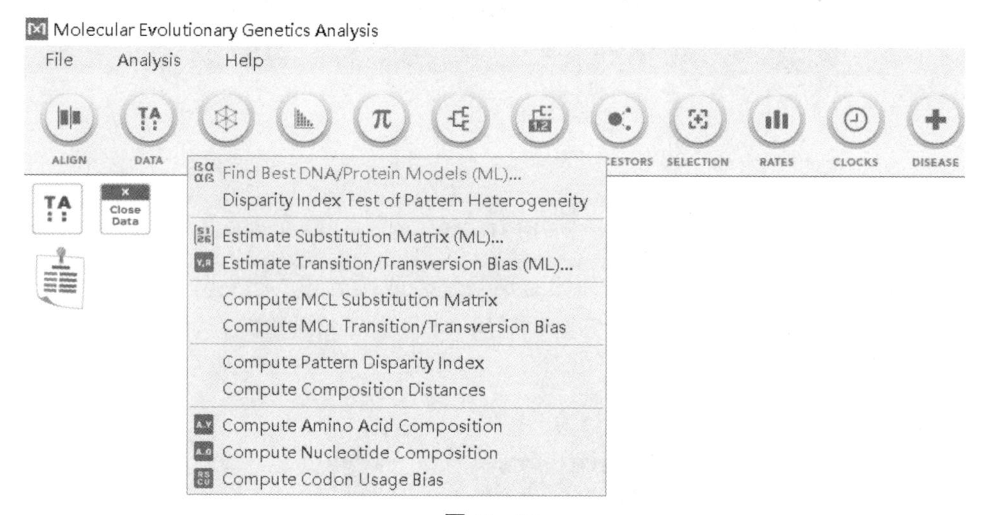

图 11－28

BIC 值越小，预示模型越优。如图 11－29 所示最优的模型 Model 为 GTR+G，所以之后确定 Model/Method 选择 GTR（General Time Reversible model），Rates among Sites 选择 G（Gamma Distributed）。

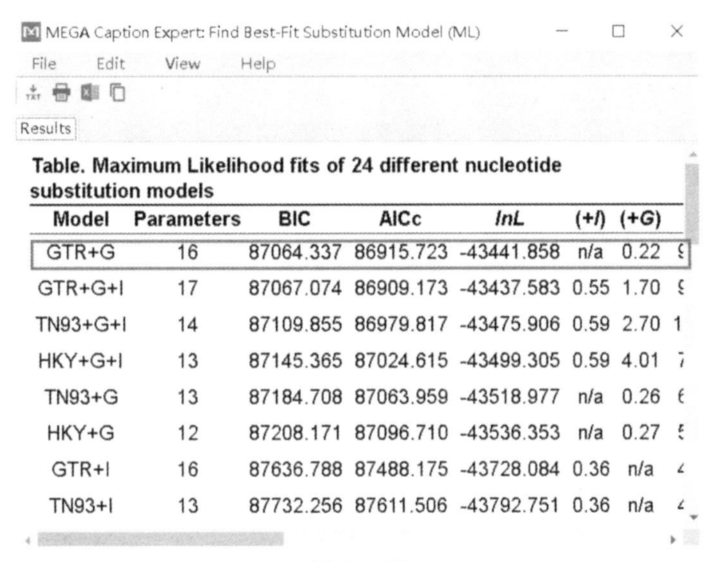
MEGA Caption Expert: Find Best-Fit Substitution Model (ML)

File　Edit　View　Help

Results

Table. Maximum Likelihood fits of 24 different nucleotide substitution models

Model	Parameters	BIC	AICc	*lnL*	(+*I*)	(+*G*)
GTR+G	16	87064.337	86915.723	-43441.858	n/a	0.22
GTR+G+I	17	87067.074	86909.173	-43437.583	0.55	1.70
TN93+G+I	14	87109.855	86979.817	-43475.906	0.59	2.70
HKY+G+I	13	87145.365	87024.615	-43499.305	0.59	4.01
TN93+G	13	87184.708	87063.959	-43518.977	n/a	0.26
HKY+G	12	87208.171	87096.710	-43536.353	n/a	0.27
GTR+I	16	87636.788	87488.175	-43728.084	0.36	n/a
TN93+I	13	87732.256	87611.506	-43792.751	0.36	n/a

图 11－29

在 MEGA 11.0 首页，点击“Phylogeny”，选择“Construct/Test Maximum Likelihood Tree…”，如图 11－30 所示。

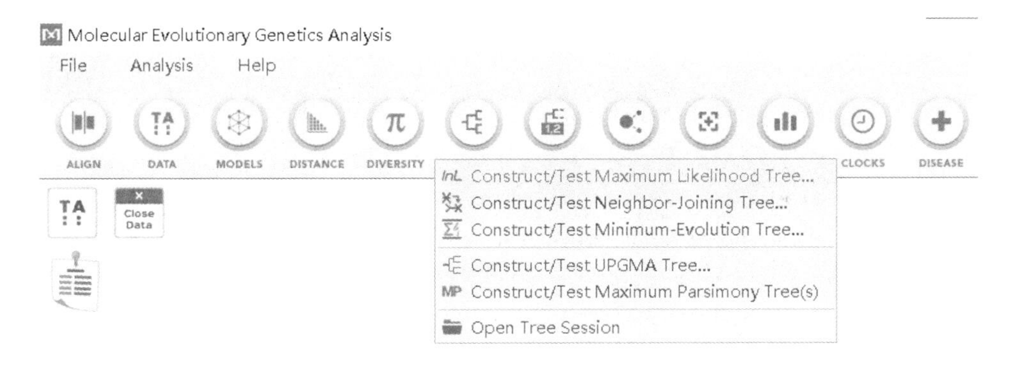

图 11－30

在新弹窗选择最优的 Model/Method 和 Rates among Sites。“Test of Phylogeny”可选择“Bootstrap method”，重复次数可根据需要设置为 100、1 000 等值，点击“OK”运行（见图 11－31），等待计算完成，建树结果如图 11－32 所示。系统发育树可进一步美化并导出存储。

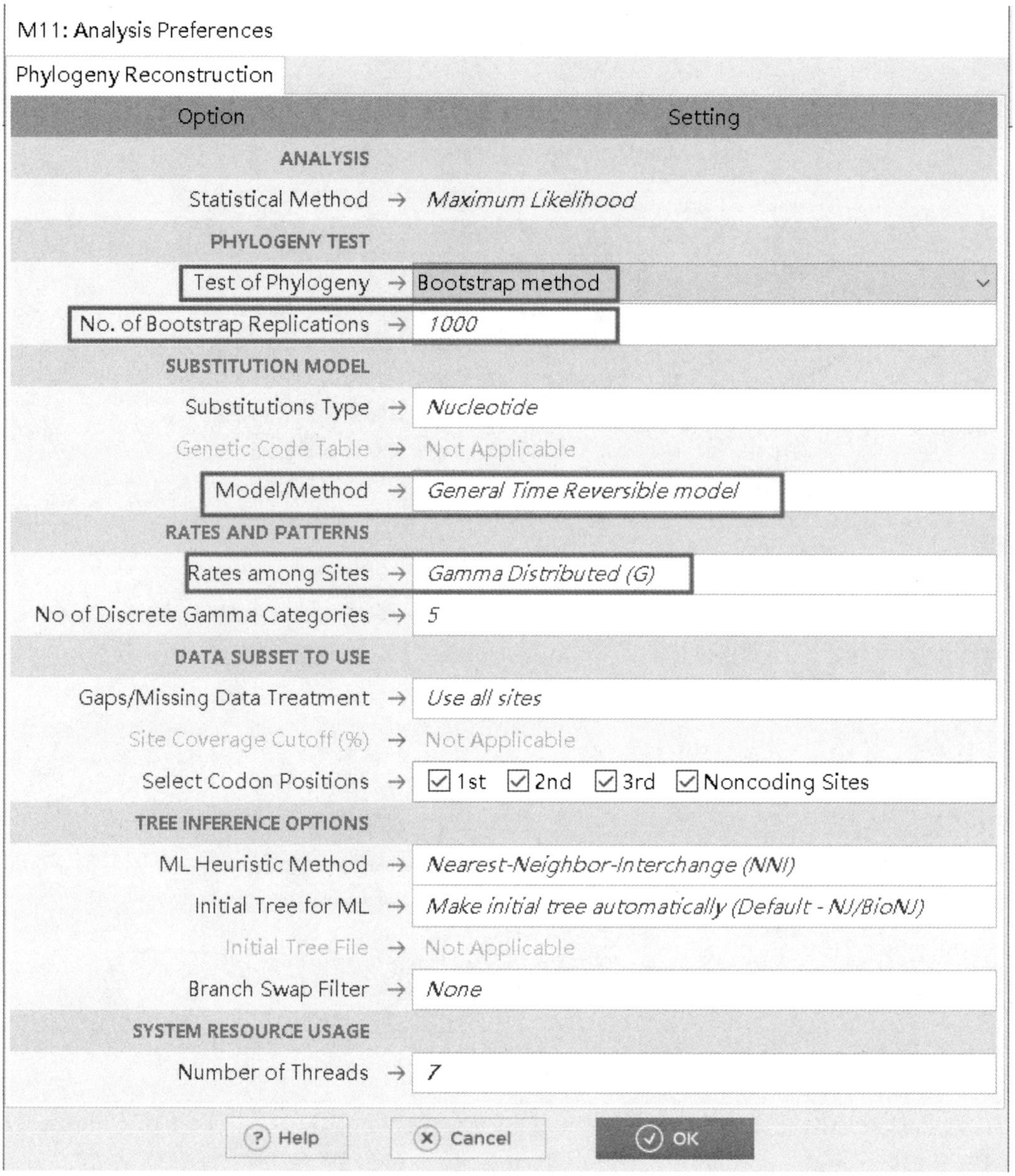

M11: Analysis Preferences

Phylogeny Reconstruction

Option		Setting
ANALYSIS		
Statistical Method	→	Maximum Likelihood
PHYLOGENY TEST		
Test of Phylogeny	→	Bootstrap method
No. of Bootstrap Replications	→	1000
SUBSTITUTION MODEL		
Substitutions Type	→	Nucleotide
Genetic Code Table	→	Not Applicable
Model/Method	→	General Time Reversible model
RATES AND PATTERNS		
Rates among Sites	→	Gamma Distributed (G)
No of Discrete Gamma Categories	→	5
DATA SUBSET TO USE		
Gaps/Missing Data Treatment	→	Use all sites
Site Coverage Cutoff (%)	→	Not Applicable
Select Codon Positions	→	☑ 1st ☑ 2nd ☑ 3rd ☑ Noncoding Sites
TREE INFERENCE OPTIONS		
ML Heuristic Method	→	Nearest-Neighbor-Interchange (NNI)
Initial Tree for ML	→	Make initial tree automatically (Default - NJ/BioNJ)
Initial Tree File	→	Not Applicable
Branch Swap Filter	→	None
SYSTEM RESOURCE USAGE		
Number of Threads	→	7

Help　Cancel　OK

图 11−31

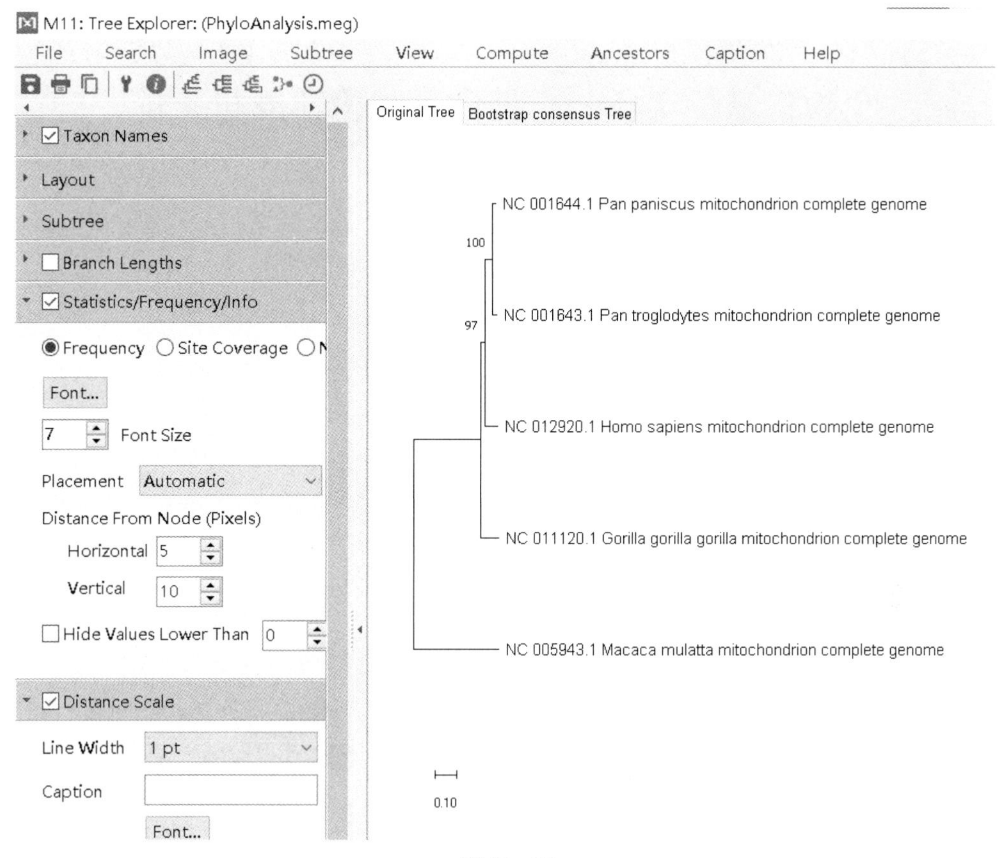

图 11－32

采用邻接法建树：在 MEGA 11.0 首页点击“Phylogeny”，选择“Construct/Test Neighbor-Joining Tree…”，如图 11－33 所示。其他步骤和参数设置与最大似然法建树类似。

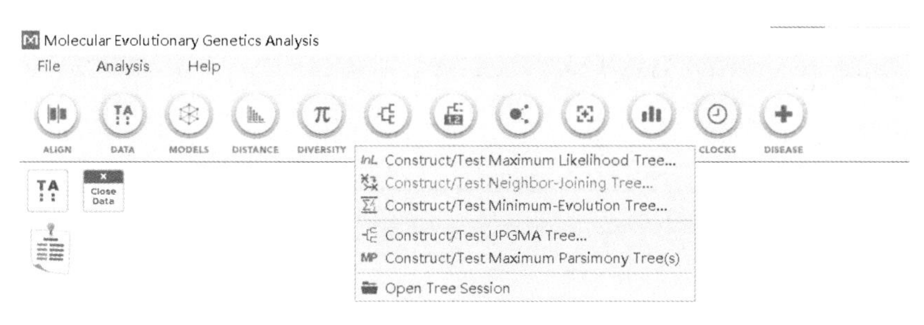

图 11－33

四、思考题

（1）下载腺病毒的 DNA 序列并在 NCBI 中进行 BLAST 比对分析。

（2）下载熊科动物及近缘外群线粒体 DNA 序列，进行多序列比对并构建系统发育树。

生物信息学实验三　蛋白质结构预测与分析

一、实验目的

通过登录如NCBI、国家基因库生命大数据平台等，掌握利用数据库检索、下载蛋白质序列的操作方法，并学习利用ProtParam、SOPMA、SWISS-MODEL等站点预测和分析所下载的蛋白质结构。

能力目标

（1）能掌握蛋白质序列一级结构及理化性质、二级结构预测分析的方法。
（2）能了解蛋白质三级结构、功能预测的一般步骤。

二、实验原理

蛋白质结构预测的基本原理是根据已知序列（或称为模式），通过计算机进行模拟，并与实验值比较来确定蛋白质分子中氨基酸残基排列顺序和空间构象等信息，从而对蛋白质的结构做出预测。

三、实验内容

（1）检索、下载新型冠状病毒刺突蛋白（S蛋白）的序列。
（2）对新型冠状病毒刺突蛋白（S蛋白）的结构预测和分析。

四、操作步骤

1. 下载新型冠状病毒刺突蛋白（S蛋白）序列

按照生物信息学实验一的步骤，进入NCBI（https://www.ncbi.nlm.nih.gov/），选择“Protein”输入“SARS-CoV-2 spike”，下载新型冠状病毒刺突蛋白（S蛋白）的FASTA格式序列。本实验下载的序列编号为QOS45029.1。

2. 理化性质的分析

进入ProtParam（https://web.expasy.org/protparam/），在方框中输入下载的蛋白质序列或直接添加FASTA文件，点击“Compute parameters”运行，如图11－34所示。

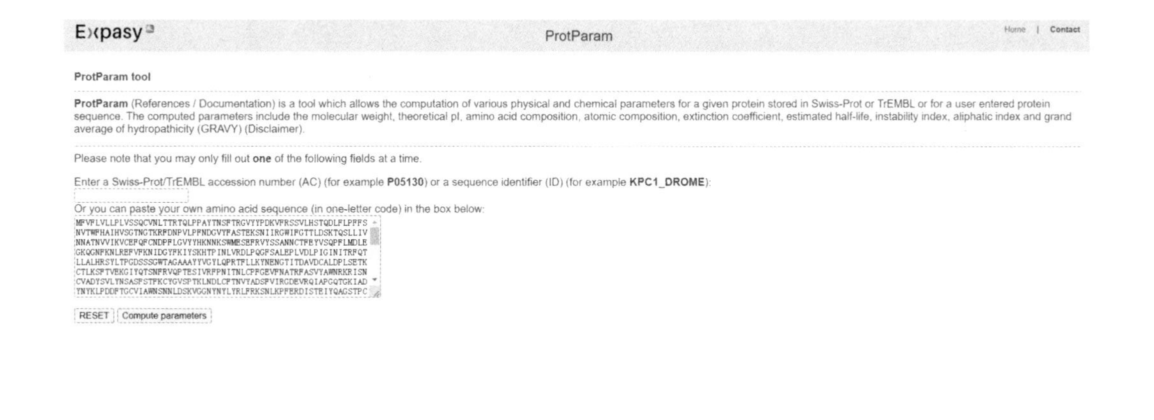

图 11－34

运行结束后，出现该蛋白质的理化性质分析结果，如图 11－35 所示。

Number of amino acids: 1273

Molecular weight: 141178.47

Theoretical pI: 6.24

Amino acid composition: CSV format

Ala	(A)	79	6.2%
Arg	(R)	42	3.3%
Asn	(N)	88	6.9%
Asp	(D)	62	4.9%
Cys	(C)	40	3.1%
Gln	(Q)	62	4.9%
Glu	(E)	48	3.8%
Gly	(G)	82	6.4%
His	(H)	17	1.3%
Ile	(I)	76	6.0%
Leu	(L)	108	8.5%
Lys	(K)	61	4.8%
Met	(M)	14	1.1%
Phe	(F)	77	6.0%
Pro	(P)	58	4.6%
Ser	(S)	99	7.8%
Thr	(T)	97	7.6%
Trp	(W)	12	0.9%
Tyr	(Y)	54	4.2%
Val	(V)	97	7.6%
Pyl	(O)	0	0.0%
Sec	(U)	0	0.0%
	(B)	0	0.0%
	(Z)	0	0.0%
	(X)	0	0.0%

Total number of negatively charged residues (Asp + Glu): 110
Total number of positively charged residues (Arg + Lys): 103

Atomic composition:

Carbon	C	6336
Hydrogen	H	9770
Nitrogen	N	1656
Oxygen	O	1894
Sulfur	S	54

Formula: $C_{6336}H_{9770}N_{1656}O_{1894}S_{54}$
Total number of atoms: 19710

Extinction coefficients:

Extinction coefficients are in units of $M^{-1}\ cm^{-1}$, at 280 nm measured in water.

Ext. coefficient 148960
Abs 0.1% (=1 g/l) 1.055, assuming all pairs of Cys residues form cystines

Ext. coefficient 146460
Abs 0.1% (=1 g/l) 1.037, assuming all Cys residues are reduced

Estimated half-life:

The N-terminal of the sequence considered is M (Met).

The estimated half-life is: 30 hours (mammalian reticulocytes, in vitro).
>20 hours (yeast, in vivo).
>10 hours (Escherichia coli, in vivo).

Instability index:

The instability index (II) is computed to be 33.01
This classifies the protein as stable.

Aliphatic index: 84.67

Grand average of hydropathicity (GRAVY): -0.079

图 11－35

本研究利用 ExPASy ProtParam 在线软件分析新型冠状病毒刺突蛋白（S 蛋白）一级结构及理化性质。结果显示，该蛋白质所含原子总个数为 19 710，原子组成式为 $C_{6336}H_{9770}N_{1656}O_{1894}S_{54}$，相对分子质量为 141 178.47。该分子共有 1 273 个氨基酸残基，其中亮氨酸最多，有 108 个，占总氨基酸残基数比例为 8.5%。带负电荷的氨基酸残基有 110 个，带正电荷的氨基酸残基有 103 个。理论预测等电点（pI）为 6.24，中性偏酸，带负电荷。预计该蛋白质在哺乳动物网状细胞中的半衰期为 30 h，估算的不稳定指数为 33.01，指示该蛋白质为稳定型蛋白质。该蛋白质总平均亲水性指数（GRAVY）为−0.079。该值取值范围为−2～+2，疏水性蛋白质为正值，亲水性蛋白质为负值，故初步认定新型冠状病毒刺突蛋白（S 蛋白）为亲水性蛋白质。

3. 蛋白质二级结构预测

进入 PredictProtein（https://predictprotein.org/），在方框中输入下载的蛋白质序列，点击“PredicProtein”运行，如图 11−36 所示。

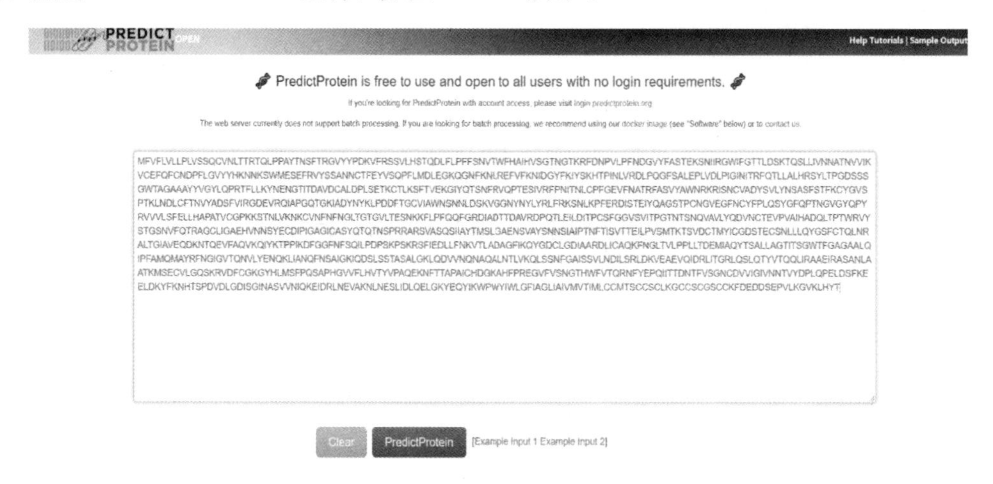

图 11−36

等待页面跳转，出现如图 11−37 所示的界面，点击左边的选项，查看新型冠状病毒刺突蛋白（S 蛋白）中 α 螺旋、β 折叠等结构的组成比例（见图 11−38）。

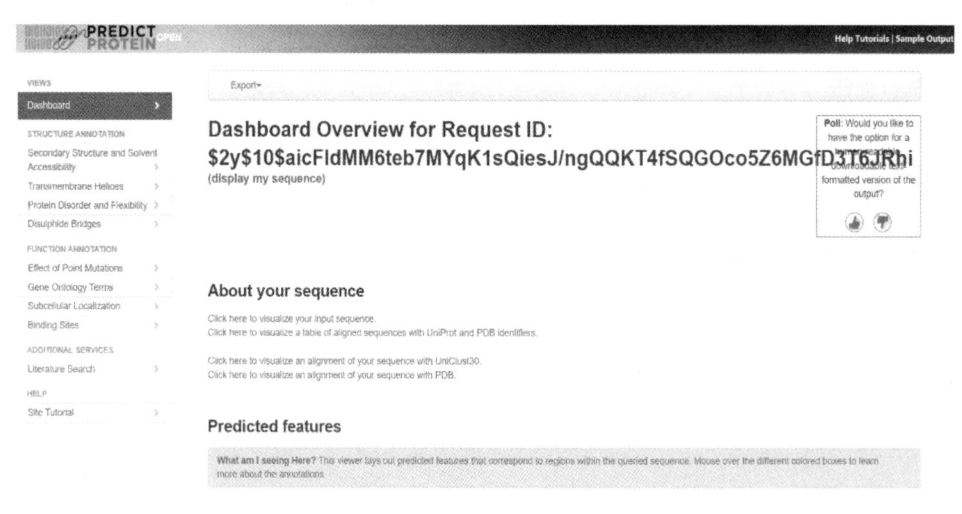

图 11−37

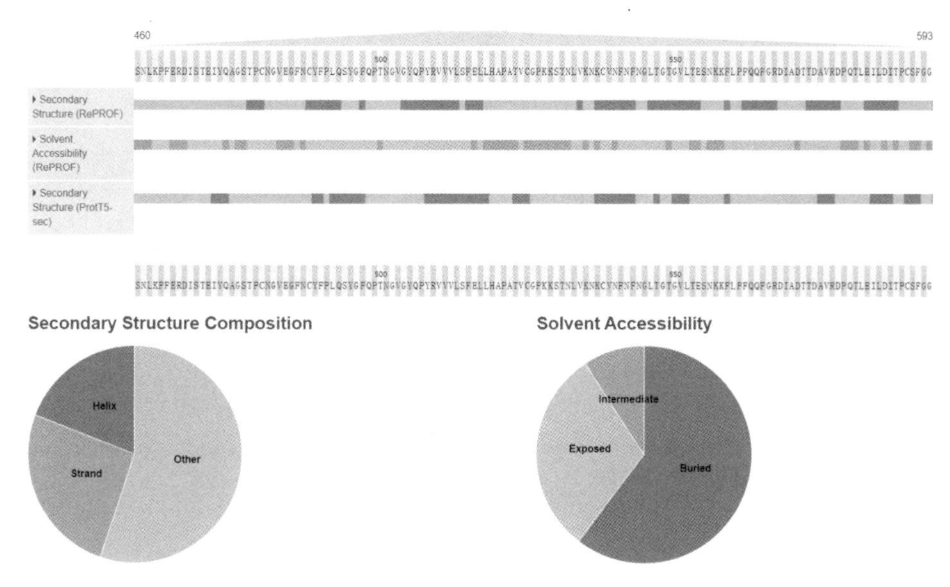

图 11-38

4. 蛋白质三级结构预测

进入 SWISS-MODEL（https://swissmodel.expasy.org/），输入下载的蛋白质序列，选择第一个模板，点击“Build Models”创立模型，如图 11-39 所示。

图 11-39

如图 11-40 所示，右侧就是所预测的蛋白质三级结构模型，左侧是对该预测结果准确度的评估。

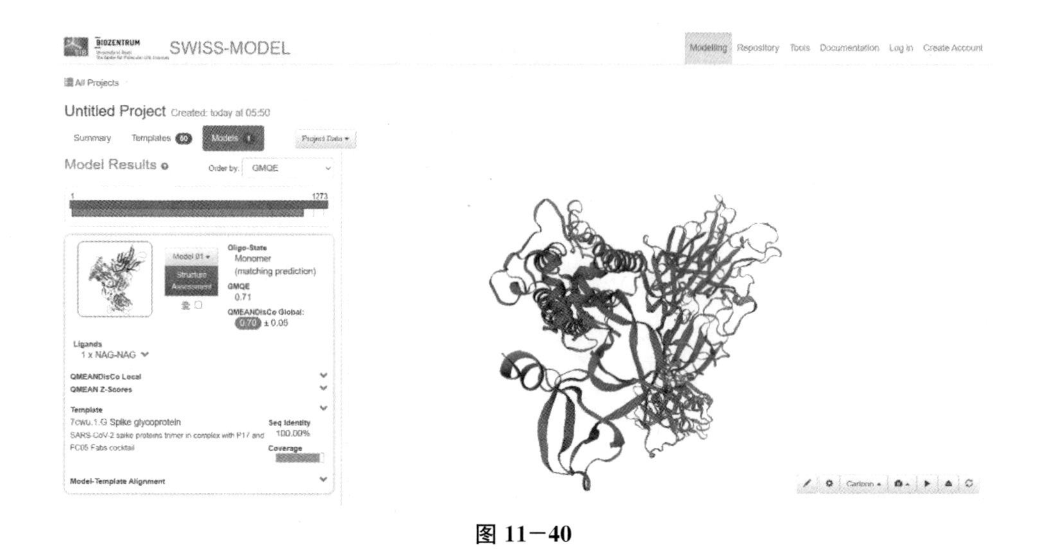

图 11−40

5. 蛋白质结构域预测

进入 DeepTMHMM（https://dtu.biolib.com/DeepTMHMM），点击“Select File”添加下载的 FASTA 格式文件，点击“Run”运行网页，如图 11−41 所示。

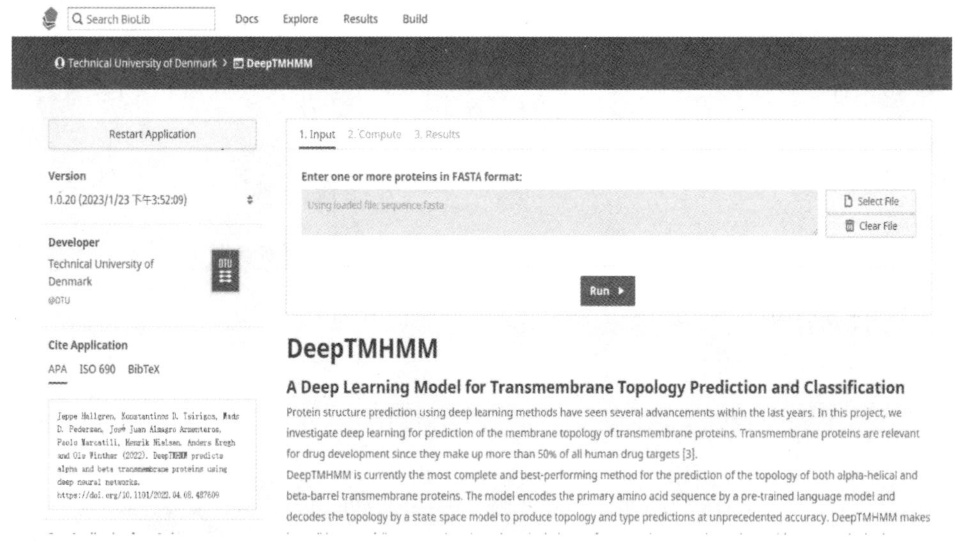

图 11−41

等待网页运行结束后，结果如图 11−42 所示，跨膜区为 1 214～1 234，膜外为 13～1 213，膜内为 1 235～1 273。预测结果显示新型冠状病毒刺突蛋白（S 蛋白）在氨基酸区间 1 214～1 234 内有一个跨膜区域。

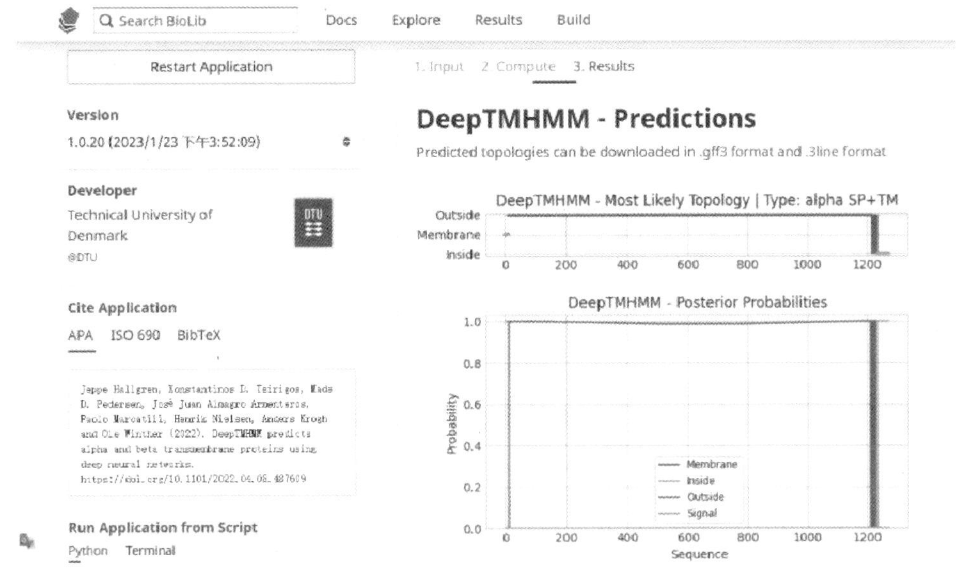

图 11－42

五、思考题

（1）下载埃博拉病毒糖蛋白（GP）序列并预测分析其一级结构、理化性质和二级结构。

（2）下载埃博拉病毒糖蛋白（GP）序列并预测分析其三级结构。

参考文献

[1] 王哲. 生物信息学概论 [M]. 西安：第四军医大学出版社，2002.
[2] 陈铭. 生物信息学 [M]. 4 版. 北京：科学出版社，2022.

附 录

一、常用缓冲溶液的配制方法

1. 醋酸-醋酸钠缓冲液（0.2 mol/L，18℃）的配制见附表1。

附表1

pH	0.2 mol/L NaAc (mL)	0.2 mol/L HAc (mL)	pH	0.2 mol/L NaAc (mL)	0.2 mol/L HAc (mL)
3.6	0.75	9.25	4.8	5.90	4.10
3.8	1.20	8.80	5.0	7.00	3.00
4.0	1.80	8.20	5.2	7.90	2.10
4.2	2.65	7.35	5.4	8.60	1.40
4.4	3.70	6.30	5.6	9.10	0.90
4.6	4.90	5.10	5.8	9.40	0.60

注：$NaAc \cdot 3H_2O$，相对分子质量为136.09，0.2 mol/L溶液为27.22 g/L。

2. 磷酸氢二钠-磷酸二氢钠缓冲液（0.2 mol/L）的配制见附表2。

附表2

pH	0.2 mol/L Na_2HPO_4 (mL)	0.2 mol/L NaH_2PO_4 (mL)	pH	0.2 mol/L Na_2HPO_4 (mL)	0.2 mol/L NaH_2PO_4 (mL)
5.8	8.0	92.0	7.0	61.0	39.0
5.9	10.0	90.0	7.1	67.0	33.0
6.0	12.3	87.7	7.2	72.0	28.0
6.1	15.0	85.0	7.3	77.0	23.0
6.2	18.5	81.5	7.4	81.0	19.0
6.3	22.5	77.5	7.5	84.0	16.0
6.4	26.5	73.5	7.6	87.0	13.0

续表

pH	0.2 mol/L Na_2HPO_4 (mL)	0.2 mol/L NaH_2PO_4 (mL)	pH	0.2 mol/L Na_2HPO_4 (mL)	0.2 mol/L NaH_2PO_4 (mL)
6.5	31.5	68.5	7.7	89.5	10.5
6.6	37.5	62.5	7.8	91.5	8.5
6.7	43.5	56.5	7.9	93.0	7.0
6.8	49.0	51.0	8.0	94.7	5.3
6.9	55.0	45.0			

注：$Na_2HPO_4 \cdot 2H_2O$，相对分子质量为 178.05，0.2 mol/L 溶液为 35.61 g/L；$Na_2HPO_4 \cdot 12H_2O$，相对分子质量为 358.22，0.2 mol/L 溶液为 71.64 g/L；$NaH_2PO_4 \cdot H_2O$，相对分子质量为 138.01，0.2 mol/L 溶液为 27.6 g/L；$NaH_2PO_4 \cdot 2H_2O$，相对分子质量为 156.03，0.2 mol/L 溶液为 31.21 g/L。

3. 磷酸氢二钠-磷酸二氢钾缓冲液（1/15 mol/L）的配制见附表 3。

附表 3

pH	1/15 mol/L Na_2HPO_4 (mL)	1/15 mol/L KH_2PO_4 (mL)	pH	1/15 mol/L Na_2HPO_4 (mL)	1/15 mol/L KH_2PO_4 (mL)
4.92	0.10	9.90	7.17	7.00	3.00
5.29	0.50	9.50	7.38	8.00	2.00
5.91	1.00	9.00	7.73	9.00	1.00
6.24	2.00	8.00	8.04	9.50	0.50
6.47	3.00	7.00	8.34	9.75	0.25
6.64	4.00	6.00	8.67	9.90	0.10
6.81	5.00	5.00	8.18	10.00	0
6.98	6.00	4.00			

注：$Na_2HPO_4 \cdot 2H_2O$，相对分子质量为 178.05，1/15 mol/L 溶液为 11.876 g/L；KH_2PO_4，相对分子质量为 136.09，1/15 mol/L 溶液为 9.078 g/L。

4. Tris-盐酸缓冲液（0.1 mol/L，25℃）的配制见附表 4。

50 mL 0.2 mol/L 三羟甲基氨基甲烷（Tris）溶液与 x mL 0.2 mol/L 盐酸混匀后，加水稀释至 100 mL。

附表 4

pH	0.2 mol/L 三羟甲基氨基甲烷（Tris）溶液（mL）	x（mL）	pH	0.2 mol/L 三羟甲基氨基甲烷（Tris）溶液（mL）	x（mL）
7.10	50	45.7	8.10	50	26.2

续表

pH	0.2 mol/L 三羟甲基氨基甲烷（Tris）溶液（mL）	x（mL）	pH	0.2 mol/L 三羟甲基氨基甲烷（Tris）溶液（mL）	x（mL）
7.20	50	44.7	8.20	50	22.9
7.30	50	43.4	8.30	50	19.9
7.40	50	42.0	8.40	50	17.2
7.50	50	40.3	8.50	50	14.7
7.60	50	38.5	8.60	50	12.4
7.70	50	36.6	8.70	50	10.3
7.80	50	34.5	8.80	50	8.5
7.90	50	32.0	8.90	50	7.0
8.00	50	29.2	9.00	50	5.7

注：三羟甲基氨基甲烷（Tris）相对分子质量为121.14，0.1 mol/L溶液为12.114 g/L。Tris溶液可以从空气中吸收二氧化碳，保存时注意密封。

5. 磷酸氢二钠-柠檬酸缓冲液的配制见附表5。

附表5

pH	0.2 mol/L Na_2HPO_4（mL）	0.1 mol/L 柠檬酸（mL）	pH	0.2 mol/L Na_2HPO_4（mL）	0.1 mol/L 柠檬酸（mL）
2.2	0.40	19.60	5.2	10.72	9.28
2.4	1.24	18.76	5.4	11.15	8.85
2.6	2.18	17.82	5.6	11.60	8.40
2.8	3.17	16.83	5.8	12.09	7.91
3.0	4.11	15.89	6.0	12.63	7.37
3.2	4.94	15.06	6.2	13.22	6.78
3.4	5.70	14.30	6.4	13.85	6.15
3.6	6.44	13.56	6.6	14.55	5.45
3.8	7.10	12.90	6.8	15.45	4.55
4.0	7.71	12.29	7.0	16.47	3.53
4.2	8.28	11.72	7.2	17.39	2.61
4.4	8.82	11.18	7.4	18.17	1.83
4.6	9.35	10.65	7.6	18.73	1.27
4.8	9.86	10.14	7.8	19.15	0.85

续表

pH	0.2 mol/L Na_2HPO_4（mL）	0.1 mol/L 柠檬酸（mL）	pH	0.2 mol/L Na_2HPO_4（mL）	0.1 mol/L 柠檬酸（mL）
5.0	10.30	9.70	8.0	19.45	0.55

注：Na2HPO$_4$相对分子质量为141.98，0.2 mol/L溶液为28.40 g/L；Na2HPO$_4$・2H_2O相对分子质量为178.05，0.2 mol/L溶液为35.61 g/L；$C_6H_8O_7$・H_2O相对分子质量为210.14，0.1 mol/L溶液为21.01 g/L。

6. 巴比妥钠-盐酸缓冲液（18℃）的配制见附表6。

附表6

pH	0.04 mol/L 巴比妥钠溶液（mL）	0.2 mol/L 盐酸（mL）	pH	0.04 mol/L 巴比妥钠溶液（mL）	0.2 mol/L 盐酸（mL）
6.8	100	18.4	8.4	100	5.21
7.0	100	17.8	8.6	100	3.82
7.2	100	16.7	8.8	100	2.52
7.4	100	15.3	9.0	100	1.65
7.6	100	13.4	9.2	100	1.13
7.8	100	11.47	9.4	100	0.70
8.0	100	9.39	9.6	100	0.35
8.2	100	7.21			

注：巴比妥钠盐相对分子质量为206.18，0.04 mol/L溶液为8.25 g/L。

二、调整硫酸铵饱和度计算表

调整硫酸铵溶液饱和度计算表（25℃）见附表7。

附表 7

硫酸铵终浓度，%饱和度																		
		10	20	25	30	33	35	40	45	50	55	60	65	70	75	80	90	100
硫酸铵初浓度，%饱和度	每 1 L 溶液加固体硫酸铵的 g 数*																	
	0	56	114	144	176	196	209	243	277	313	351	390	430	472	516	561	662	767
	10		57	86	118	137	150	183	216	251	288	326	365	406	449	494	592	694
	20			29	59	78	91	123	155	189	225	262	300	340	382	424	520	619
	25				30	49	61	93	125	158	193	230	267	307	348	390	485	583
	30					19	30	62	94	127	162	198	235	273	314	356	449	546
	33						12	43	74	107	142	177	214	252	292	333	426	522
	35							31	63	94	129	164	200	238	278	319	411	506
	40								31	63	97	132	168	205	245	285	375	469
	45									32	65	99	134	171	210	250	339	431
	50										33	66	101	137	176	214	302	392
	55											33	67	103	141	179	264	353
	60												34	69	105	143	227	314
	65													34	70	107	190	275
	70														35	72	153	237
	75															36	115	198
	80																77	157
	90																	79

注：* 在 25℃下，硫酸铵由初浓度调到终浓度时，每升溶液中所加固体硫酸铵的克数。

三、常用市售酸碱的浓度

常用市售酸碱的浓度见附表 8。

附表 8

溶质	分子式	相对分子质量	mol/L	g/L	质量百分比	相对密度	配制 1 mol/L 溶液的加入量（mL）
冰乙酸	CH_3COOH	60.05	17.40	1045	99.5	1.050	57.5
乙酸			6.27	376	36.0	1.045	159.5
甲酸	HCOOH	46.02	23.40	1080	90.0	1.200	42.7
盐酸	HCl	36.50	11.60	424	36.0	1.180	86.2
			2.90	105	10.0	1.050	344.8

续表

溶质	分子式	相对分子质量	mol/L	g/L	质量百分比	相对密度	配制 1 mol/L 溶液的加入量（mL）
硝酸	HNO_3	63.02	15.99	1008	71.0	1.420	62.5
			14.90	938	67.0	1.400	67.1
			13.30	837	61.0	1.370	75.2
高氯酸	$HClO_4$	100.50	11.65	1172	70.0	1.670	85.8
			9.20	923	60.0	1.540	108.7
磷酸	H_3PO_4	80.00	14.70	1445	85.0	1.700	68.0
硫酸	H_2SO_4	98.10	18.00	1766	96.0	1.840	55.6
氢氧化铵	NH_4OH	35.00	14.80	251	28.0	0.898	67.6
氢氧化钾	KOH	56.10	13.50	757	50.0	1.520	74.1
			1.94	109	10.0	1.090	515.5
氢氧化钠	NaOH	40.00	19.10	763	50.0	1.530	52.4
			2.75	111	10.0	1.110	363.6